U0797123

高等学校“十二五”规划教材

AutoCAD 2008 绘图教程

——上机指导与练习

主　编　陶福春　曾　红
副主编　刘同亮　王石磊　杨东宇
主　审　王春义

哈爾濱工業大學出版社
HITP HARBIN INSTITUTE OF TECHNOLOGY PRESS

内容提要

本书是与教材《AutoCAD2008 绘图教程》配套的上机指导与练习，全书共分 15 章，与教材中的各章对应。每章中均提供上机绘图操作示例和上机绘图练习题，上机操作部分既有很强的代表性和实用性，又能综合应用对应章节所介绍 AutoCAD 命令的绘图应用示例，介绍上机绘图的具体操作步骤，可以达到举一反三的目的，读者可以根据书中给出的操作步骤或提示信息完成这些图形的绘制；上机练习题部分是为学习者提供的绘图作业，通过完成这些作业，可以加深对书中对应章节知识的理解与掌握。

本书可与教材配套或单独使用，可以作为高等学校本科及高职高专相关专业学生的辅导书，也可供工程技术人员参考。

图书在版编目(CIP)数据

AutoCAD 2008 绘图教程：上机指导与练习/陶福春，曾红主编．—哈尔滨：哈尔滨工业大学出版社，2014.6(2019.3 重印)

ISBN 978-7-5603-4673-1

Ⅰ．①A… Ⅱ．①陶… ②曾… Ⅲ．①AutoCAD 软件-高等学校-教学参考资料 Ⅳ．①TP391.72

中国版本图书馆 CIP 数据核字(2014)第 083256 号

策划编辑　王桂芝
责任编辑　范业婷
出版发行　哈尔滨工业大学出版社
社　　址　哈尔滨市南岗区复华四道街 10 号　邮编 150006
传　　真　0451-86414749
网　　址　http://hitpress.hit.edu.cn
印　　刷　哈尔滨圣铂印刷有限公司
开　　本　787mm×1092mm　1/16　印张 12.75　字数 290 千字
版　　次　2014 年 6 月第 1 版　2019 年 3 月第 4 次印刷
书　　号　ISBN 978-7-5603-4673-1
定　　价　35.00 元

（如因印装质量问题影响阅读，我社负责调换）

前　　言

计算机辅助设计(Computer Aided Design,CAD)是一门多学科综合性应用技术,是现代设计方法与手段的综合体现。随着计算机技术的迅猛发展,CAD 技术已广泛应用于各设计领域,并已成为提高产品与工程设计水平、缩短产品开发周期、增强产品竞争力、提高劳动生产率的重要手段。

AutoCAD 是由美国 Autodesk 公司开发的通用 CAD 软件包,是当今工程设计领域广泛使用的绘图工具。由于 AutoCAD 具有使用方便、功能齐全、体系结构开放等显著特点,因此深受广大工程技术人员的欢迎,并已成为我国乃至世界上最为流行的 CAD 应用软件之一。AutoCAD 自 1982 年问世以来,已经进行了近 20 次升级,其功能已逐渐强大,且日趋完善。如今,AutoCAD 已广泛应用于工程设计的各个领域。基于 AutoCAD 上述特点,我国许多工科院校相关专业将 AutoCAD 作为重点介绍的 CAD 应用软件之一。

本书是与王春义主编的教材《AutoCAD 2008 绘图教程》配套的上机指导与练习。全书共分 15 章,与教材中的各章对应。每章中均提供上机绘图操作示例和上机绘图练习题。上机绘图操作部分既有很强的代表性和实用性,又能综合应用对应章节所介绍的 AutoCAD 命令进行绘图,详述了上机绘图的具体操作步骤,达到举一反三的目的,学习者可以根据书中给出的操作步骤或提示信息完成这些图形的绘制;上机绘图练习题部分是为学习者提供的绘图作业,通过完成这些作业,可以加深对书中对应章节知识的理解与掌握,提高读者的绘图技能,熟练掌握 AutoCAD 2008。

本书由陶福春、曾红任主编,刘同亮、王石磊、杨东宇任副主编,王春义任主审。具体分为工:第 1 ~ 4 章由王石磊编写;第 5 ~ 8 章由曾红编写;第 9 ~ 10 章由杨东宇编写;第 11 ~ 12 章由陶福春编写;第 13 ~ 15 章由刘同亮编写。

最后,向为本书出版提出宝贵建议的专家、老师表示感谢。

由于时间和水平所限,书中难免有不足之处,恳请专家与广大读者批评指正。

编　　者

2014 年 1 月

目　　录

第1章　AutoCAD 2008 绘图基础

通过本章的练习,使读者对 AutoCAD 2008 有初步的了解,掌握其基本功能。

上机练习1　安装、启动 AutoCAD 2008

1. 试用 AutoCAD 2008 安装盘将其安装在计算机的指定位置(具体安装位置可以自己确定,如果系统盘空间足够大,建议直接安装在系统盘)。

2. 启动 AutoCAD 2008。试分别通过 Windows 桌面、资源管理器、“开始”菜单等位置启动 AutoCAD 2008。

上机练习2　熟悉 AutoCAD 2008 的经典工作界面

1. 熟悉 AutoCAD 2008 经典工作界面的组成及各部分的功能。

2. 在 AutoCAD 绘图界面打开“标注”“对象捕捉”工具栏,并将其放到绘图窗口的两侧。具体操作步骤如下:

(1)在绘图界面中,在已有某一工具栏上单击鼠标右键,AutoCAD 弹出快捷菜单,如图1.1 所示。

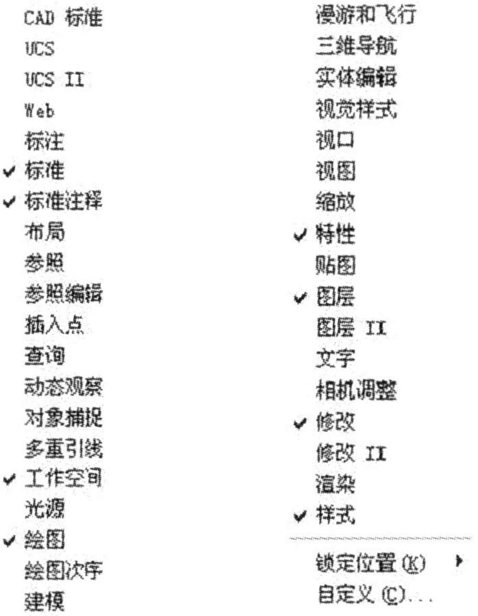

图1.1　快捷菜单

(2)选中“标注”“对象捕捉”项,即可打开对应的工具栏。然后,通过拖动的方式将“标注”工具栏和“对象捕捉”工具栏分别放到绘图屏幕的两侧,结果如图 1.2 所示。

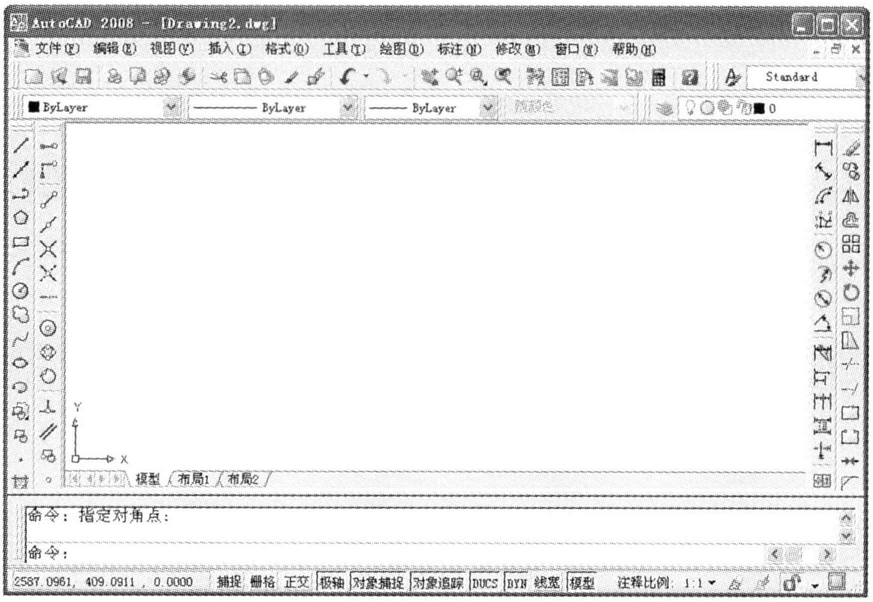

图 1.2 将“标注”工具栏和“对象捕捉”工具栏显示在绘图屏幕两侧

到此完成所要求的操作。关闭 AutoCAD 2008 后,再次启动时,在工作界面对应位置就始终会显示相应的工具栏。

3. 试着关闭上面打开的“标注”工具栏和“对象捕捉”工具栏。

上机练习 3 图形文件操作

1. 试以文件 acadiso. dwt 为样板建立新图形,并将其以文件名 MyTemplate. dwg 保存。

操作步骤如下:

(1)建立新图形。

单击菜单项“文件”→“新建”,或单击“标准”工具栏上的(新建)按钮,即执行 NEW 命令,AutoCAD 弹出“选择样板”对话框,从中选择样板文件 acadiso. dwt,如图 1.3 所示。单击对话框中的“打开”按钮,即可用样板文件 acadiso. dwt 建立新图形。

(2)保存图形。

单击菜单项“文件”→“保存”,或单击“标准”工具栏上的(保存)按钮,即执行 QSAVE 命令,AutoCAD 弹出“图形另存为”对话框,在对话框的“文件名”文本框中输入文件名 MyTemplate,并制定相应的保存路径,如图 1.4 所示。单击“保存”按钮,将图形文件存盘。

2. 试以文件 acad. dwt 为样板建立新图形,并将其以文件名 MyTemplate1. dwg 保存。

3. 打开安装目录下的 sample 文件浏览图形,然后将其关闭,也可以换名存盘(具体目录为 C(根目录):\Program Files\AutoCAD 2008\Sample\Mechanical Sample)。

图 1.3 “选择样板”对话框

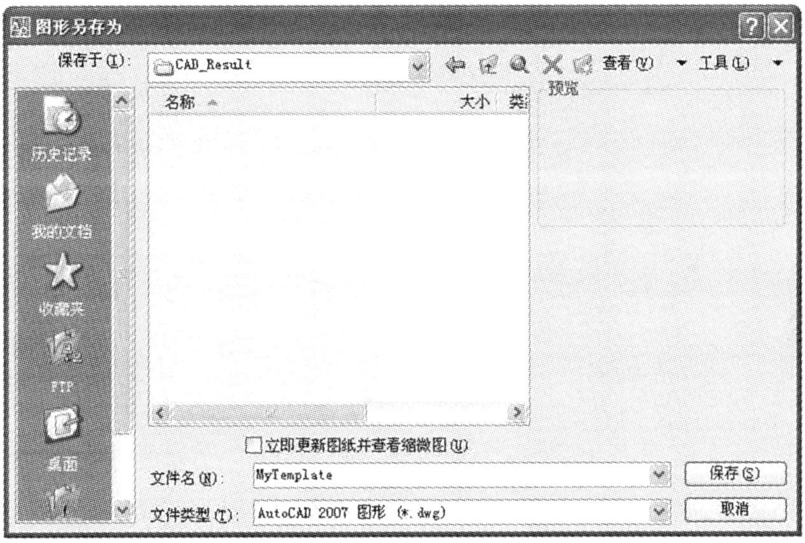

图 1.4 “图形另存为”对话框

上机练习 4 使用帮助功能

1. 通过 AutoCAD 2008 提供的帮助功能了解 AutoCAD 2008 的命令及系统变量。

操作步骤如下：

单击菜单项“帮助”→“帮助”，AutoCAD 显示出“AutoCAD 2008 帮助”窗口。通过该窗口可了解 AutoCAD 2008 提供的命令及系统变量。

例如，通过树状视图窗格（位于左侧的窗格）内“命令参考”下的“命令”项，可以了解 MOVE 等命令的功能和执行方式，如图 1.5 所示。

图 1.5　帮助窗口中“了解 MOVE 命令”

再如,通过树状视图窗格(位于左侧的窗格)内“命令参考”下的“系统变量”项,可以了解 DATE 等系统变量的功能,如图 1.6 所示。

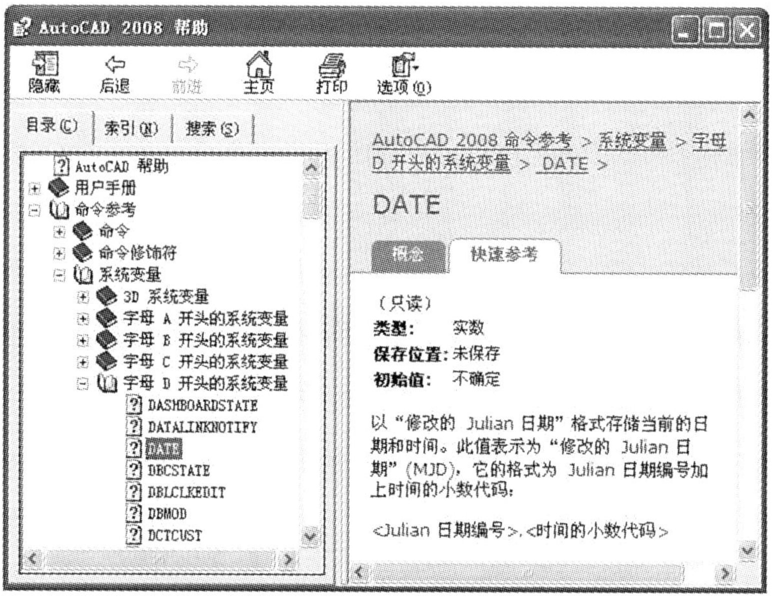

图 1.6　帮助窗口中“了解 DATE 命令”

2. 利用帮助窗口的“用户手册”项,了解 AutoCAD 2008 提供的各种功能。

第2章　绘制二维图形

通过完成本章介绍的绘图练习与习题,掌握 AutoCAD 2008 提供的基本绘图命令。

上机练习1　绘制直线

1. 用 LINE 命令绘制如图 2.1 所示尺寸的等边直角三角形。

绘图步骤如下:

单击菜单项"绘图"→"直线",或单击"绘图"工具栏上的 ⁄ (直线)按钮,即执行 LINE 命令,AutoCAD 提示:

指定第一点:(在绘图屏幕适当位置拾取一点)

指定下一点或[放弃(U)]:@60,0↙(使用相对直角坐标确定下一点。本书中用"↙"表示回车键)

指定下一点或[放弃(U)]:@0,60

指定下一点或[闭合(C)/放弃(U)]:C↙(绘制封闭斜线)

绘图结果如图 2.1 所示。

2. 试用 LINE 命令绘制如图 2.2 所示尺寸的等边三角形。(提示:使用相对极坐标方式)

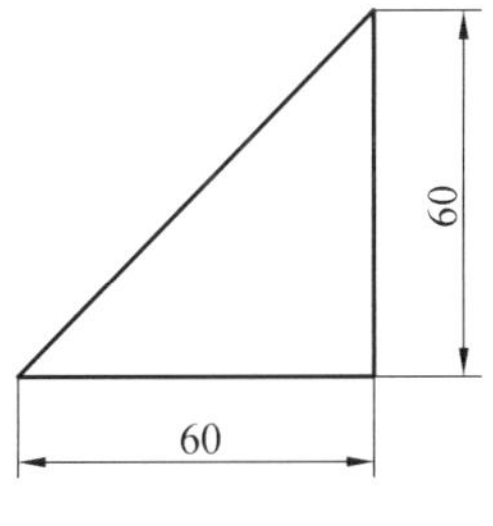

图 2.1　等边直角三角形

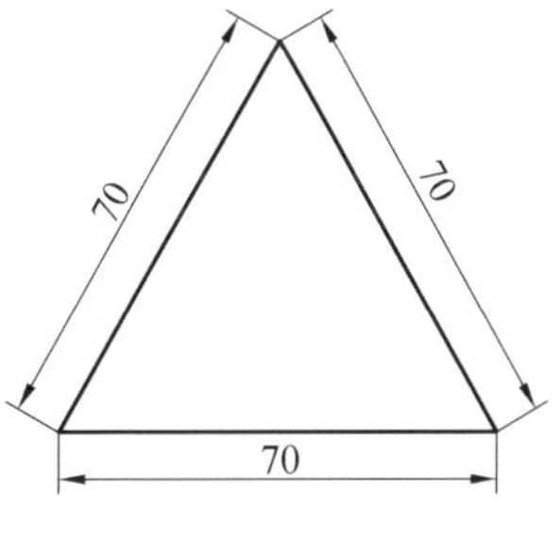

图 2.2　等边三角形

3. 用 LINE 命令绘制如图 2.3 所示尺寸的多边形。绘图步骤如下:

执行 LINE 命令,AutoCAD 提示:

指定第一点:(在绘图屏幕适当位置拾取一点)

指定下一点或[放弃(U)]:@0,80

指定下一点或[放弃(U)]:@20,0

指定下一点或[闭合(C)/放弃(U)]:@0,-30

指定下一点或[闭合(C)/放弃(U)]:@20,0

指定下一点或[闭合(C)/放弃(U)]:@20,20

指定下一点或[闭合(C)/放弃(U)]:@20,0

指定下一点或[闭合(C)/放弃(U)]:@0,-50

指定下一点或[闭合(C)/放弃(U)]:@30,0

指定下一点或[闭合(C)/放弃(U)]:@0,60

指定下一点或[闭合(C)/放弃(U)]:@30,0

指定下一点或[闭合(C)/放弃(U)]:@0,-80

指定下一点或[闭合(C)/放弃(U)]:C↙(封闭多边形)

4. 试用 LINE 命令绘制如图 2.4 所示尺寸的多边形。(提示:综合使用相对直角坐标和相对极坐标方式)

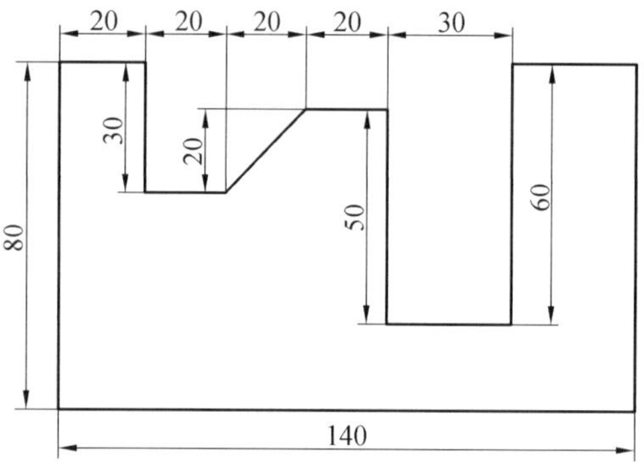

图 2.3　多边形 1

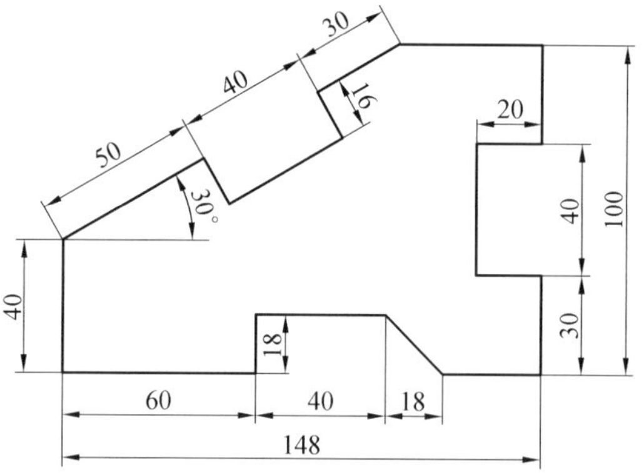

图 2.4　多边形 2

上机练习 2　绘制圆弧

1. 绘制圆弧,该圆弧以点(30,40)为起点,以点(100,60)为终点,且通过点(60,80),即通过三点绘制圆弧。

绘图步骤如下:

单击菜单项“绘图”→“圆弧”→“三点”,AutoCAD 提示:

指定圆弧的起点或[圆心(C)]:30,40↙

指定圆弧的第二个点或[圆心(C)/端点(E)] :60,80

指定圆弧的端点:100,60↙

执行结果如图 2.5 所示。

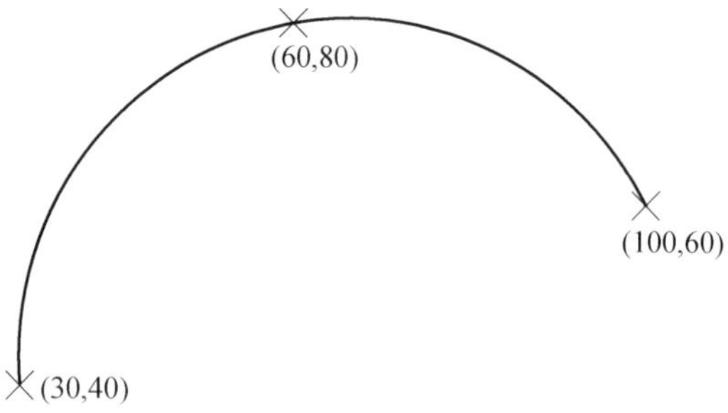

图 2.5　根据三点绘制圆弧

2. 绘制圆弧,其起点坐标为(100,150),圆心坐标为(40,130),圆心角为 120°。

绘图步骤如下:

单击菜单项“绘图”→“圆弧”→“起点,圆心,角度”,AutoCAD 提示:

指定圆弧的起点或[圆心(C)]:100,150

指定圆弧的第二个点或[圆心(C)/端点(E)]:_c
指定圆弧的圆心:40,130
指定圆弧的端点或[角度(A)/弦长(L)]:_a
指定包含角:120↙
执行结果如图 2.6 所示。
3. 绘制如图 2.7 所示的图形。(提示:本图形由圆弧和直线段组成)

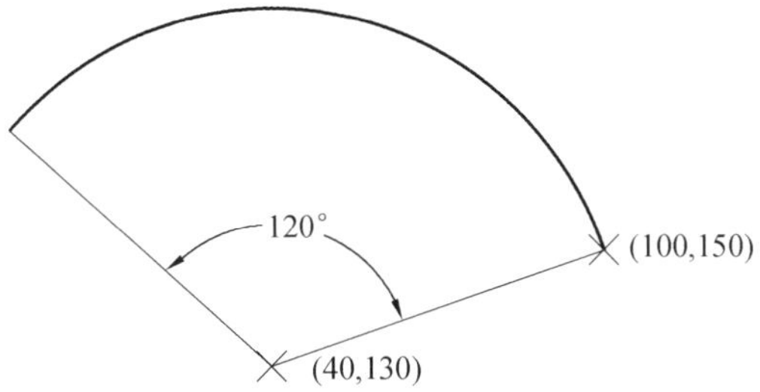

图 2.6　根据起点、圆心和圆心角绘制圆弧

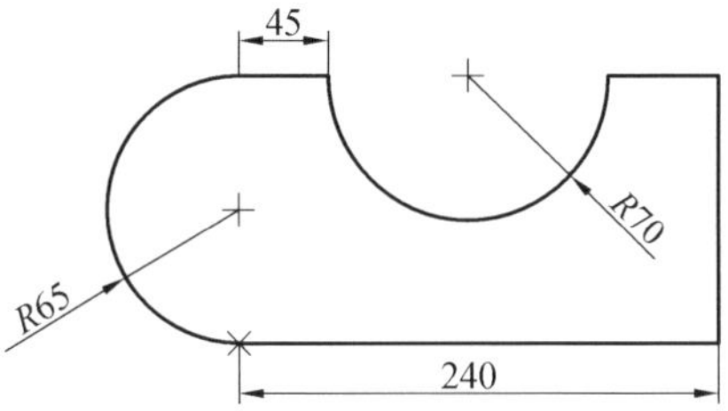

图 2.7　绘制圆弧练习

上机练习 3　绘制圆、圆环和填充圆

1. 根据圆心和半径(或直径)来绘制圆。圆心坐标为(200,150),直径为 100。
绘图步骤如下:
单击菜单项“绘图”→“圆”→“圆心,直径”,AutoCAD 提示:
指定圆的圆心或[三点(3P)/两点(2P)/相切、相切、半径(T)]:200,150
指定圆的半径或[直径(D)]:_d 指定圆的直径:100↙
即完成圆心坐标为(200,150),直径为 100 的圆的绘制。
2. 绘制过指定三点的圆。三点的坐标分别为(100,200)、(200,300)和(300,80)。
3. 绘制与已知圆和直线相切的圆。打开绘图文件“第 2 章　绘制二维图形\图 2.8a.dwg”(如图 2.8(a)所示),绘制一个新圆使其与已知两条直线和圆分别相切。(提示:使用“相切、相切、相切”命令)

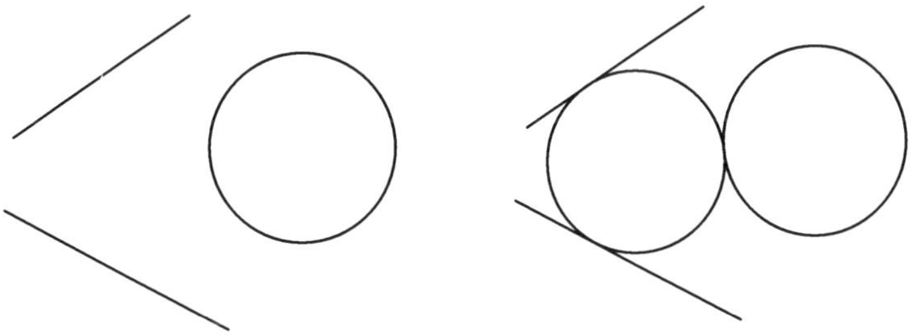

(a) 已有图形　　(b) 绘图结果

图 2.8　绘制圆

4. 绘制一个圆环,其内径为 40,外径为 80,圆环中心在(100,100)。
绘图步骤如下:

单击菜单项“绘图”→“圆环”,即执行 DONUT 命令,AutoCAD 提示:

指定圆环的内径 <0.5000>:40

指定圆环的外径 <1.0000>:80

指定圆环的中心点或 <退出>:100,100

指定圆环的中心点或 <退出>:↙

执行结果如图 2.9(a)所示。

5. 绘制填充圆,其圆心在(200,100),半径为 70。(提示:填充圆也就是内径为 0 的圆环,完成结果如图 2.9(b)所示)

(a) 圆环　　(b) 填充圆

图 2.9　绘制圆环和填充圆

6. 打开“第 2 章　绘制二维图形\图 2.10a.dwg”,使用 DONUT 命令在其基础上绘制如图 2.10(b)所示底座,将圆环的内径设置为 10,外径设置为 15。

绘图步骤如下:

指定圆环的内径 <0.5000>:20

指定圆环的外径 <1.0000>:30

指定圆环的中心点或 <退出>:指定左边圆环的插入点

指定圆环的中心点或 <退出>:指定右边圆环的插入点

指定圆环的中心点或 <退出>:↙

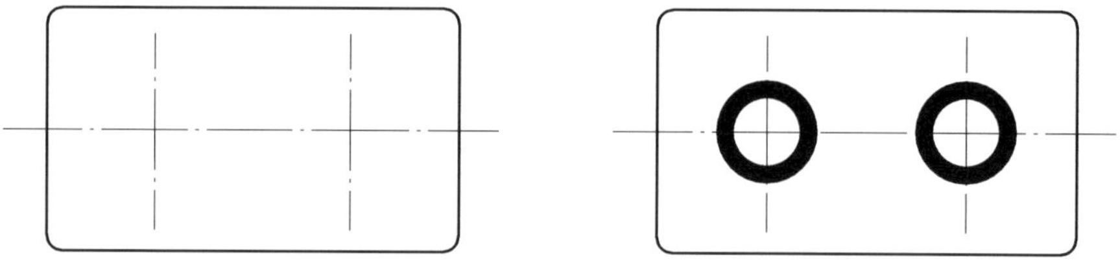

(a) 已有图形　　(b) 绘图结果

图 2.10　绘制圆环底座

注意:通过执行 FILL 命令,可以改变圆环或填充圆的填充模式。

具体步骤如下:

命令:FILL

输入模式 [开(ON)/关(OFF)] <开>:OFF↙

单击菜单项“视图”→“重生成”,即执行 REGEN 命令,AutoCAD 重新生成图形,即可看到“关”模式下的显示结果。

上机练习 4　绘制椭圆和椭圆弧

1. 通过指定椭圆的轴端点绘制椭圆。该椭圆通过一条轴的两端点坐标分别为(60,60)和(180,60),另一条半轴的长度为 40。

绘图步骤如下:

单击菜单项“绘图”→“椭圆”→“轴,端点”,即执行 ELLIPSE 命令,AutoCAD 提示:

指定椭圆的轴端点或[圆弧(A)/中心点(C)]:60,60

指定轴的另一个端点:180,60

指定另一条半轴长度或[旋转(R)]:40↙

执行结果如图 2.11 所示。

2. 绘制椭圆。该椭圆的中心点坐标为(100,60),一条端点的坐标为(180,90),另一条半轴的长度为 45。

3. 绘制如图 2.12 所示的椭圆弧。

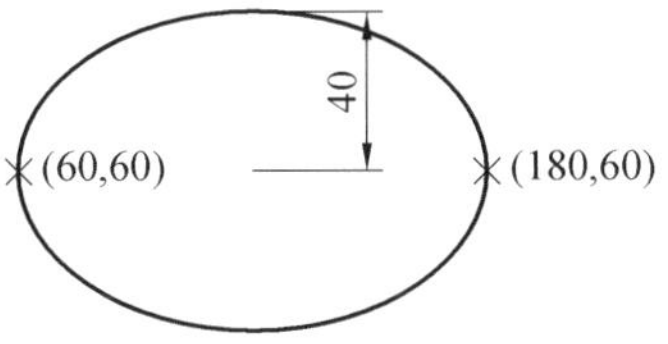

图 2.11　椭圆

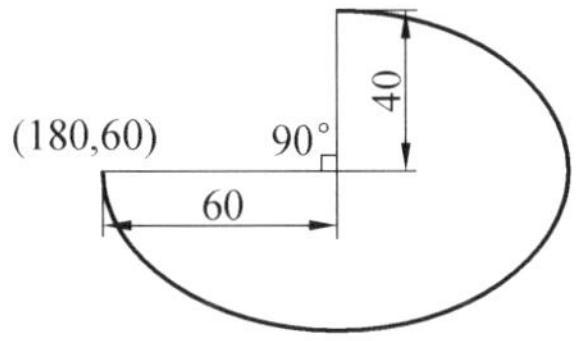

图 2.12　椭圆弧

绘图步骤如下:

单击菜单项“绘图”→“椭圆”→“圆弧”,AutoCAD 提示:

指定椭圆弧的轴端点或[中心点(C)]:单击屏幕上任意一点

指定轴的另一个端点:@120,0

指定另一条半轴长度或[旋转(R)]:40

指定起始角度或[参数(P)]:0

指定终止角度或[参数(P)/包含角度(I)]:270↙

执行结果如图 2.12 所示。

4. 绘制如图 2.13 所示图形。

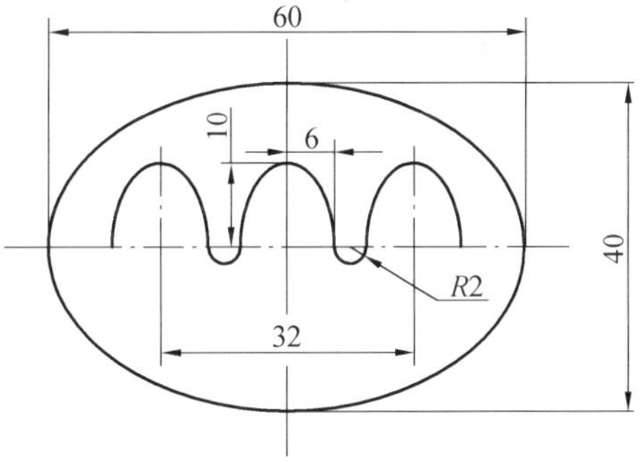

图 2.13　圆和椭圆综合练习

上机练习 5　绘制矩形和多边形

1. 绘制一个圆角半径为 10 mm 的 100 mm×50 mm 的矩形,如图 2.14 所示。

绘图步骤如下:

单击菜单项“绘图”→“矩形”,或单击“绘图”工具栏上的▭(矩形)按钮,即执行 RE-

CTANG 命令，AutoCAD 提示：

指定第一个角点或［倒角(C)/标高(E)/圆角(F)/厚度(T)/宽度(W)］:F

指定矩形的圆角半径 <0.0000>:10

指定第一个角点或［倒角(C)/标高(E)/圆角(F)/厚度(T)/宽度(W)］:(在适当位置指定一点)

指定另一个角点或［面积(A)/尺寸(D)/旋转(R)］:D

指定矩形的长度 <10.0000>:100

指定矩形的宽度 <10.0000>:50

指定另一个角点或［面积(A)/尺寸(D)/旋转(R)］:(指定另一对角点的位置)

2. 绘制边线宽度为 4 mm 的 80 mm×60 mm 的矩形，结果如图 2.15 所示。

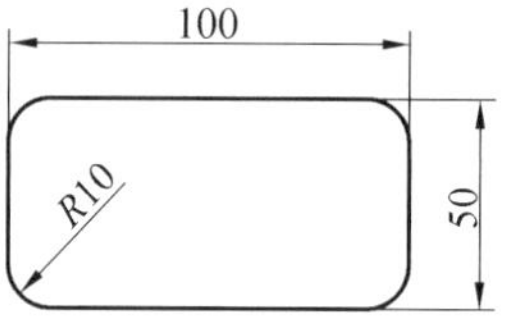

图 2.14　带圆角的矩形

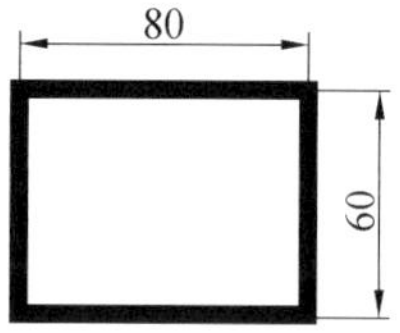

图 2.15　具有边线宽度的矩形

3. 绘制如图 2.16 所示的内接正五边形，其外接圆的圆心为(100,100)，半径为 25。

绘图步骤如下：

单击菜单项“绘图”→“正多边形”，或单击“绘图”工具栏上的(正多边形)按钮，即执行 POLYGON 命令，AutoCAD 提示：

输入边的数目 <4>:5

指定正多边形的中心点或［边(E)］:100,100

输入选项［内接于圆(I)/外切于圆(C)］<I>:

指定圆的半径:25↙

4. 绘制如图 2.17 所示的外切正五边形，其内切圆的圆心为(180,120)，半径为 30。

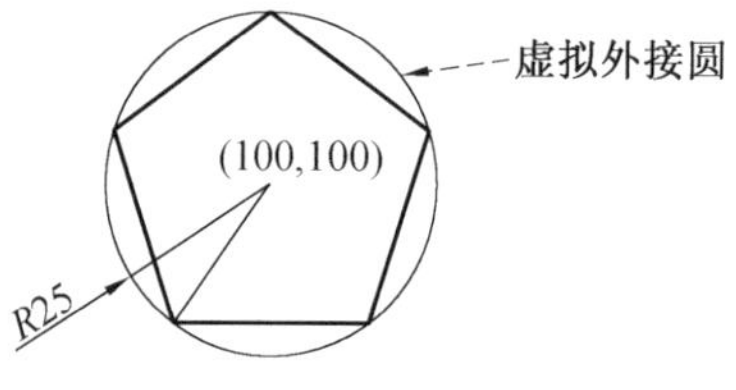

图 2.16　内接正五边形

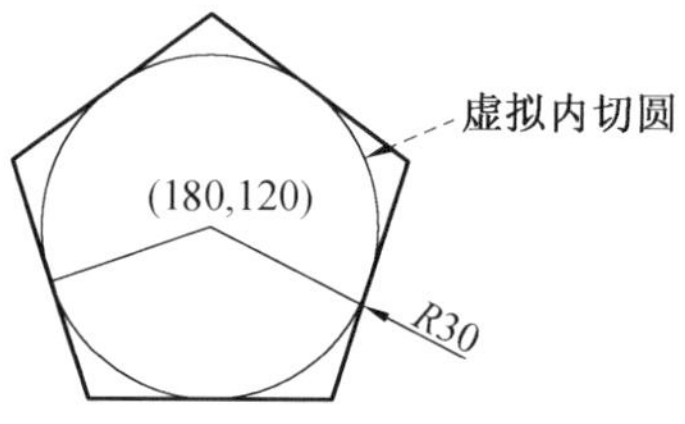

图 2.17　外切正五边形

注意：当通过输入半径值的方式绘制正多边形时，其最下面的一条边均为水平，若要使正多边形有不同的方向，可以通过指定点的方式来确定其半径。

5. 绘制一正六边形，其某条边的一个端点坐标为(30,40)，另一端点坐标为(50,70)。

思考：本题中，先输入端点坐标(50,70)，再输入端点坐标(30,40)，得到的结果有什么不同？

上机练习 6　绘 制 点

1. 在屏幕指定位置绘制 A、B、C 三点，如图 2.18 所示。

绘制点，可以通过单点命令，也可以通过多点命令来实现，多点命令可以一次连续绘制多个点，这里我们采用多点命令。

绘图步骤如下：

(1)绘制点。

单击菜单项“绘图”→“点”→“多点”，或单击“绘图”工具栏上的 (点)按钮，AutoCAD 提示：

指定点：(在屏幕相应位置分别指定 A、B、C 三点)

(2)改变点样式。

单击菜单项“格式”→“点样式”，即执行 DDPTYPE 命令，AutoCAD 弹出如图 2.19 所示的“点样式”对话框。双击对话框中第一行第四列的☒图标，即可得到如图 2.18 所示的结果。

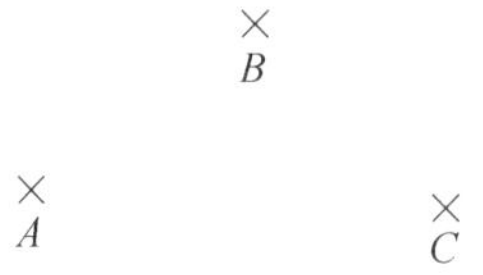

图 2.18　绘制多点

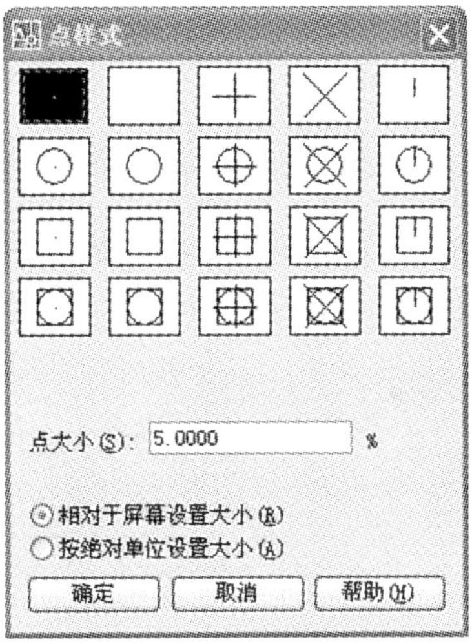

图 2.19　“点样式”对话框

2. 试将如图 2.20 所示的样条曲线 6 等分，并在等分处显示等分点。

在 AutoCAD 2008 中，用于将所选对象等分为指定数量的相同长度，可以采用“定数等分”命令，绘图步骤如下：

单击菜单项“绘图”→“点”→“定数等分”，即执行 DIVIDE 命令，AutoCAD 提示：

选择要定数等分的对象：(选择曲线)

输入线段数目或 [块(B)]：6↙

3. 试将图 2.21 所示的圆弧按照 30 mm 距离绘制定距等分点。

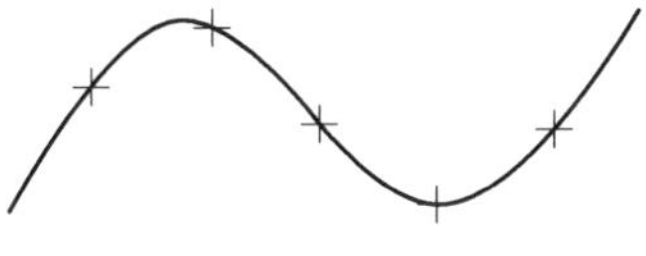

图 2.20　绘制定数等分点

图 2.21　绘制定距等分点

上机练习 7　绘制多段线

1. 绘制如图 2.22(a)所示的带箭头的多段线。

绘图步骤如下：

单击菜单项“绘图”→“多段线”，或单击“绘图”工具栏上的(多段线)按钮，即执行 PLINE 命令，AutoCAD 提示：

指定起点：

当前线宽为 0.0000

指定下一个点或 [圆弧(A)/半宽(H)/长度(L)/放弃(U)/宽度(W)]：W

指定起点宽度 <0.0000>：5

指定端点宽度 <5.0000>：

指定下一个点或 [圆弧(A)/半宽(H)/长度(L)/放弃(U)/宽度(W)]：@200，0

指定下一点或 [圆弧(A)/闭合(C)/半宽(H)/长度(L)/放弃(U)/宽度(W)]：A

指定圆弧的端点或[角度(A)/圆心(CE)/闭合(CL)/方向(D)/半宽(H)/直线(L)/半径(R)/第二个点(S)/放弃(U)/宽度(W)]：@100<-90

指定圆弧的端点或[角度(A)/圆心(CE)/闭合(CL)/方向(D)/半宽(H)/直线(L)/半径(R)/第二个点(S)/放弃(U)/宽度(W)]：L

指定下一点或 [圆弧(A)/闭合(C)/半宽(H)/长度(L)/放弃(U)/宽度(W)]：W

指定起点宽度 <5.0000>：30

指定端点宽度 <30.0000>：0

指定下一点或 [圆弧(A)/闭合(C)/半宽(H)/长度(L)/放弃(U)/宽度(W)]：@-60，0↙

指定下一点或 [圆弧(A)/闭合(C)/半宽(H)/长度(L)/放弃(U)/宽度(W)]：↙

2. 用 PLINE 命令绘制如图 2.22(b)所示的多段线。(圆弧采用变宽度，尺寸参数自拟)

(a)　　　　(b)

图 2.22　绘制多段线

3. 编辑如图 2.23(a)所示的多段线，并将其闭合。

操作步骤如下：

单击菜单项“修改”→“对象”→“多段线”，即执行 PEDIT 命令，AutoCAD 提示：

选择多段线或 [多条(M)]：(鼠标选择多段线)

输入选项 [闭合(C)/合并(J)/宽度(W)/编辑顶点(E)/拟合(F)/样条曲线(S)/非

曲线化(D)/线型生成(L)/放弃(U)]:C

输入选项[打开(O)/合并(J)/宽度(W)/编辑顶点(E)/拟合(F)/样条曲线(S)/非曲线化(D)/线型生成(L)/放弃(U)]:↙

结果如图 2.23(b)所示。

(a)　(b)

图 2.23　闭合多段线

4. 打开绘图文件"第 2 章　绘制二维图形\图 2.24a.dwg"(如图 2.24(a)所示),编辑该多段线,使整个多段线指定为统一宽度,且宽度为 1,结果如图 2.24(b)所示。

(a)　(b)

图 2.24　编辑多段线的宽度

上机练习 8　绘制样条曲线

1. 绘制样条曲线,使其经过 A、B、C、D、E 五个位置点。

绘图步骤如下:

单击菜单项"绘图"→"样条曲线",或单击"绘图"工具栏上的~(样条曲线)按钮,即执行 SPLINE 命令,AutoCAD 提示:

指定第一个点或[对象(O)]:(指定 A 点)

指定下一点:(指定 B 点)

指定下一点或[闭合(C)/拟合公差(F)]<起点切向>:(指定 C 点)

指定下一点或[闭合(C)/拟合公差(F)]<起点切向>:(指定 D 点)

指定下一点或[闭合(C)/拟合公差(F)]<起点切向>:(指定 E 点)

指定下一点或[闭合(C)/拟合公差(F)]<起点切向>:

指定起点切向:(光标移到适当位置)

指定端点切向:(光标移到适当位置)↙

结果如图 2.25(a)所示。

2. 根据现有的 A、B、C、D、E 五个位置点绘制样条曲线,指定拟合公差为 40,看看结果(图 2.25(b))和图 2.25(a)有何不同。

3. 绘制如图 2.26(a)所示的闭合的样条曲线(尺寸自拟)。

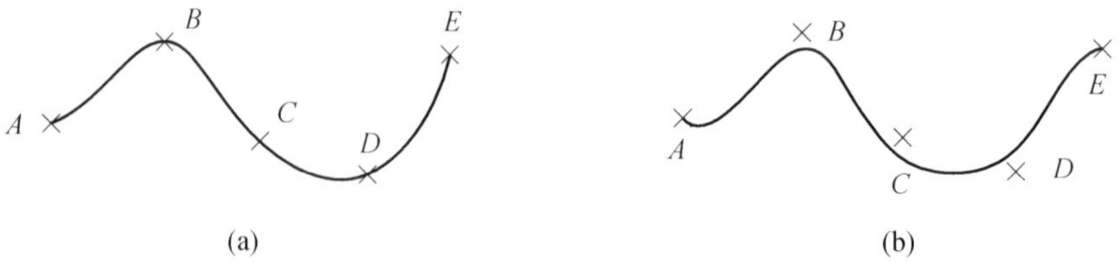

图 2.25　绘制样条曲线 1

4. 打开绘图文件“第 2 章　绘制二维图形\图 2. 26a. dwg”，绘制样条曲线，结果如图 2.26(b)所示。

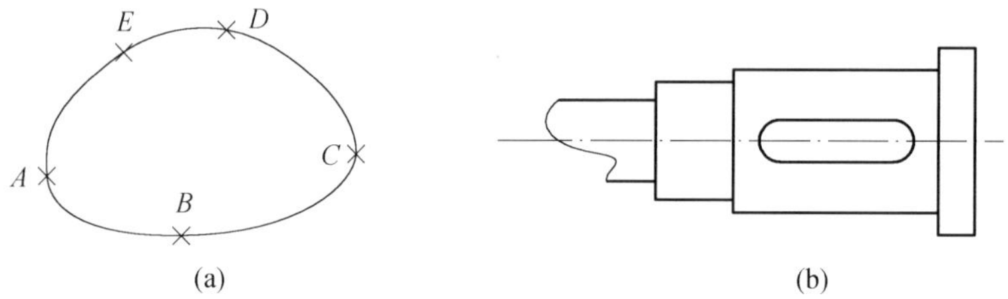

图 2.26　绘制样条曲线 2

第3章　编辑二维图形

通过完成本章介绍的练习,掌握 AutoCAD 2008 提供的编辑二维图形命令。

上机练习1　删除对象、移动对象及复制对象

1. 打开绘图文件“第3章　编辑二维图形\图3.la.dwg”(图3.1(a)),删除图中正中的两条中心线,并通过移动对象的方法将同心圆移动到左上角中心线交点的位置;并通过复制的方法将其复制到其他对应位置,结果如图3.1(b)所示。

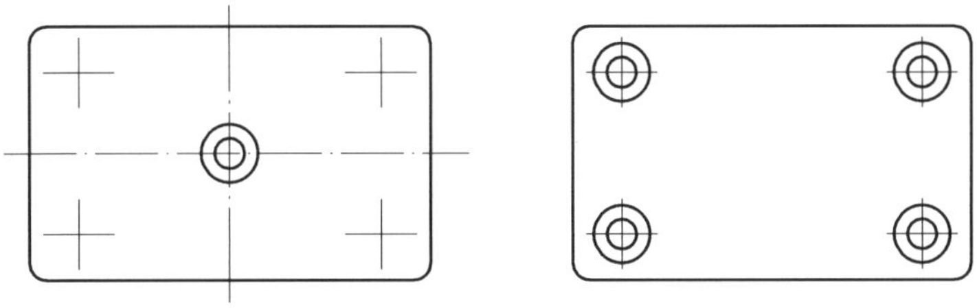

(a) 已有图形　　(b) 整理结果

图3.1　删除、移动、复制对象

操作步骤如下:

(1)删除图形。

单击菜单项“修改”→“删除”,或单击“绘图”工具栏上的 (删除)按钮,即执行 ERASE 命令,AutoCAD 提示:

选择对象:(选择图3.1(a)中的一条中心线)

选择对象:(选择图3.1(a)中的另一条中心线)

选择对象:↙

执行结果:AutoCAD 删除选中的对象。

(2)移动对象。

单击菜单项“修改”→“移动”,或单击“修改”工具栏上的 (移动)按钮,即执行 MOVE 命令,AutoCAD 提示:

选择对象:

通过交叉窗口方式选择要移动的对象。首先,在要移动对象的右侧适当位置拾取一点。

AutoCAD 提示:

指定对角点:

向左拖动鼠标,使矩形拾取窗口的边界线压住或包含住两同心圆,如图3.2所示。确定拾取窗口的大小后,单击鼠标左键,AutoCAD 继续提示:

选择对象:

指定基点或［位移(D)］<位移>:(在绘图屏幕适当位置(如圆心处)确定一点)

指定第二个点或<使用第一个点作为位移>:(选择左上角中心线的交点)

执行结果如图 3.3 所示。

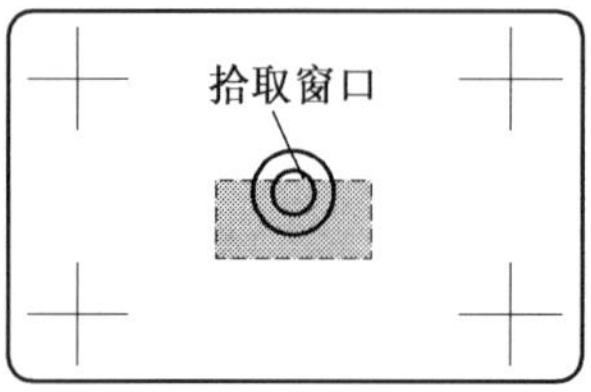

图 3.2　确定拾取窗口的对角点位置

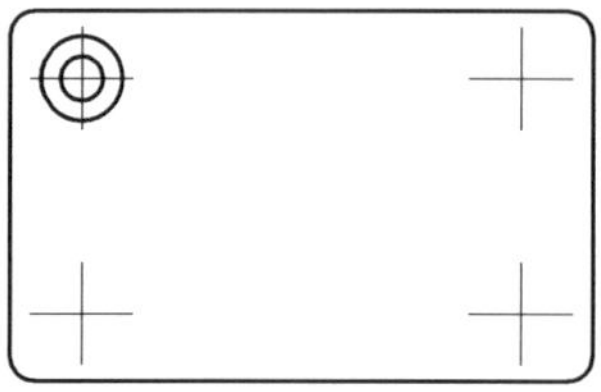

图 3.3　改变位置

(3)复制。

单击菜单项"修改"→"复制",或单击"修改"工具栏上的(复制)按钮,即执行 COPY 命令,AutoCAD 提示:

选择对象:(选择图 3.3 中的复制对象)

选择对象:

指定基点或［位移(D)/模式(O)］<位移>:(在绘图屏幕适当位置(如中心线交点处)确定一点)

指定第二个点或 <使用第一个点作为位移>:(在新复制位置(如右上角中心线交点位置)拾取一点)

指定第二个点或［退出(E)/放弃(U)］<退出>:(在新复制位置(如右下角中心线交点位置)拾取一点)

指定第二个点或［退出(E)/放弃(U)］<退出>:(在新复制位置(如左下角中心线交点位置)拾取一点)

指定第二个点或［退出(E)/放弃(U)］<退出>:↙

执行结果如图 3.1(b)所示。本书绘图文件"第 3 章　编辑二维图形\图 3. lb. dwg"中给出了操作结果。

2. 打开绘图文件"第 3 章　编辑二维图形\图 3.4a. dwg"(图 3.4(a))。通过删除、移动和复制等操作整理图形,结果如图 3.4(b)所示(移动、复制到的具体位置由读者确定)。

本书绘图文件"第 3 章　编辑二维图形\图 3.4b. dwg"中给出了整理结果。

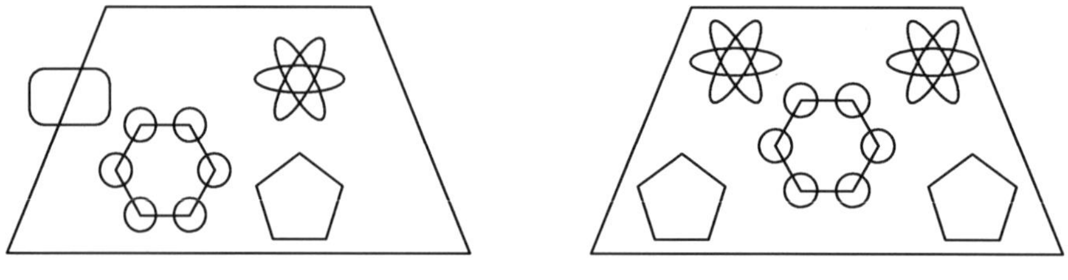

(a) 已有图形　　(b) 整理结果

图 3.4　删除、移动、复制对象 2

上机练习 2　镜像对象

1. 打开绘图文件"第 3 章　编辑二维图形\图 3.5a. dwg"(图 3.5(a))。将已有图形相对于中心线镜像,结果如图 3.5(b)所示。

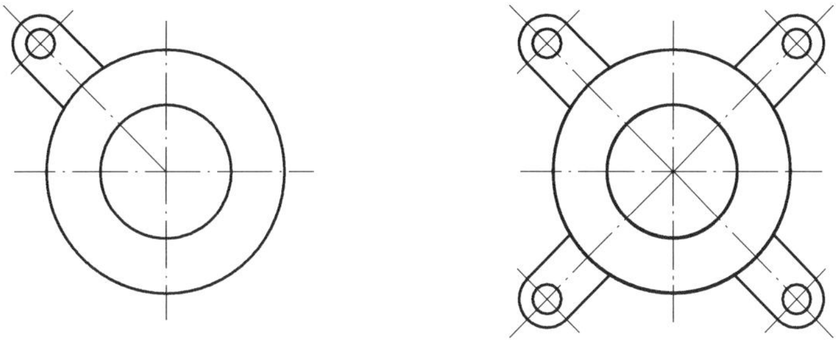

(a) 已有图形　　(b) 镜像结果

图 3.5　镜像对象 1

操作步骤如下:

单击菜单项"修改"→"镜像",或单击"修改"工具栏上的 (镜像)按钮,即执行 MIRROR 命令,AutoCAD 提示:

选择对象:(选择要镜像的对象)

选择对象:

指定镜像线的第一点:(拾取垂直中心线的一端点)

指定镜像线的第二点:(拾取垂直中心线的另一端点)

是否删除源对象?[是(Y)/否(N)]<N>:↙

再执行 MIRROR 命令,AutoCAD 提示:

选择对象:(选择原有要镜像的对象和前面操作中得到的新对象)

选择对象:

指定镜像线的第一点:(拾取水平中心线的一端点)

指定镜像线的第二点:(拾取水平中心线的另一端点)

是否删除源对象?[是(Y)/否(N)]<N>:↙

执行结果如图 3.5(b)所示。本书绘图文件"第 3 章　编辑二维图形\图 3.5b. dwg"中给出了镜像结果。

注意:默认情况下,镜像文字、属性和属性定义在镜像图像中不会反转或倒置。文字的对齐和对正方式在镜像对象前后相同,如图 3.6(b)所示。如果确实要反转文字,请将 MITTTEXT 系统变量设置为 1,如图 3.6(c)所示。

2. 打开绘图文件"第 3 章　编辑二维图形\图 3.7a. dwg"(图 3.7(a)),将已有图形相对于中心线镜像,结果如图 3.7(b)所示。

本书绘图文件"第 3 章　编辑二维图形\图 3.7b. dwg"中给出了镜像结果。

(a)　　(b)　　(c)

图 3.6　镜像含文字的对象

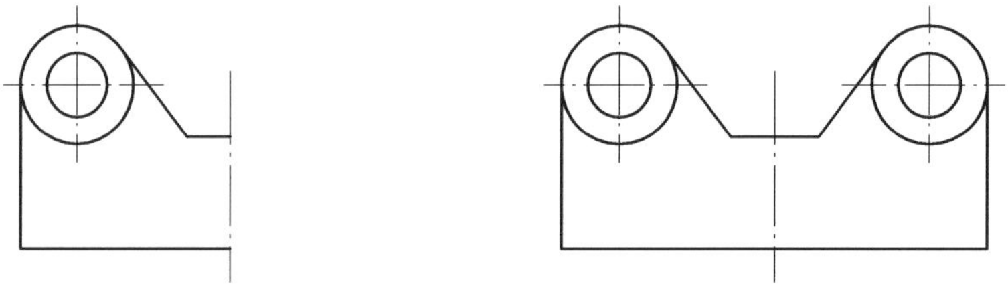

(a) 已有图形　　(b) 镜像结果

图 3.7　镜像对象 2

上机练习 3　旋转对象

1. 打开绘图文件“第 3 章　编辑二维图形\图 3.8a. dwg”(图 3.8(a)),将位于垂直中心线右侧的图形相对于大圆圆心沿逆时针方向旋转 60°,结果如图 3.8(b)所示。

(a) 已有图形　　(b) 旋转结果

图 3.8　旋转对象 1

操作步骤如下:

单击菜单项“修改”→“旋转”,或单击“修改”工具栏上的（旋转）按钮,即执行 ROTATE命令,AutoCAD 提示:

选择对象:(选择旋转对象。注意:不要选择水平中心线)

选择对象:

指定基点:(拾取大圆圆心)

指定旋转角度,或 [复制(C)/参照(R)]<0>:60↙

执行结果如图 3.8(b)所示。本书绘图文件“第 3 章　编辑二维图形\图 3.8b. dwg”中给出了旋转结果。

注意:因为图 3.8(a)中的水平中心线是一条直线,如果也将其旋转,会得到如图 3.9 所示的结果。

本章上机练习 9 中将说明如何处理此中心线。

2. 打开绘图文件“第 3 章　编辑二维图形\图 3.10a.dwg”(图 3.10(a)),将其中的圆相对于三角形的直角顶点沿顺时针方向旋转 30°,将矩形沿逆时针旋转以使其一条长边和三角形的斜边重合,结果如图 3.10(b)所示。

本书绘图文件“第 3 章　编辑二维图形\图 3.10b.dwg”中给出了操作结果。

注意:上图中,顺时针方向旋转输入的角度值为负值,旋转矩形时为使边对齐应采用旋转中的“参照”功能。

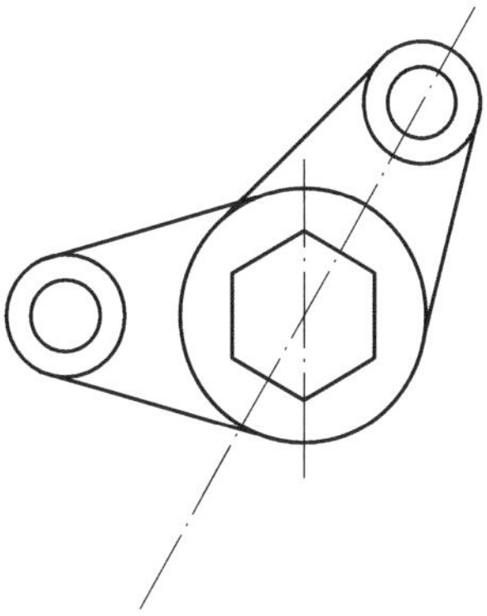

图 3.9　旋转中心线

(a) 已有图形　　(b) 旋转结果

图 3.10　旋转对象 2

上机练习 4　阵列对象

1. 对图 3.9 做环形阵列,结果如图 3.11 所示。

操作步骤如下:

(1) 阵列得到水平中心线。

单击菜单项“修改”→“阵列”,或单击“修改”工具栏上的(阵列)按钮,即执行 ARRAY 命令,AutoCAD 弹出“阵列”对话框,从中进行阵列设置,如图 3.12 所示。

从图中可以看出,已通过选中“环形阵列”单选按钮表示将进行环形阵列;单击与“选择对象”对应的按钮,然后在绘图屏幕选择倾斜中心线作为阵列对象(对话框中显示出“已选择 1 个对象”);单击与“中心点”对应的按钮,拾取倾斜中心线与垂直中心线的交点作为环形阵列中心点;通过“方法”下拉列表选中“项目总数和项目间的角度”:将“项目总数”设为 2,“项目间角度”设为 120。此时可通过对话框中的预览窗口预览到阵列效果,也可以单击“预览”按钮观看阵列效果。

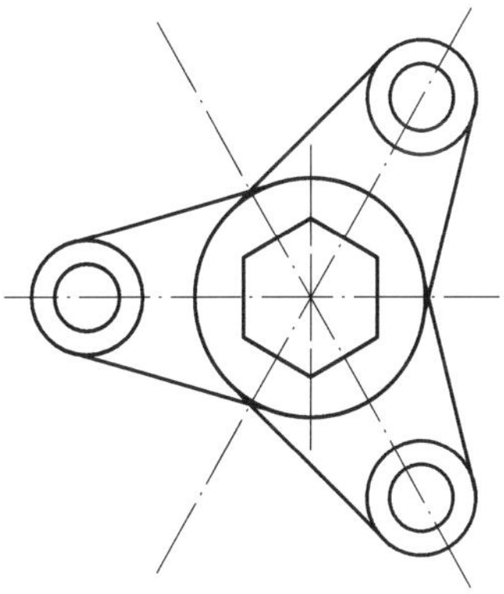

图 3.11　环形阵列结果

单击对话框中的“确定”按钮,得到水平中心线。

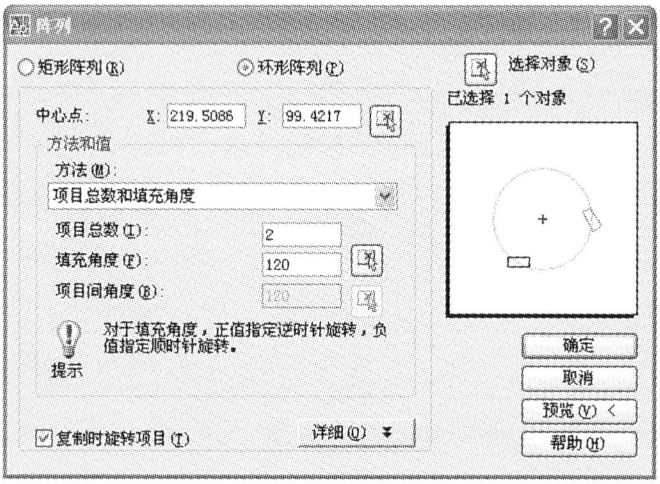

图 3.12　环形“阵列”中心线

(2)阵列得到完整图形。

继续执行 ARRAY 命令,AutoCAD 弹出“阵列”对话框,只需重新选择需要阵列的对象,其余设置不变,如图 3.13 所示,图中显示“已选择 5 个对象”。

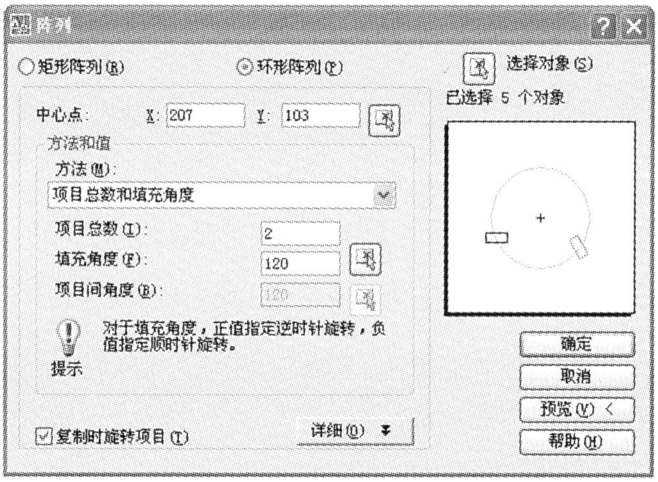

图 3.13　环形“阵列”完整图形

单击对话框中的“确定”按钮,完成阵列,得到如图 3.11 所示结果。

本书绘图文件“第 3 章　编辑二维图形\图 3.11. dwg”中给出了操作结果。

注意:若需顺时针方向阵列,输入的“项目间角度值”应该为负值。

2. 打开绘图文件“第 3 章　编辑二维图形\图 3.14a. dwg”(图 3.14 (a)),对其进行环形阵列,结果如图 3.14 (b)所示。(可以通过“相切、相切、相切”命令绘制圆)

本书绘图文件“第 3 章　编辑二维图形\图 3.14b. dwg”中给出了操作结果。

3. 打开绘图文件“第 3 章　编辑二维图形\图 3.15a. dwg”(图 3.15(a)),对其进行矩形阵列,结果如图 3.15(b)所示。

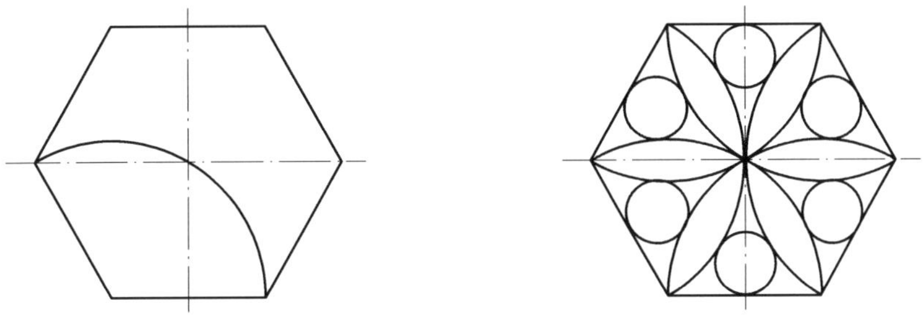

(a) 阵列前　　(b) 阵列后

图 3.14　环形阵列

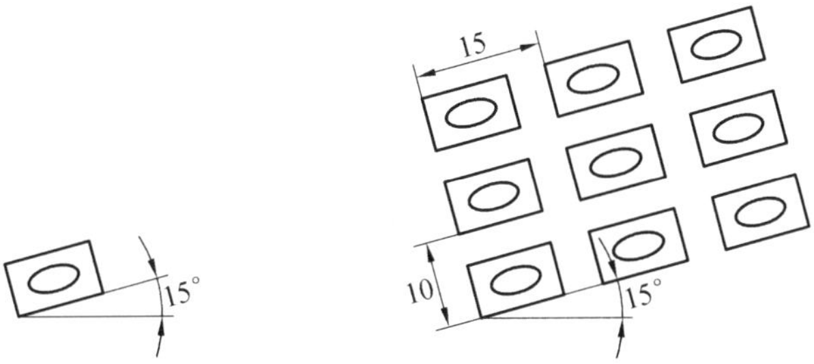

(a) 阵列前　　(b) 阵列后

图 3.15　矩形阵列

操作步骤如下：

执行 ARRAY 命令，AutoCAD 弹出“阵列”对话框，从中进行阵列设置，如图 3.16 所示。

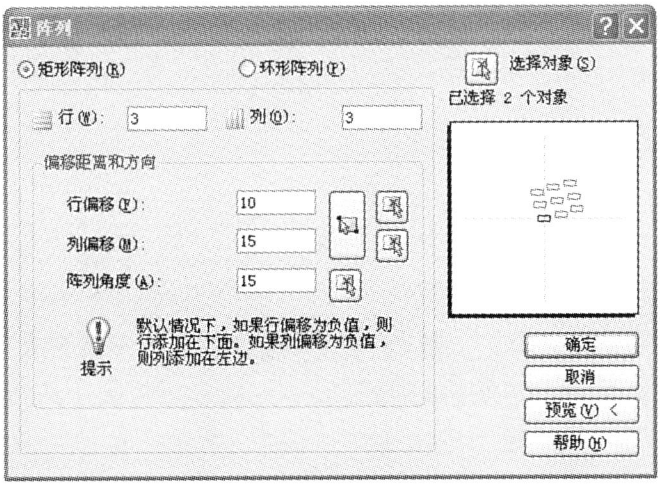

图 3.16　矩形“阵列”完整图形

从图中可以看出，已通过选中“矩形阵列”单选按钮表示将进行矩形阵列；单击与“选择对象”对应的按钮，在绘图屏幕选择对应的图形作为阵列对象（对话框中显示出“已选择 2 个对象”，包括矩形和椭圆）；通过与“行”和“列”对应的文本框将阵列行和列分别设为 3 和 3;通过“行偏移”“列偏移”文本框将各对应偏移距离分别设为 10 和 15;通过“阵列角度”文本框将阵列角度设为 15。此时可通过对话框中的预览窗口预览到阵列效果,也可以单击“预览”按钮观看阵列效果。

单击对话框中的“确定”按钮,完成阵列,得如图 3.15 (b)所示的结果。

本书绘图文件“第 3 章　编辑二维图形\图 3.15b.dwg”中给出了操作结果。

4. 打开绘图文件“第 3 章　编辑二维图形\图 3.17a.dwg”(图 3.17 (a)),对该图进行相应的矩形阵列和环形阵列,结果如图 3.17 (b)所示。

注意:完成本练习的矩形阵列操作时,要注意行偏移、列偏移应采用正确的正负号。

本书绘图文件“第 3 章　编辑二维图形\图 3.17b.dwg”中给出了操作结果。

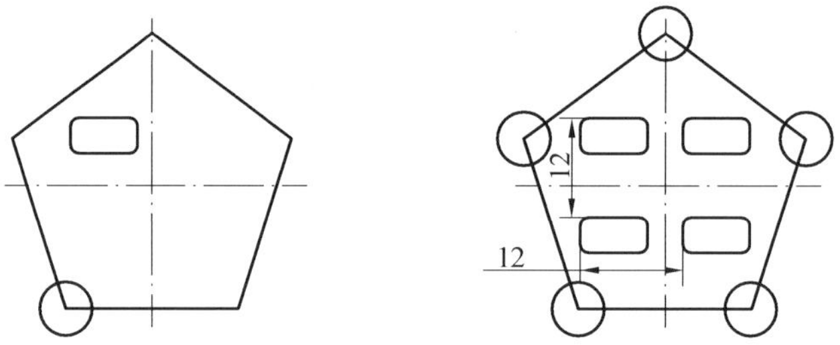

(a) 阵列前　(b) 阵列后

图 3.17　阵列

上机练习 5　修剪对象、延伸对象

1. 打开绘图文件“第 3 章　编辑二维图形\图 3.18a.dwg”(图 3.18(a)),对该图进行相应的修剪和延伸,结果如图 3.18(b)所示。

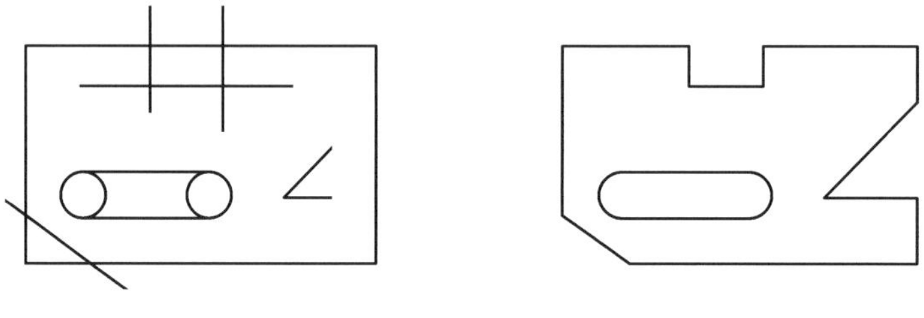

(a) 修剪、延伸前　(b) 修剪、延伸后

图 3.18　修剪、延伸对象

操作步骤如下:

单击菜单项“修改”→“修剪”,或单击“修改”工具栏上的 -/-- (修剪)按钮,即执行 TRIM 命令,AutoCAD 提示:

选择剪切边……

选择对象或<全部选择>:↙(选择全部对象。图形对象既可以作为剪切边,也可以作为被修剪对象)

选择要修剪的对象,或按住 Shift 键选择要延伸的对象,或[栏选(F)/窗交(C)/投影

(P)/边(E)/删除(R)/放弃(U)]:

在这样的提示下,在图 3.18 (a)中,分别修剪上部的直线、位于环形内部的圆和左下角的斜线部分,修剪结果如图 3.19 所示,同时 AutoCAD 继续提示:

选择要修剪的对象,或按住 Shift 键选择要延伸的对象,或[栏选(F)/窗交(C)/投影(P)/边(E)/删除(R)/放弃(U)]:

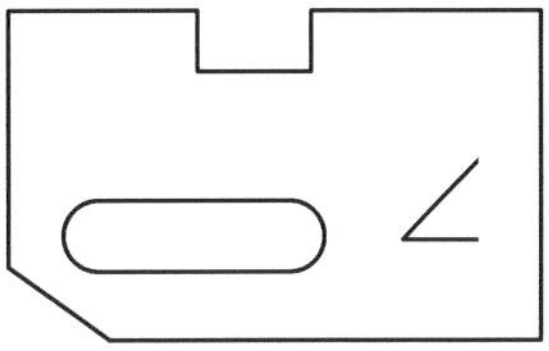

图 3.19　修剪

在此提示下,按住 Shift 键,分别选择位于矩形之内的两条斜线,即可实现延伸,而后继续修剪掉两条斜线中间的部分,同时 AutoCAD 继续提示:

选择要修剪的对象,或按住 Shift 键选择要延伸的对象,或[栏选(F)/窗交(C)/投影(P)/边(E)/删除(R)/放弃(U)]:↙

执行结果如图 3.18 (b)所示。

需要说明的是,也可以单独执行 EXTEND(延伸)命令实现斜线的延伸。

本书绘图文件"第 3 章　编辑二维图形\图 3.18b.dwg"中给出了操作结果。

2.打开绘图文件"第 3 章　编辑二维图形\图 3.20a.dwg"(图 3.20 (a)),对该图进行修剪操作,结果如图 3.20 (b)所示。

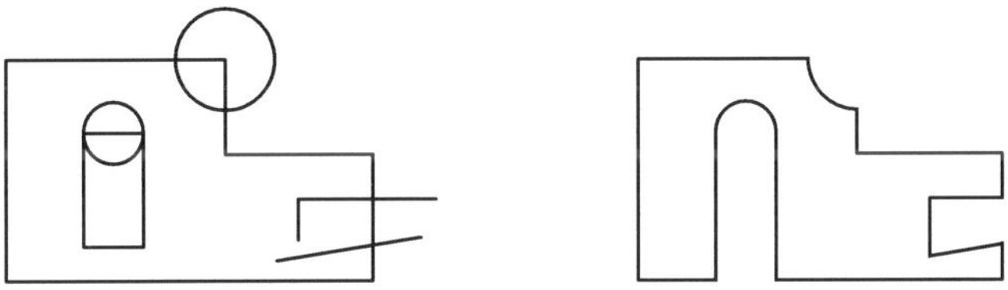

(a) 修剪前　(b) 修剪后

图 3.20　修剪对象

本书绘图文件"第 3 章　编辑二维图形\图 3.20b.dwg"中给出了操作结果。

3.打开绘图文件"第 3 章　编辑二维图形\图 3.21a.dwg"(图 3.21 (a)),对该图进行修剪和延伸操作,结果如图 3.21 (b)所示。

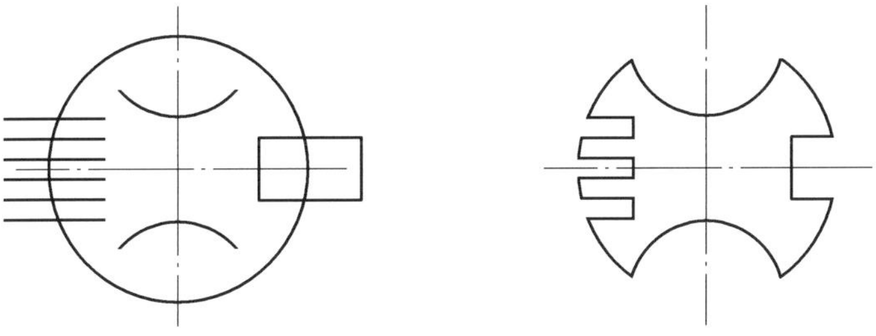

(a) 修剪、延伸前　(b) 修剪、延伸后

图 3.21　修剪、延伸对象

注意:执行修改操作后,可能还需要执行 LINE 命令绘制所需线条或执行 ERASE 命令删除多余的线条。

本书绘图文件"第 3 章　编辑二维图形\图 3.21b.dwg"中给出了操作结果。

上机练习 6　缩放对象、偏移对象

1. 打开绘图文件“第 3 章　编辑二维图形\3.22a. dwg”(图 3.22(a)),将该图中位于中间的小圆相对于圆心放大 1.5 倍;将外轮廓向外偏移,偏移距离为 2,将其余三个小圆向内偏移,偏移距离为 1,结果如图 3.22(b)所示。

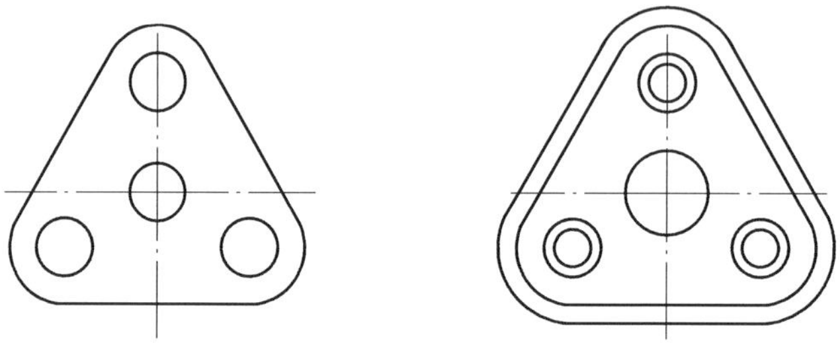

(a) 放大、偏移前　　(b) 放大、偏移后

图 3.22　放大、偏移对象

操作步骤如下:

(1) 缩放对象。

单击菜单项“修改”→“缩放”,或单击“修改”工具栏上的(缩放)按钮,即执行 SCALE 命令,AutoCAD 提示:

选择对象:(选择图 3.22 (a) 中位于中间位置的圆)

选择对象:

指定基点:(拾取水平中心线与位于中间位置的垂直中心线的交点)

指定比例因子或 [复制(C)/参照(R)]:1.5↙

执行结果如图 3.23 所示。

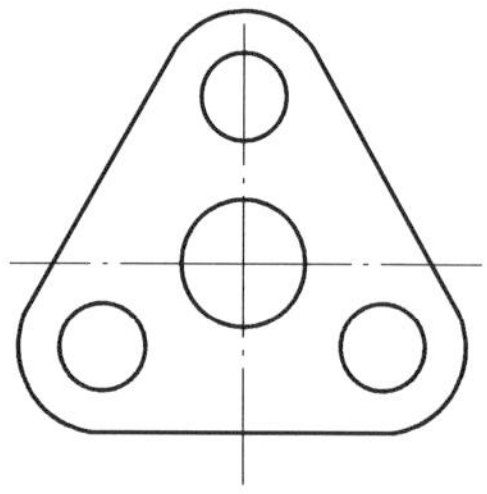

图 3.23　缩放效果

(2) 偏移对象。

①合并。

为实现偏移,首先将外轮廓合并成一条多段线。单击菜单项“修改”→“对象”→“多段线”,或单击“修改Ⅱ”工具栏上的(编辑多段线)按钮,即执行 PEDIT 命令,AutoCAD 提示:

选择多段线或 [多条(M)]:(选择外轮廓上的任意一条线段)

选定的对象不是多段线是否将其转换为多段线? <Y>

输入选项:

[闭合(C)/合并(J)/宽度(W)/编辑顶点(E)/拟合(F)/样条曲线(S)/非曲线化(D)/线型生成(L)/放弃(U)]:J

选择对象:All↙(此时要求选择需要合并的对象。用 All 响应表示选择全部对象,但最后 AutoCAD 只将首尾彼此连接的图形对象合并成一条多段线)

选择对象:

5 条线段已添加到多段线。

输入选项:

[打开(O)/合并(J)/宽度(W)/编辑顶点(E)/拟合(F)/样条曲线(S)/非曲线化(D)/线型生成(L)/放弃(U)]:↙

②偏移。

单击菜单项"修改"→"偏移",或单击"修改"工具栏上的（偏移）按钮,即执行 OFFSET 命令,AutoCAD 提示:

指定偏移距离或[通过(T)/删除(E)/图层(L)]<通过>:2↙(偏移距离为 2)

选择要偏移的对象,或[退出(E)/放弃(U)]<退出>:(选择外轮廓)

指定要偏移的那一侧上的点,或[退出(E)/多个(M)/放弃(U)]<退出>:(在外轮廓外部任意拾取一点)

选择要偏移的对象,或[退出(E)放弃(U)] <退出>:↙

重复上述偏移命令,设置偏移距离为 1,继续偏移三个小圆,执行结果如图 3.22(b)所示。本书绘图文件"第 3 章　编辑二维图形\图 3.22b. dwg"中给出了操作结果。

注意:AutoCAD 要相对于指定的基点执行缩放操作。例如,如果对图 3.22 (a)中的圆相对于左下角圆心放大 1.5 倍,则会得到如图 3.24 所示的结果。

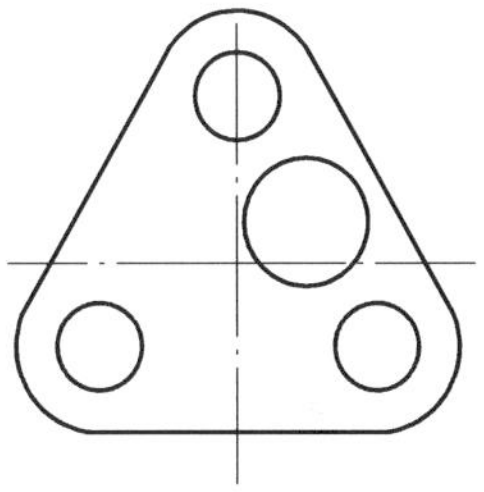

图 3.24　以左下角圆心为基点放大局部图形

2. 利用偏移命令绘制如图 3.25 所示的图形,具体尺寸由读者自定。

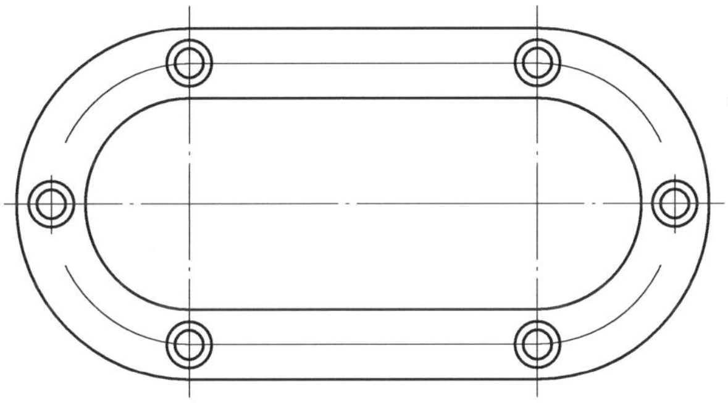

图 3.25　偏移练习

本书绘图文件"第 3 章　编辑二维图形\图 3.25. dwg"中给出了操作结果。

上机练习 7　拉伸对象

1. 打开绘图文件"第 3 章　编辑二维图形\图 3.26a. dwg"(图 3.26(a)),对图中对应部分执行拉伸操作,结果如图 3.26 (b)所示。

操作步骤如下:

单击菜单项"修改"→"拉伸",或单击"修改"工具栏上的（拉伸）按钮,即执行 STRETCH 命令,AutoCAD 提示:

(a) 拉伸前　　(b) 拉伸后

图 3.26　拉伸对象操作 1

以交叉窗口或交叉多边形选择要拉伸的对象……

选择对象:(确定拾取矩形窗口的一角点,如图 3.27 所示)

指定对角点:(确定拾取矩形窗口的另一角点,使窗口包围所拉伸对象或与拉伸对象相交,如图 3.27 所示)

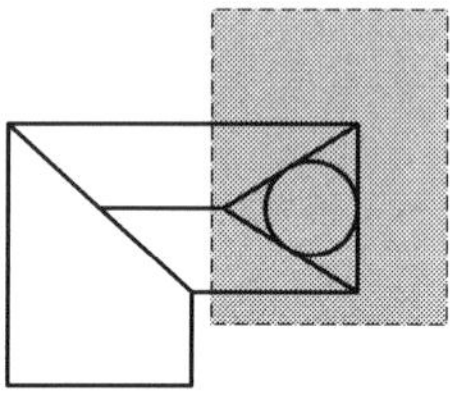

图 3.27　确定选择窗口

选择对象:

指定基点或[位移(D)]<位移>:(在绘图屏幕任意位置拾取一点)

指定第二个点或<使用第一个点作为位移>:@15,0↙

执行结果如图 3.26 (b)所示。

本书绘图文件"第 3 章　编辑二维图形\图 3.26b. dwg"中给出了操作结果。

注意:根据 AutoCAD 的规定,对于直线对象,位于窗口外的端点不动,位于窗口内的端点移动,完全包含在窗口内的直线将整体移动;对于圆,当窗口包含其圆心时其整体移动,否则不发生移动。

2. 打开绘图文件"第 3 章　编辑二维图形\图 3.28a. dwg"(图 3.28(a)),对该图进行拉伸操作,结果如图 3.28 (b)所示。

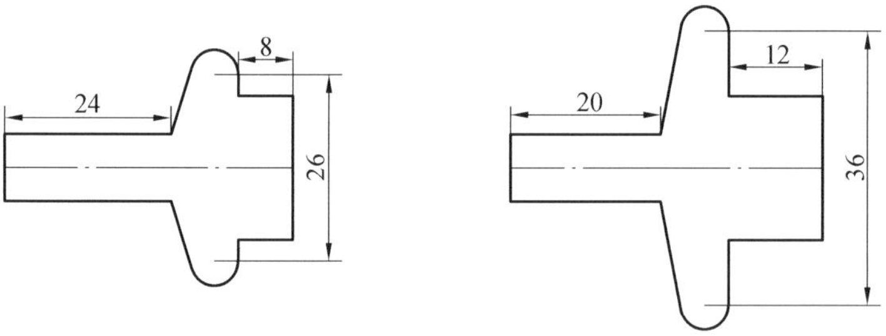

(a) 拉伸前　　(b) 拉伸后

图 3.28　拉伸对象操作 2

本书绘图文件"第 3 章　编辑二维图形\图 3.28b. dwg"中给出了操作结果。

从图 3.28(a)可以看出,该中心线的长度不是很合适。本章上机练习 10 将通过夹点功能调整它们的长度。

上机练习 8　创建倒角和圆角

1. 打开绘图文件“第 3 章　编辑二维图形\图 3.29a.dwg”(图 3.29(a)),对该图创建对应的倒角和圆角,结果如图 3.29(b)所示。

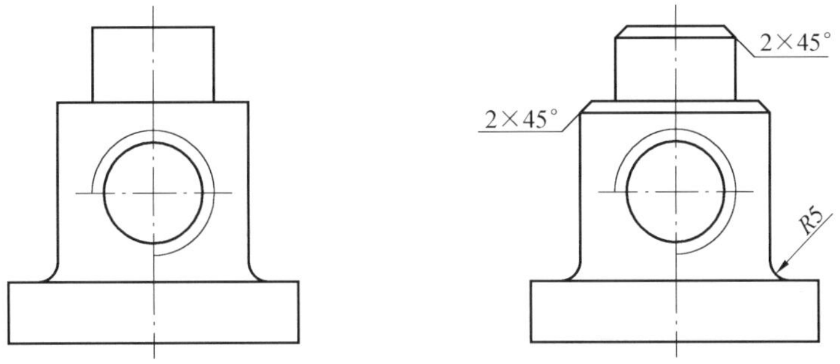

(a) 创建倒角、圆角前　　(b) 创建倒角、圆角后

图 3.29　创建倒角、圆角 1

操作步骤如下:

(1)创建倒角。

单击菜单项“修改”→“倒角”,或单击“修改”工具栏上的 (倒角)按钮,即执行 CHAMFER 命令,AutoCAD 提示:

选择第一条直线或［放弃(U)/多段线(P)/距离(D)/角度(A)/修剪(T)/方式(E)/多个(M)］:D

指定第一个倒角距离<0.0>:2

指定第二个倒角距离<2.0>:

选择第一条直线或［放弃(U)/多段线(P)/距离(D)/角度(A)/修剪(T)/方式(E)/多个(M)］:(在图 3.29 (a)中位于最上部的水平直线上且靠近其左端点的部位拾取该直线)

选择第二条直线,或按住 Shift 键选择要应用角点的直线:(在图 3.29 (a)中,在位于最上部的细圆柱上,拾取其左垂直线)

执行结果如图 3.30 所示。

用同样的方法在其他位置创建倒角,结果如图 3.31 所示(过程略。在创建同样尺寸的倒角时,不需要再设置倒角距离)。

(2)绘制直线。

如图 3.29 (b)所示,执行 LINE 命令,在倒角位置绘制对应的直线,结果如图 3.32 所示。

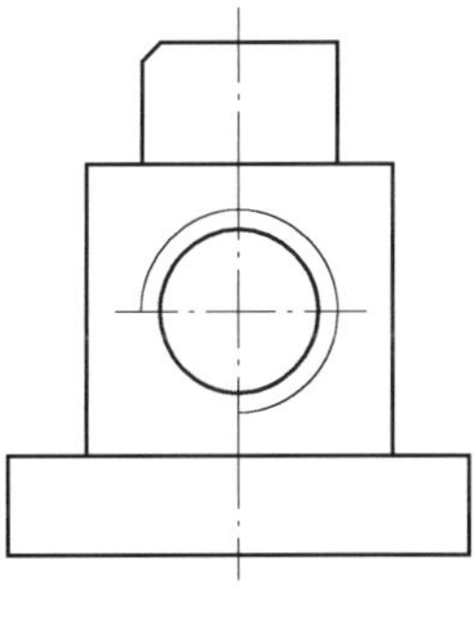

图 3.30　创建倒角 1

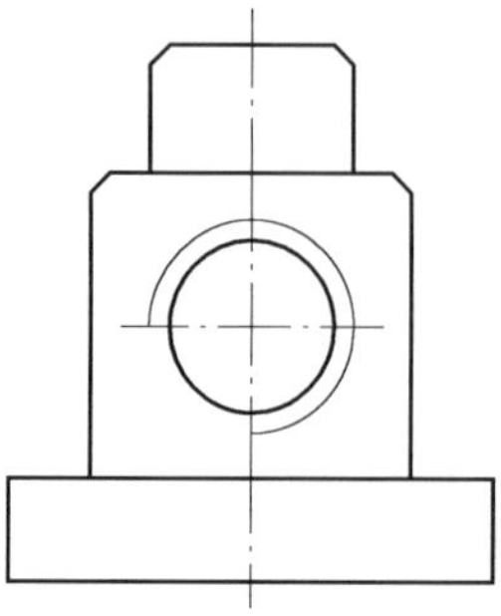

图 3.31　创建倒角 2

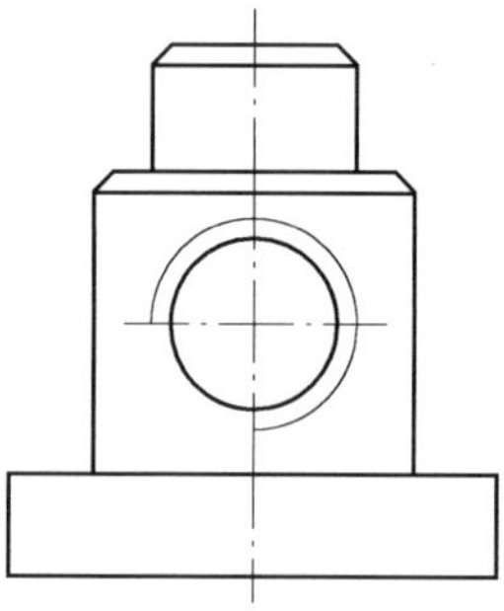

图 3.32　创建直线

(3)创建圆角。

单击菜单项“修改”→“圆角”,或单击“修改”工具栏上的(圆角)按钮,即执行 FILLET 命令,AutoCAD 提示:

选择第一个对象或[放弃(U)/多段线(P)/半径(R)/修剪(T)/多个(M)]:T↙(确定修剪模式)

输入修剪模式选项[修剪(T)/不修剪(N)]<修剪>:N

选择第一个对象或[放弃(U)/多段线(P)/半径(R)/修剪(T)/多个(M)]:R

指定圆角半径<0.0000>:5

选择第一个对象或[放弃(U)/多段线(P)/半径(R),修剪(T)/多个(M)]:(图 3.32 中,在位于中间的圆柱上,拾取其左直线)

选择第二个对象,或按住 Shift 键选择要应用角点的对象:(在图 3.32 中,在位于最下面的圆柱上,拾取其位于上面的水平线)

执行结果如图 3.33 所示。

用同样的方法在另一侧创建圆角,结果如图 3.34 所示。

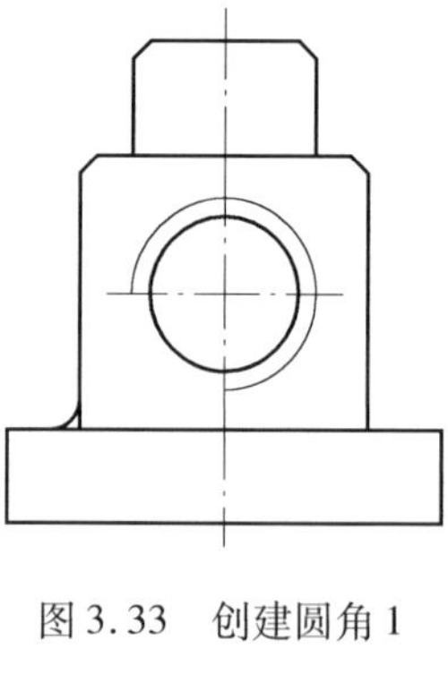

图 3.33　创建圆角 1

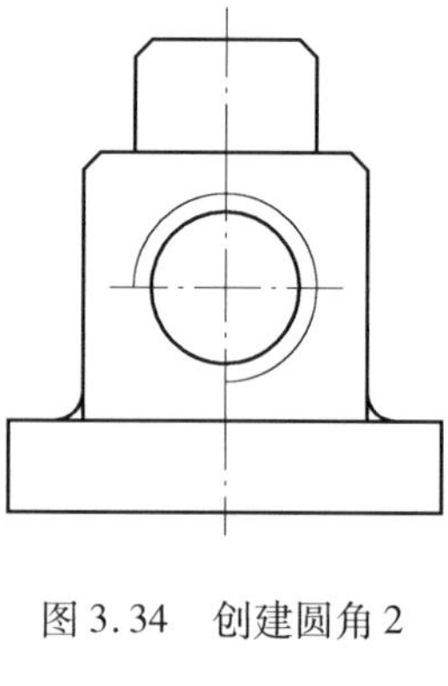

图 3.34　创建圆角 2

(4)修剪。

执行 TRIM 命令对图 3.34 进行修剪,得如图 3.29 (b)所示的结果。

本书绘图文件“第 3 章　编辑二维图形\图 3.29b. dwg”中给出了操作结果。

2. 打开绘图文件“第 3 章　编辑二维图形\图 3.35a. dwg”(图 3.35 (a)),对该图创建对应的倒角和圆角,结果如图 3.35 (b)所示(注意修剪模式的灵活运用)。

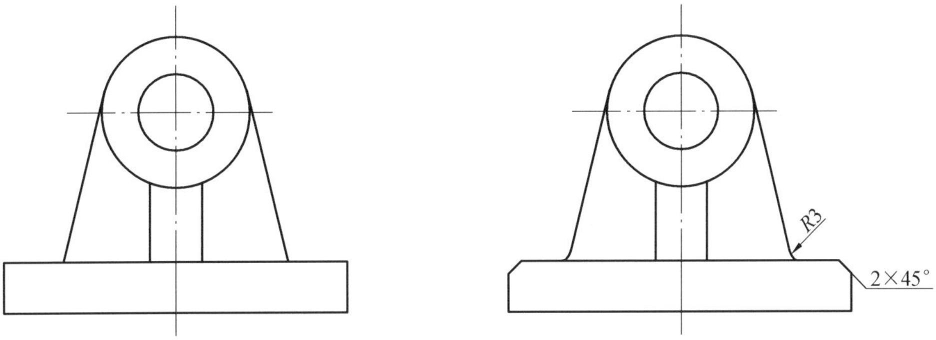

(a) 创建倒角、圆角前　　(b) 创建倒角、圆角后

图 3.35　创建倒角、圆角 2

本书绘图文件“第 3 章　编辑二维图形\图 3.35b. dwg”中给出了操作结果。

上机练习 9　打断对象

1. 对图 3.36(a)做打断处理,结果如图 3.36(b)所示。

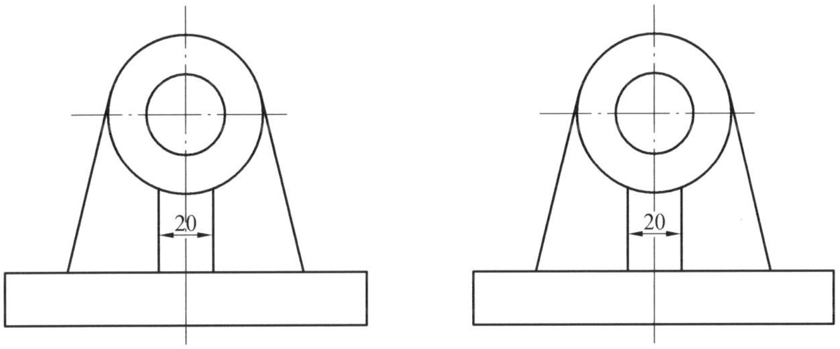

(a) 打断前　　(b) 打断后

图 3.36　打断对象

操作步骤如下:

首先,打开如图 3.36(a)所示的图形(位于绘图文件“第 3 章　编辑二维图形\图 3.36a. dwg”)。

单击“修改”工具栏上的(打断)按钮,AutoCAD 提示:

选择对象:(选择图 3.36(a)中竖直中心线位于尺寸 20 上方附近的某一点)

指定第二个打断点或[第一点(F)]:(选择尺寸 20 下方附近的某一点)

执行结果如图 3.36(b)所示。

本书绘图文件“第 3 章　编辑二维图形\图 3.36b. dwg”中给出了操作结果。

2. 打开绘图文件“第 3 章　编辑二维图形\图 3.37a. dwg”(图 3.37 (a)),对该图执行打断操作,结果如图 3.37 (b)所示。

本书绘图文件“第 3 章　编辑二维图形\图 3.37b. dwg”中给出了操作结果。

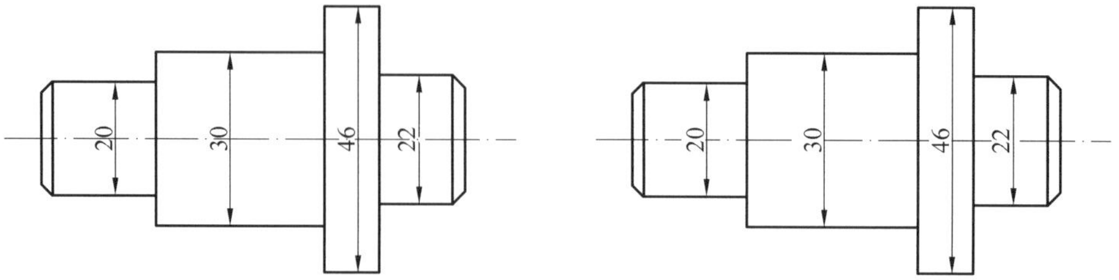

(a) 打断前　　(b) 打断后

图 3.37　打断操作

上机练习 10　利用夹点功能编辑对象

1. 图形如图 3.28 (a)所示,利用夹点功能调整中心线的长度,结果如图 3.38 所示。

操作步骤如下:

首先,打开图 3.28 (a),在水平中心线的右端点附近拾取该直线,AutoCAD 显示出夹点(以蓝颜色显示),如图 3.39 所示。

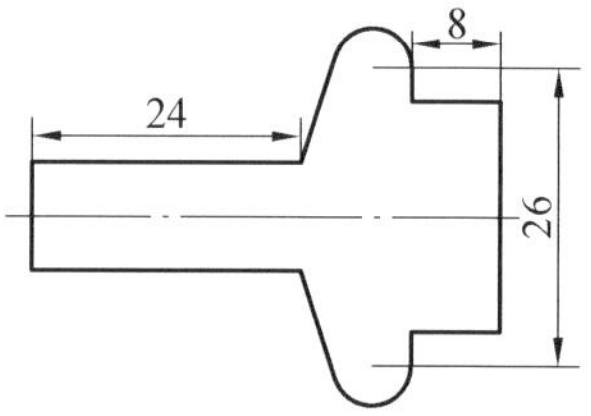

图 3.38　调整水平中心线长度

再拾取水平中心线上的右端点作为基点(作为基点的点以红色显示),此时 AutoCAD 提示:

＊＊拉伸＊＊

指定拉伸点或[基点(B)/复制(C)/放弃(U)/退出(X)]

在此提示下,向右拖动鼠标,使水平中心线的右端点向右拖动一定的距离,而后单击鼠标左键来确认直线的端点位置,结果如图 3.40 所示(也可以通过输入相对坐标的方式确定直线的端点)。

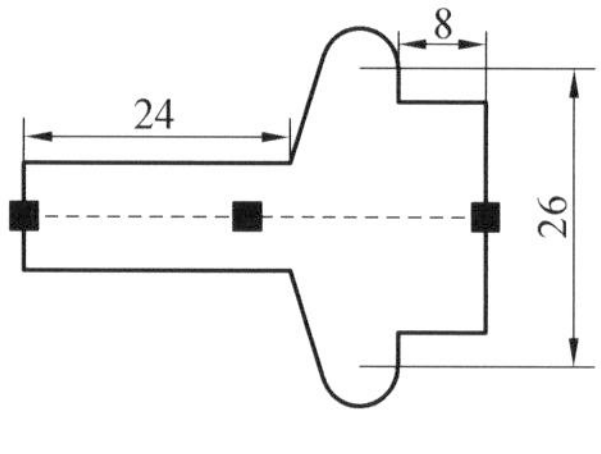

图 3.39　显示夹点

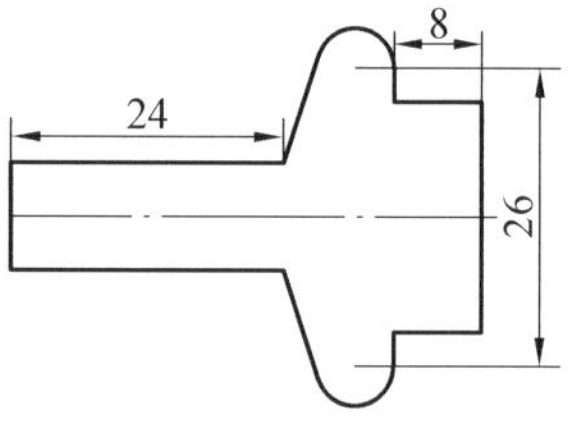

图 3.40　调整结果

注意:对本练习进行操作时,基点的新位置的确定容易使直线发生倾斜,此时可按下状态栏上的“正交”按钮,就可以很容易地得到水平或垂直线。如果在确定基点的新位置后原直线没有变化,其原因有可能是新端点又被吸附到原端点位置,此时应单击状态栏上的“对象捕捉”按钮,使其弹起,即关闭对象捕捉功能。

用同样的方法调整水平中心线左端的长度,即可得到如图 3.38 所示的结果。

本书绘图文件“第 3 章　编辑二维图形\图 3.38. dwg”中给出了操作结果。

2. 打开绘图文件“第 3 章　编辑二维图形\图 3.41a. dwg”(图 3.41 (a)),利用夹点等功能调整中心线的长度，结果如图 3.41(b)所示。

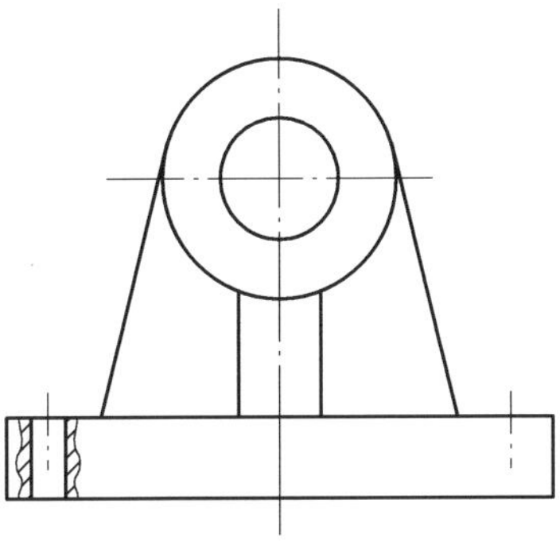

(a) 调整前　(b) 调整后

图 3.41　调整中心线长度

本书绘图文件“第 3 章　编辑二维图形\图 3.41b.dwg”中给出了操作结果。

3. 打开绘图文件“第 3 章　编辑二维图形\图 3.42a.dwg”(图 3.42(a))，利用夹点功能将其编辑成图 3.42(b)所示的图形。

(a) 原始图形　(b) 夹点编辑后

图 3.42　夹点编辑

本书绘图文件“第 3 章　编辑二维图形\图 3.42b.dwg”中给出了操作结果。

上机练习 11　利用特性选项板修改图形对象

1. 打开绘图文件“第 3 章　编辑二维图形\图 3.22a.dwg”，利用特性选项板将图中中心圆的直径改为 8，将其余圆的直径改为 4，结果如图 3.43 所示。

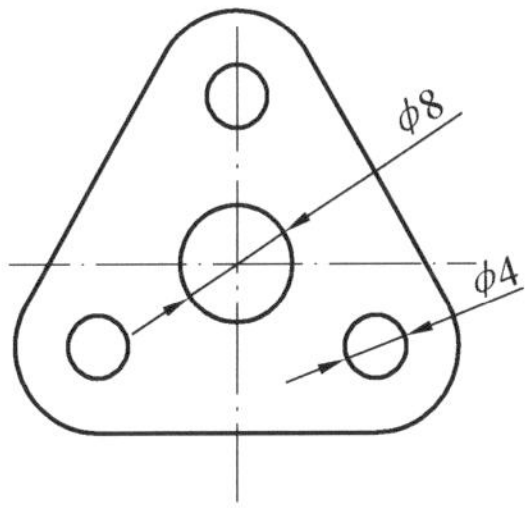

图 3.43　利用特性选项板改变尺寸

操作步骤如下：

双击中心圆，AutoCAD 自动打开特性选项板，并显示出相关参数等信息，如图 3.44 所示。

在特性选项板中，在与“直径”项对应的文本框中输入 8，再按回车键确认修改，即可实现大圆直径的更改。

然后，按“Esc”键取消对大圆的选择，再拾取小圆，通过特性选项板将其直径尺寸改为 4，结果如图 3.43 所示。

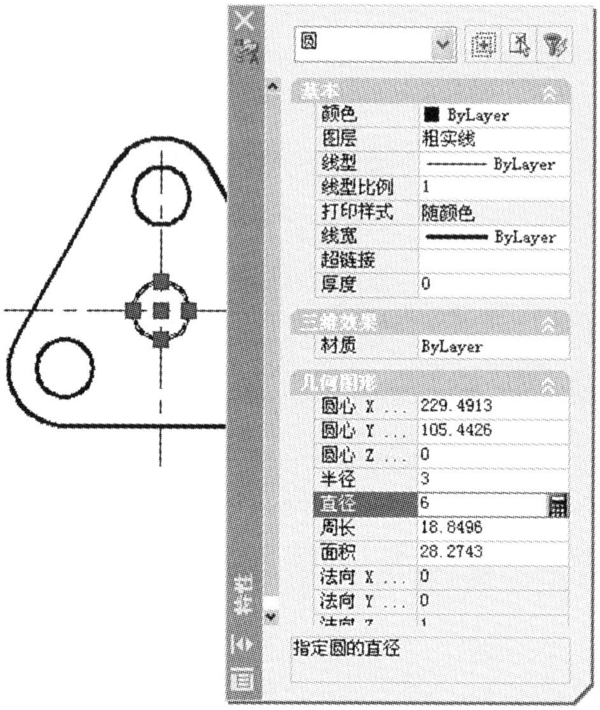

图 3.44　在特性选项板中显示圆的参数等信息

本书绘图文件“第 3 章　编辑二维图形\图3.43.dwg”中给出了操作结果。

2. 打开绘图文件“第 3 章　编辑二维图形\图 3.43.dwg”，利用特性选项板将图中中心圆所在图层改为“虚线”，并将线型比例改为 0.2，执行结果如图 3.45 所示。

本书绘图文件“第 3 章　编辑二维图形\图3.45.dwg”中给出了操作结果。

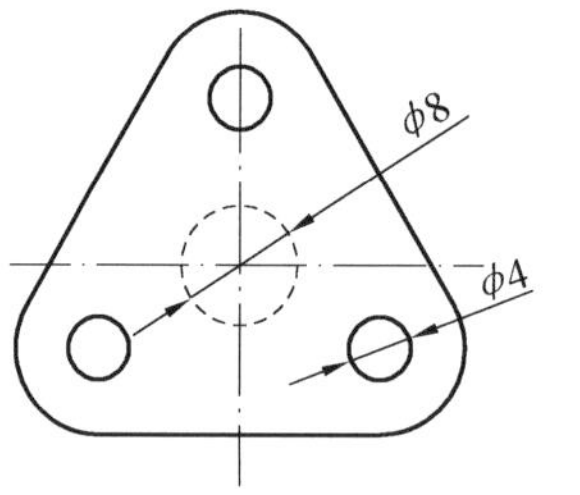

图 3.45　利用特性选项板修改图形

第 4 章　图形显示控制

通过完成本章介绍的练习，掌握通过 AutoCAD 2008 设置绘图界限、绘图单位以及控制图形显示的方法。

上机练习 1　设置绘图界限

1. 将绘图界限设置成横装 A4 图幅，即图幅尺寸为 297 mm（宽）×210 mm（高），并使所设绘图界限有效。

操作步骤如下：

单击菜单项“格式”→“图形界限”，即执行 LIMITS 命令，AutoCAD 提示：

指定左下角点或［开（ON）/关（OFF）］<0.0000，0.0000>：

指定右上角点：297，210↙

再执行 LIMITS 命令（直接按回车键，可以重复执行前一次执行的命令），AutoCAD 提示：

指定左下角点或［开（ON）/关（OFF）］<0.0000，0.0000>：ON↙

在状态栏单击“栅格”按钮，使用栅格显示图形界限区域，效果如图 4.1 所示。

此时，可以通过菜单项“视图”→“缩放”→“全部”，进一步将由所设绘图界限确定的绘图区域尽可能地充满绘图屏幕。

注意：

（1）在设置图形界限左下角的位置时，一般情况下，最好将坐标设为（0，0），它是以后绘图的基准点，如果输入其他坐标值，会给以后的绘图带来很多麻烦；在设置图形界限的右上角的位置时，要根据国家标准值输入，不要任意输入。

（2）命令行窗口提示的 ON/OFF 选项表示打开或关闭图形检查。键入 ON，并按回车键，打开图形界限检查，用户只能在图形界限以内绘制图形，如果所绘图形超出了设定的绘图界限，系统会拒绝执行这一操作，并提示“超出图形界限”，要求重新执行命令，从而保证绘图的正确性。

（3）图形界限也是栅格所显示的范围。

2. 将绘图界限设置成横装 A3 图幅，即图幅尺寸为 420 mm（宽）×297 mm（高），并使所设绘图界限有效。

3. 将绘图界限设置成竖装 A2 图幅，即图幅尺寸为 420 mm（宽）×594 mm（高），并使所设绘图界限有效。

4. 将绘图界限设置成横装 A1 图幅，即图幅尺寸为 841 mm（宽）×594 mm（高），并使所设绘图界限有效。

图 4.1　使用栅格显示图形界限区域

上机练习 2　设置绘图单位

1. 在本章上机练习 1 中创建的横装 A4 图幅中设置绘图单位的格式，具体要求为：长度尺寸的单位格式为小数，精度为 0.00；角度尺寸的单位格式为“十进制度数”，精度为“◦”。

操作步骤如下：

单击菜单项“格式”→“单位”，即执行 UNITS 命令，AutoCAD 弹出“图形单位”对话框，在该对话框中进行相应的设置，如图 4.2 所示。

可以看出，在对话框中的“长度”选项组中，通过“类型”下拉列表将长度尺寸的单位格式设为“小数”，通过“精度”下拉列表将长度尺寸的精度设为“0.00”；在“角度”选项组中，通过“类型”下拉列表将角度尺寸的单位格式设为“十进制度数”，通过“精度”下拉列表将角度尺寸的精度设为“°”。请注意，在默认设置下，角度的正方向为逆时针方向。

此外，还可以设置角度的方向。单击对话框中的“方向”按钮，AutoCAD 弹出“方向控制”对话框，如图 4.3 所示。一般使用默认状态，即“东”为 0°。

注意：当在“长度”或“角度”选项组中选择设置了长度或角度的类型与精度后，在“输出样例”选项组中显示它们对应的样例。在机械设计中，零件尺寸的误差是靠公差来控制的，而不是精度的位数，这与绘图精度有着本质的区别。

2. 分别为在本章上机练习 1 中创建的 A1、A2、A3 各图幅设置绘图单位的格式，具体要求为：长度尺寸的单位格式均为小数，精度为 0.00；角度尺寸的单位格式均为“十进制度数”，精度为“0°”。

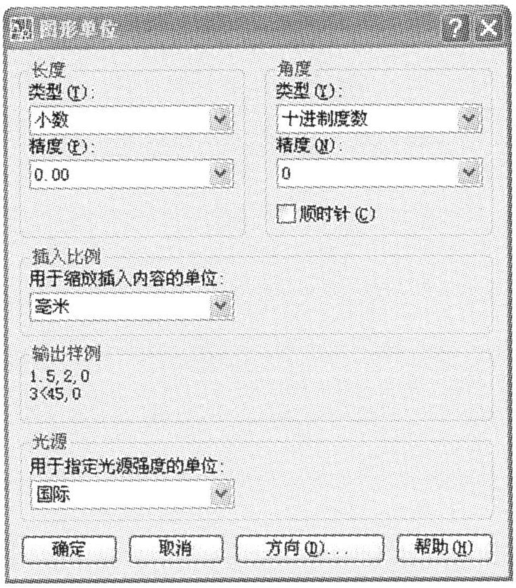

图 4.2　“图形单位”对话框

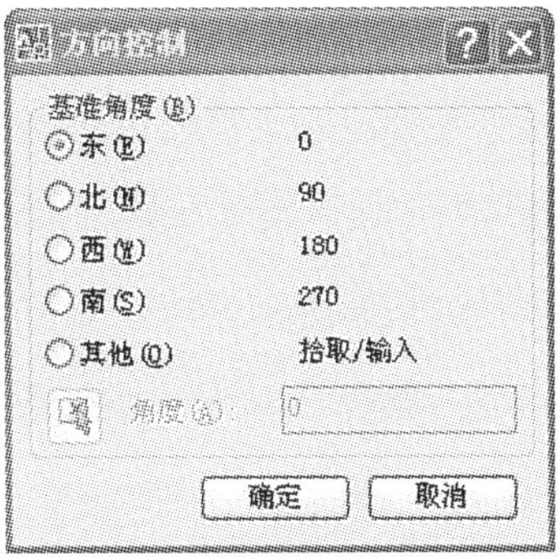

图 4.3　“方向控制”对话框

上机练习 3　移动视图、缩放视图、鸟瞰视图

1. 打开 AutoCAD 2008 提供的示例图形 Blocks and Tables - Imperial. dwg(位于 AutoCAD 2008 安装目录下的 Sample 文件夹),试利用 AutoCAD 2008 提供的各种缩放视图、移动视图功能观看图形。

操作步骤如下:

首先,打开图形 Blocks and Tables - Imperial. dwg,结果如图 4.4 所示。

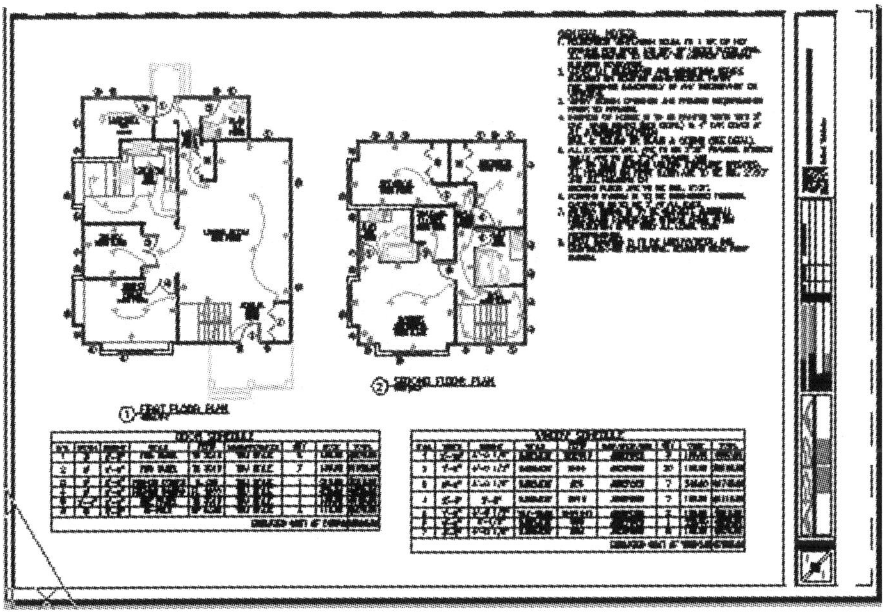

图 4.4　样板图形

(1)实时缩放。

单击菜单项“视图”→“缩放”→“实时”,或单击“标准”工具栏上的(实时缩放)按钮,即相当于执行 ZOOM 命令的“实时”选项,AutoCAD 将光标用一个放大镜替代,并提示:

按 Esc 或回车键退出,或单击右键显示快捷菜单。

同时在状态栏显示:

按住拾取键并垂直拖动进行缩放:

此时按住鼠标左键,多次向上拖动鼠标(当向下移动鼠标时松开鼠标左键),可逐渐放大图形的显示,如图 4.5 所示。

同样,按住鼠标左键后向下拖动鼠标,可以缩小图形的显示。

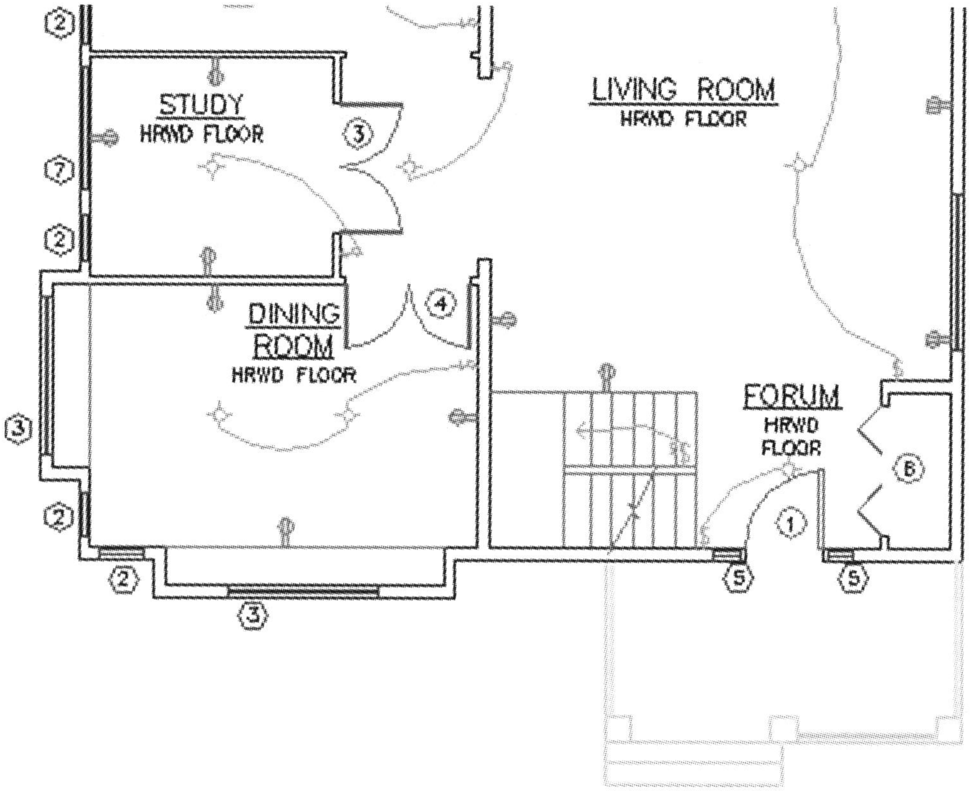

图 4.5　显示放大后的局部图形

(2)移动视图。

单击菜单项“视图”→“平移”→“实时”,或单击“标准”工具栏上的(实时平移)按钮,即执行 PAN 命令,此时光标变成一只指向左上方的小手,同时 AutoCAD 提示:

按 Esc 或回车键退出,或单击右键显示快捷菜单。

并在状态栏上提示:

按住拾取键并拖动进行平移:

此时按下鼠标左键并拖动鼠标,就可以实时地将整个图形沿鼠标移动的方向移动,按 Esc 键或回车键,结束 PAN 命令的执行。

(3)窗口缩放。

首先,单击菜单项“视图”→“缩放”→“全部”,使图形的显示返回到如图4.4所示的形式,然后单击菜单项“视图”→“缩放”→“窗口”,AutoCAD提示:

指定第一个角点:(在如图4.4所示的显示效果中,在左上角某一位置拾取一点)

指定对角点:(向右下角拖动鼠标,在适当位置拾取一点)

执行结果如图4.6所示,即放大显示指定窗口的图形(如果还看不清楚,可以继续用某一种方式放大图形的显示)。

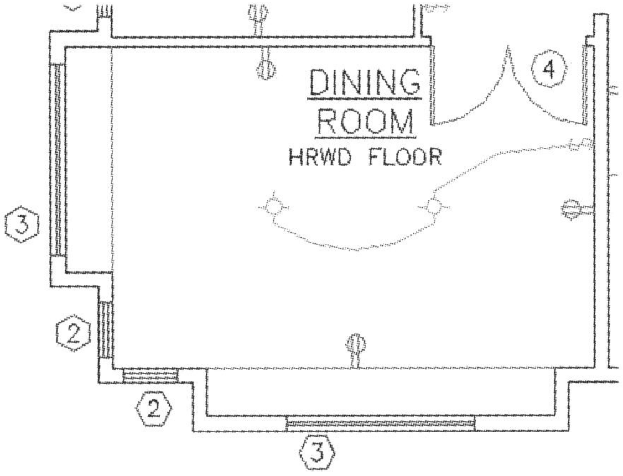

图4.6　显示指定窗口中的图形

(4)动态显示。

首先,单击菜单项“视图”→“缩放”→“全部”,使图形的显示返回到如图4.4所示的形式;然后单击菜单项“视图”→“缩放”→“动态”,即相当于执行ZOOM命令的“动态”选项,AutoCAD切换到动态缩放屏幕模式,如图4.7所示。

此时通过视图框确定新的显示区域后,AutoCAD将对应区域的图形显示在绘图屏幕,如图4.8所示。

(5)显示上一个视图。

在如图4.8所示的显示形式下,单击菜单项“视图”→“缩放”→“上一个”,即相当于执行ZOOM命令的“上一个”选项,AutoCAD又会返回到上一次显示的图形模式。

(6)鸟瞰视图。

单击菜单项“视图”→“鸟瞰视图”可以打开鸟瞰视图命令,此时在屏幕上出现一个如图4.9所示的“鸟瞰视图”窗口。该窗口的位置和大小可以任意改变,单击右上角的关闭按钮,即可以关闭鸟瞰视图。

注意:利用鸟瞰视图可以快速地找到需要放大的图形部分,然后通过活动框将其平移到显示窗口内进行放大处理,活动框分为“平移”和“缩放”两种功能,其操作方式和上面的“动态显示”类似,在绘制大型图样时,使用鸟瞰视图显得尤为方便。

2.打开AutoCAD 2008提供的其他示例图形(位于AutoCAD 2008安装目录下的Sample文件夹),试练习用AutoCAD 2008提供的各种移动视图、缩放视图、鸟瞰视图功能观看图形的局部与整体。

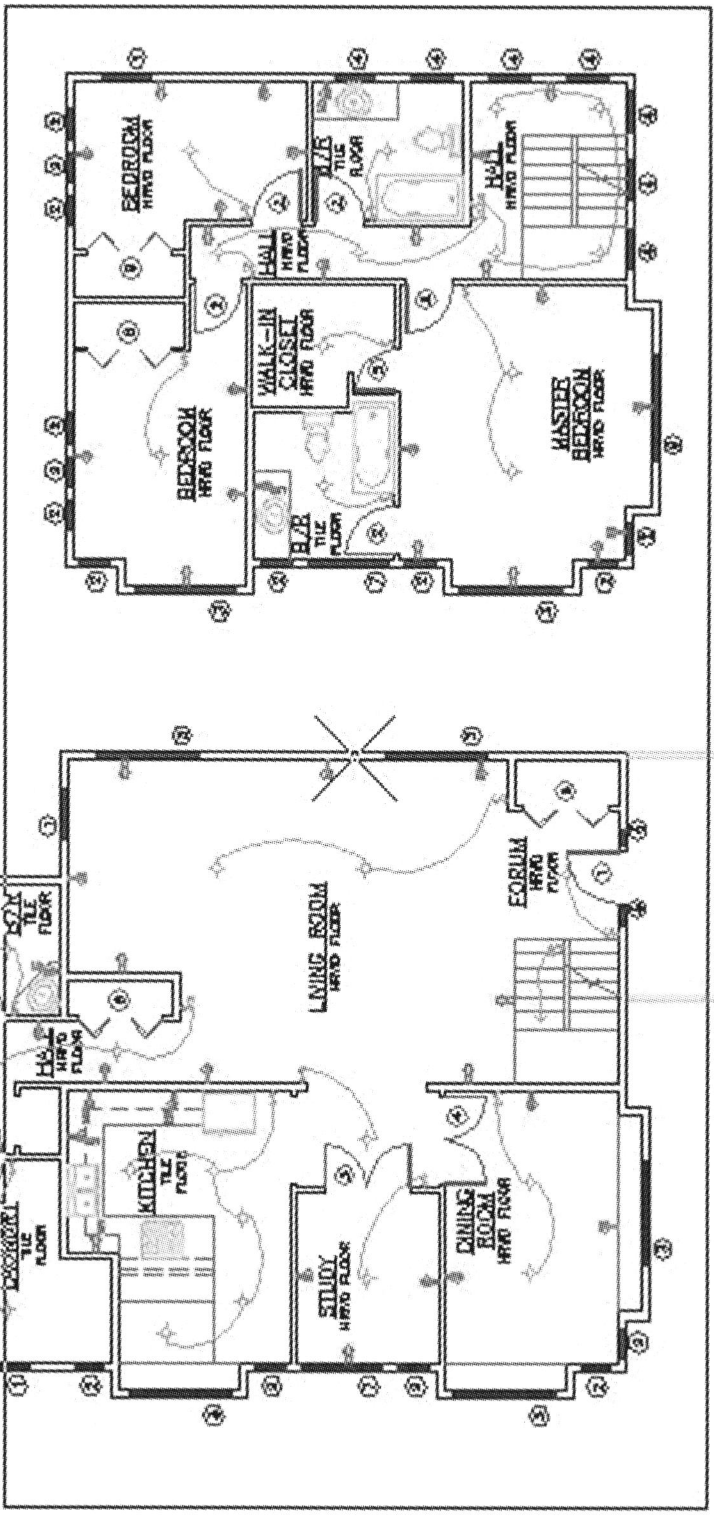

图 4.7　动态缩放屏幕模式

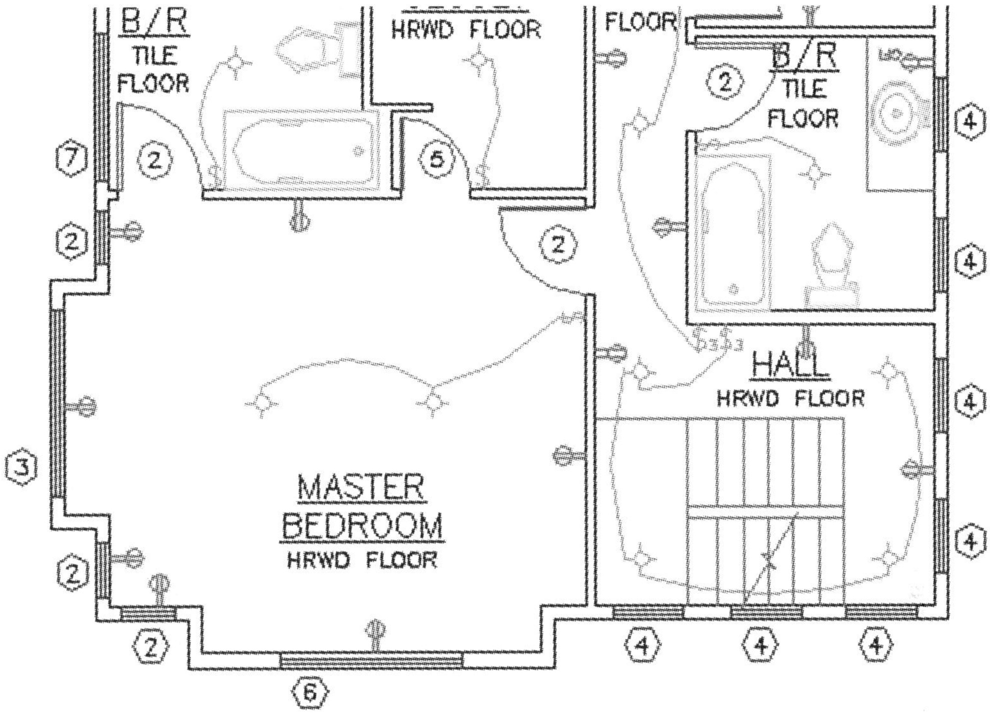

图 4.8　动态显示示例

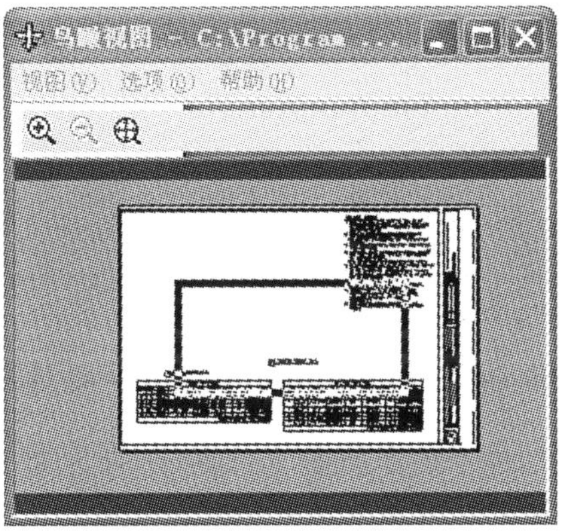

图 4.9　“鸟瞰视图”窗口

第 5 章　精确绘图工具

通过完成本章介绍的练习，掌握利用 AutoCAD 2008 提供的精确绘图工具准确、高效地绘制图形的方法。

上机练习 1　利用正交功能绘图

AutoCAD 2008 提供的正交功能是用来绘制水平线和竖直线的一种辅助工具。利用正交功能可以将光标限制在水平或竖直方向上移动，从而快速绘制出图形。正交功能是绘制工程图时最常用的绘图辅助工具。

启用 LINE 命令绘制图形时，若打开正交开关，光标只能沿水平或竖直方向移动。此时用户只需移动光标来指示线段的方向，然后输入线段的长度，即可绘制出水平或竖直的线段。

1. 利用正交模式绘制如图 5.1 所示的图形。

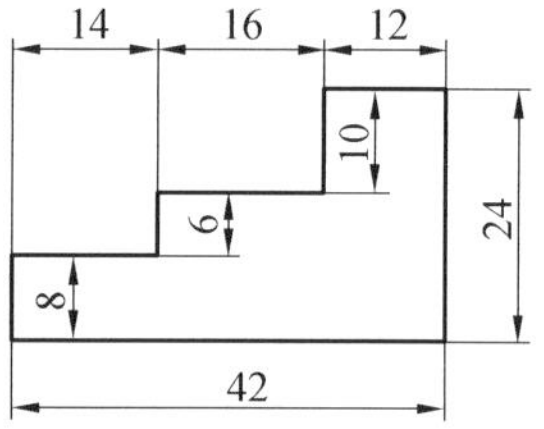

图 5.1　利用正交模式绘图

由于图 5.1 均由水平线或垂直线组成，因此可以利用正交模式绘制。绘图步骤如下：

执行 LINE 命令，AutoCAD 提示：

指定第一点：(在绘图屏幕适当位置确定一点作为图形的左下角点)

指定下一点或 [放弃(U)]：

在此提示下，单击状态栏上的正交按钮，使该按钮按下，然后向上拖动鼠标，则会引出一条垂直橡皮筋线，直接输入 8 后按回车键，绘制出长为 8 的垂直线，并提示：

指定下一点或 [放弃(U)]：

在此提示下，向右拖动鼠标，则引出一条水平橡皮筋线，直接输入 14 后按回车键，绘制出长为 14 的水平线，并提示：

指定下一点或 [闭合(C)/放弃(U)]：

按照上面介绍的方法，在正交模式下依次绘制各条水平或垂直线，最后用 C 响应，封闭图形，即可得到如图 5.1 所示的图形。

注意：实际绘图时，所绘制线条并不总是水平或垂直直线，此时的操作是：当需要绘制水平或垂直直线时，单击状态栏下的正交按钮使其按下，以便绘制水平或垂直直线；当需要绘制斜线时，单击状态栏上的正交按钮使其弹起，以便绘制斜线。但如果用户直接通过给出点的坐标来绘制直线，则不受正交设置的影响。

2. 利用正交模式绘制如图 5.2 所示的图形。

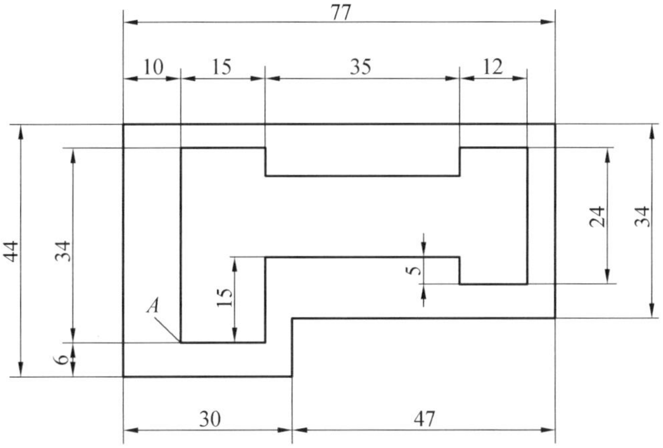

图5.2　正交练习1

点 *A* 可通过正交偏移捕捉命令"FROM"来确定,具体操作如下:

在按钮按下的状态下,执行 LINE 命令,提示:

指定第一点:FROM ↙(实际输入前三个字母 FRO 即可)

AutoCAD 提示:

基点:(选择图形左下角的顶点作为偏移基点)

基点:<偏移>:@10,6 ↙(输入 *A* 点相对于基点的偏移距离)

即可得到 *A* 点的具体位置。

3. 利用正交模式绘制如图5.3所示的图形。

此图形有多种绘制方法。一种简单的方法是先按水平放置形式绘制,然后将其绕左下角顶点旋转25°。另一种简单方法是先将坐标系旋转25°,然后通过正交模式绘制图形。后一种方法的主要绘图步骤如下:

(1)旋转坐标系。

单击菜单项"工具"→"新建 USC"→"Z",AutoCAD 提示:

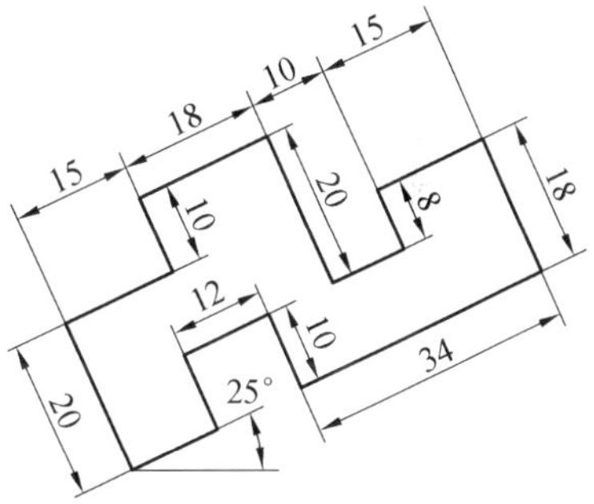

图5.3　正交练习2

指定绕 Z 轴的旋转角度<90>:25 ↙

此时的坐标系图标如图5.4所示,即将坐标系旋转25°(如果坐标系图标没有显示出来,单击菜单项"视图"→"显示"→"USC 图标"→"开",即可将其显示)。

(2)用正交模式绘制图形。

在如图5.4所示坐标状态下,执行 LINE 命令,AutoCAD 提示:

指定第一点:(在绘图屏幕适当位置确定一点作为图形的左下角点)

指定下一点或[放弃(U)]:

在此提示下,单击状态栏上的按钮,使该按钮按下(假设该按钮没有被按下),然后向左上方拖动鼠标,则会引出对应的垂直橡皮筋线(与 *X* 轴垂直),如图5.5所示。

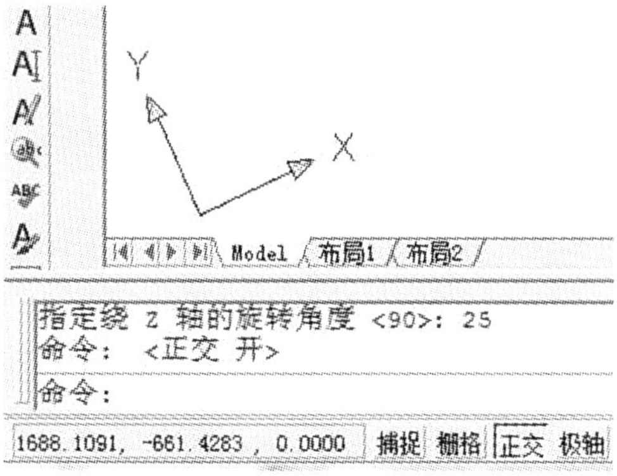

图 5.4　旋转坐标系

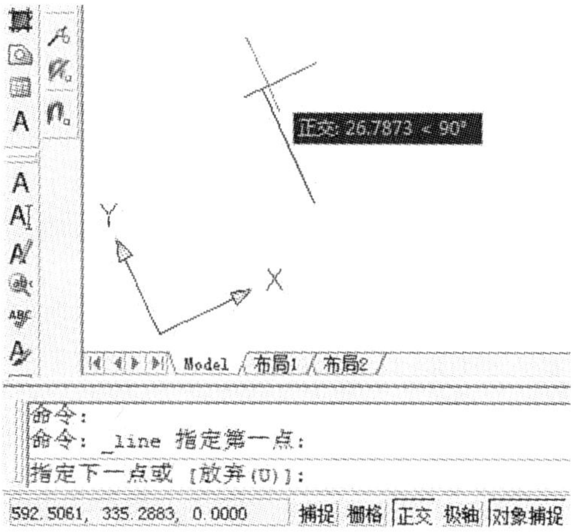

图 5.5　在正交模式下,显示“垂直”橡皮筋线

此时输入 20 后按回车键,即可绘制出对应的直线,AutoCAD 提示:

指定下一点或［放弃(U)］:

在此提示下,向右拖动鼠标,则引出一条水平橡皮筋线(与 *X* 轴平行),如图 5.6 所示,并提示:

指定下一点或［放弃(U)］:

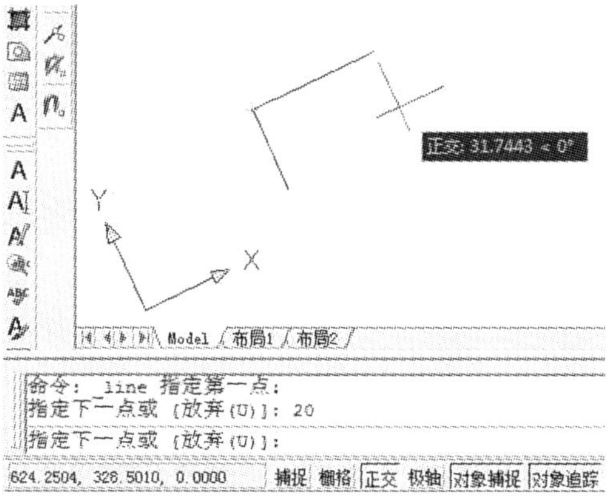

图 5.6　在正交模式下,显示“水平”橡皮筋线

在如图 5.6 所示设置下,直接输入 15 后按回车键,绘制出长为 15 的对应直线,同时 AutoCAD 提示:

指定下一点或［闭合(C)/放弃(U)］:

按照上面介绍的方法,在正交模式下依次绘制各直线,最后用 C 响应封闭图形,即可得到如图 5.3 所示图形。

注意:绘制图形后,一般应将坐标系再返回到原始状态(即旋转-25°)。

上机练习2　利用栅格功能绘图

利用栅格可以准确定位图形对象的位置，并能快速计算图形对象的长度，从而有助于绘制图形。打开栅格开关后，绘图窗口将显示许多规律布置的栅格点，使绘图窗口类似于一张坐标纸。在打印图形时，这些栅格点不会被打印出来。

1. 利用栅格功能绘制如图5.7所示的图形，结果如图5.8所示。

绘图步骤如下：

(1)设置栅格参数。

从图5.7可以看出，各尺寸均为10的整倍数，因此可以方便地利用栅格功能来绘制。

单击菜单项“工具”→“草图设置”，即执行DSETTING命令，AutoCAD打开“草图设置”对话框，在该对话框的“捕捉和栅格”选项卡中进行相应设置，如图5.9所示。

从图中可以看出，已启用了栅格捕捉和栅格显示功能(分别选中了“启用捕捉”和“启用栅格”复选框)，并将捕捉间距、栅格间距均设为10。单击对话框中的“确定”按钮，关闭“草图设置”对话框，并在绘图屏幕上显示出栅格点，如图5.10所示。

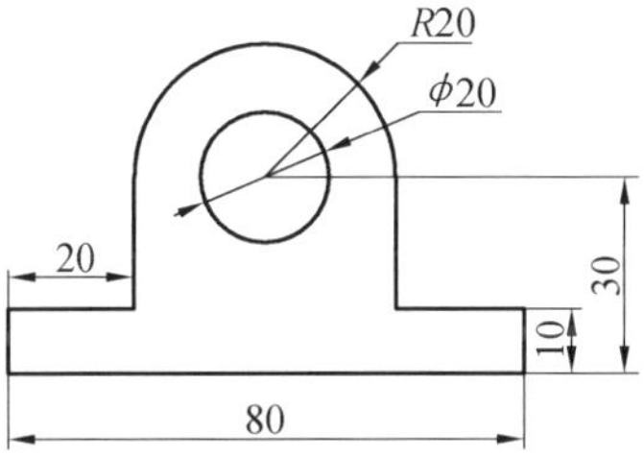

图5.7　利用栅格模式绘图

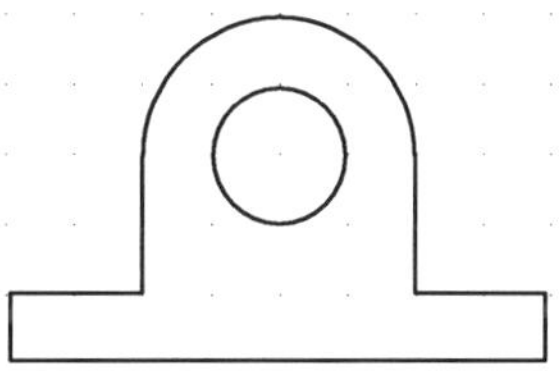

图5.8　绘图结果

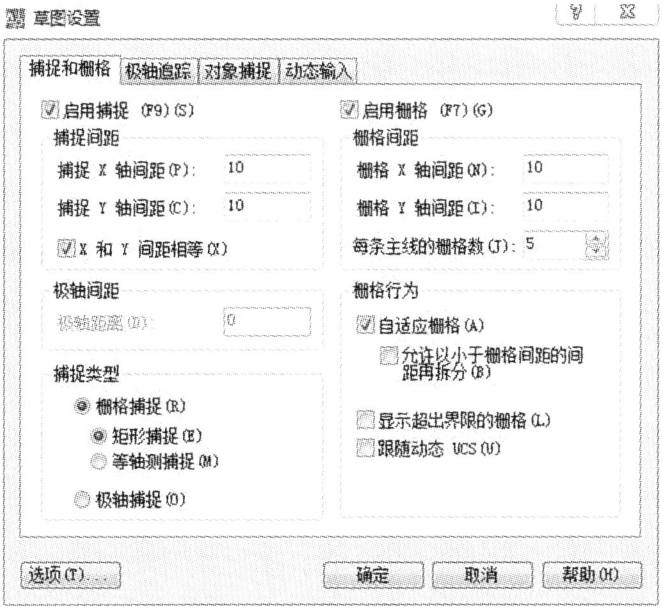

图5.9　“草图设置”对话框

图 5.10　显示栅格点

注意：

①如果显示出的栅格点太密或位置不合适，可通过显示移动、显示缩放的方式来调整。

②在状态栏上的捕捉按钮或栅格按钮上单击鼠标右键，从弹出的快捷菜单中选择“设置”项，也会显示如图 5.9 所示的对话框。

(2)绘制图形。

完成前面的操作后，移动鼠标，光标只能落在栅格点上。当执行 LINE 命令绘制直线时，可通过这些栅格点方便地确定各直线的端点位置。同样，绘制圆时，也可以通过栅格方便地确定圆的圆心位置和半径。

分别执行 LINE 命令和 CIRCLE 命令绘制直线和圆，并进行适当的修剪，即可得到如图 5.7 所示的图形，结果如图 5.8 所示。

2. 利用栅格功能绘制如图 5.11 所示的主视图和左视图。

3. 利用栅格功能绘制如图 5.12 所示的三视图。

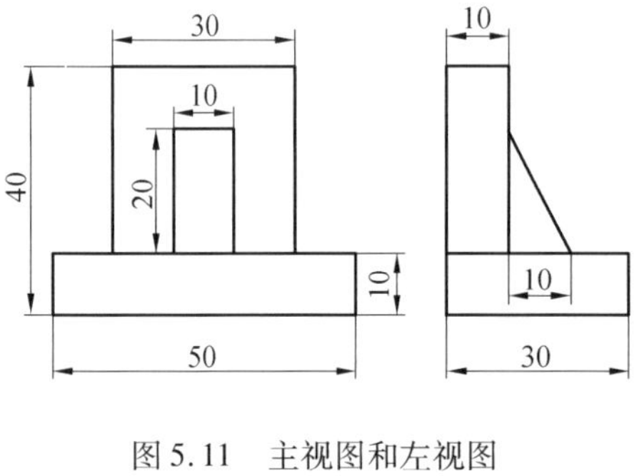

图 5.11　主视图和左视图

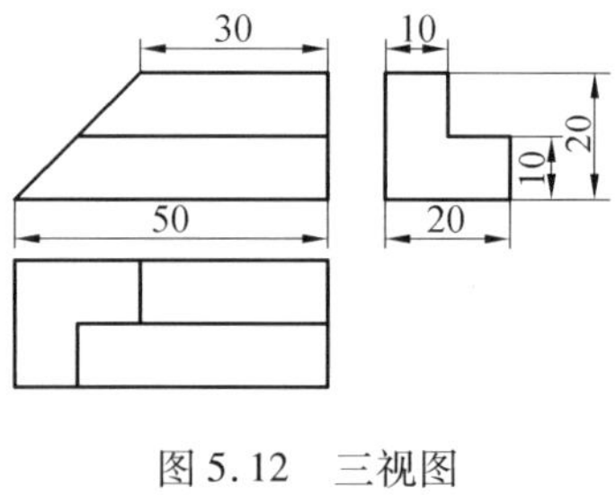

图 5.12　三视图

上机练习 3　利用捕捉功能绘图

1. 打开绘图文件“第 5 章　精确绘图工具\图 5. 13a. dwg”(图 5. 13 (a))，利用捕捉功能等绘制该三角形的外接圆，结果如图 5. 13 (b)所示。

根据平面几何知识，我们知道三角形外接圆的圆心为其三条边的垂直平分线的交点，所以只需找到该交点，然后以该交点为圆心，以该交点到任意顶点的距离为半径作圆即为所得，实际上我们只需作出其任意两条边的垂直平分线交点即可，具体绘图步骤如下：

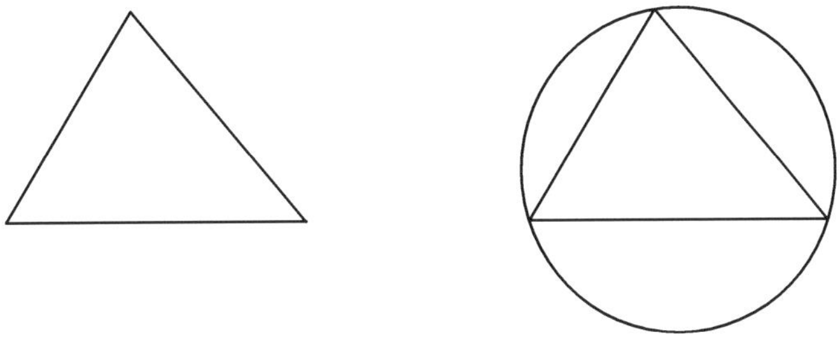

(a) 已有图形　　　(b) 绘图结果

图 5.13　利用捕捉功能绘图 1

(1)绘制三角形的两条高。

打开"对象捕捉"工具栏，执行 LINE 命令，AutoCAD 提示：

指定第一点：(指定三角形的上顶点)

指定下一点或［放弃(U)］：

单击"对象捕捉"工具栏上的(捕捉到垂足)按钮，AutoCAD 提示：

_ per 到

在此提示下，使光标放在下边上，AutoCAD 显示出捕捉到垂足的捕捉标记与提示，如图 5.14 所示。此时单击鼠标左键，AutoCAD 提示：

指定下一点或［放弃(U)］：

按回车键，完成三角形下底边上的高的绘制。用类似的方法绘制三角形另一条边上的高，如图 5.15 所示。

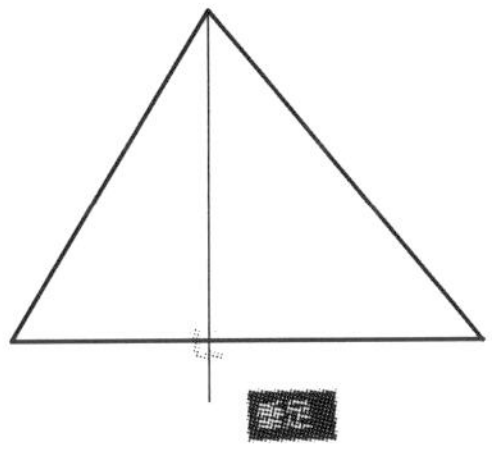

图 5.14　捕捉到垂足

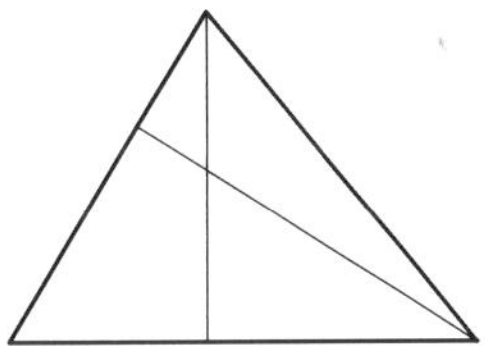

图 5.15　捕捉两条高

(2)绘制两条垂直平分线。

执行 LINE 命令，AutoCAD 提示：

指定第一点：

单击"对象捕捉"工具栏上的(捕捉到中点)按钮，AutoCAD 提示：

_ mid 于

在此提示下，使光标位于图 5.15 中的底边直线上，AutoCAD 显示出捕捉到中点的捕捉标记与提示，即捕捉到中点，如图 5.16 所示。此时单击鼠标左键，AutoCAD 以对应的中点作为新绘制直线的起点，并提示：

指定下一点或［放弃(U)］：

单击"对象捕捉"工具栏上的(捕捉到平行线)按钮，AutoCAD 提示：

_ par 到

在此提示下，使光标位于底边的高上，AutoCAD 显示出捕捉到平行对象的标记与提示，如图 5.17 所示。

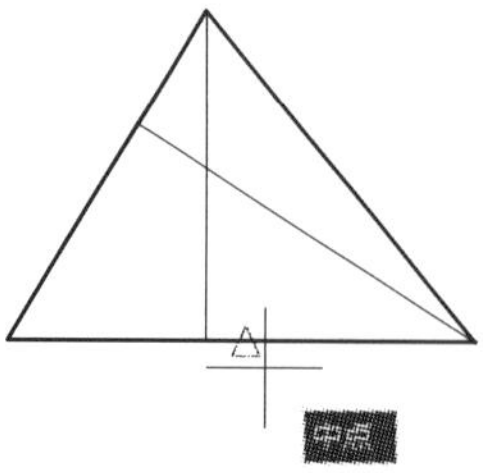

图 5.16　捕捉中点

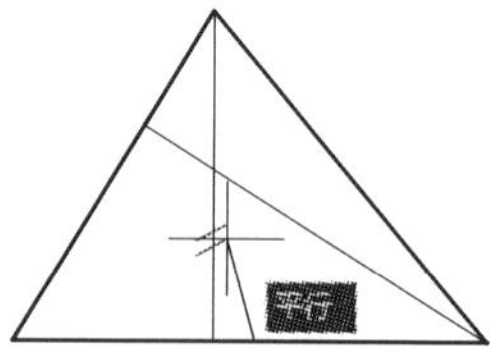

图 5.17　捕捉平行线

然后，向右移动光标，当橡皮筋线的方向与底边高近似平行时，AutoCAD 显示出对应的追踪矢量，如图 5.18 所示。此时在"_ par 到"提示下输入 18 后按回车键，AutoCAD 绘制出长为 18 的平行斜线，即为底边的垂直平分线，如图 5.19 所示，同时继续提示：

指定下一点或［放弃(U)］：↙

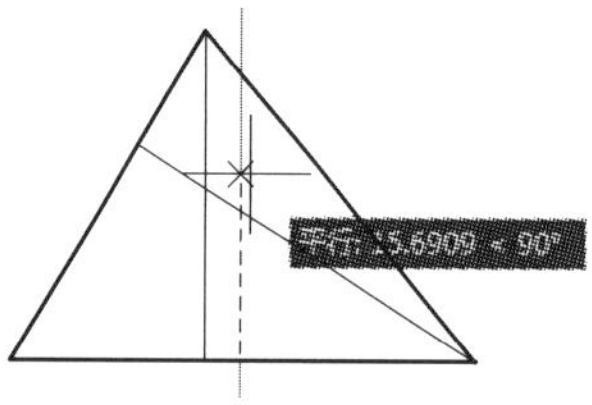

图 5.18　显示追踪矢量

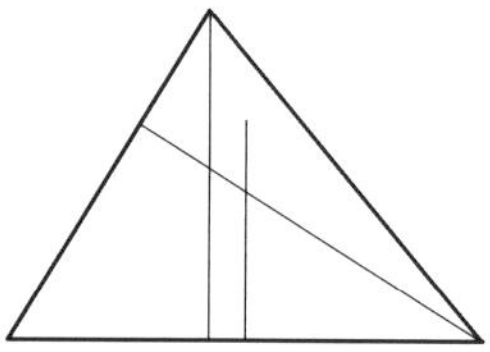

图 5.19　绘制底边垂直平分线

用同样的方法绘制另一条边的垂直平分线，如图 5.20 所示，从而得到两条垂直平分线的交点，即为三角形外接圆的圆心，执行 CIRCLE 命令，AutoCAD 提示：

指定圆的圆心或［三点(3P)/两点(2P)/相切、相切、半径(T)］：

单击"对象捕捉"工具栏上的 (捕捉到端点)按钮，AutoCAD 提示：

_ cen 于

在此提示下，使光标位于两条垂直平分线的交点上，捕捉该交点并单击左键，AutoCAD 提示：

指定圆的半径或［直径(D)］：

单击"对象捕捉"工具栏上的 (捕捉到交点)按钮，AutoCAD 提示：

_ endp 于

使光标位于三角形任一顶点附近，捕捉该顶点并单击左键，即得到三角形的外接圆，如图 5.21 所示。删除多余的线段即得到如图 5.13(b)所示的最终结果。

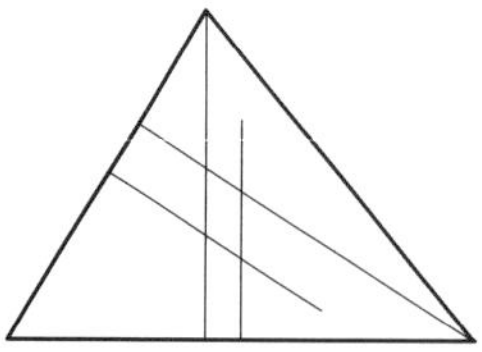

图 5.20　绘制第二条垂直平分线

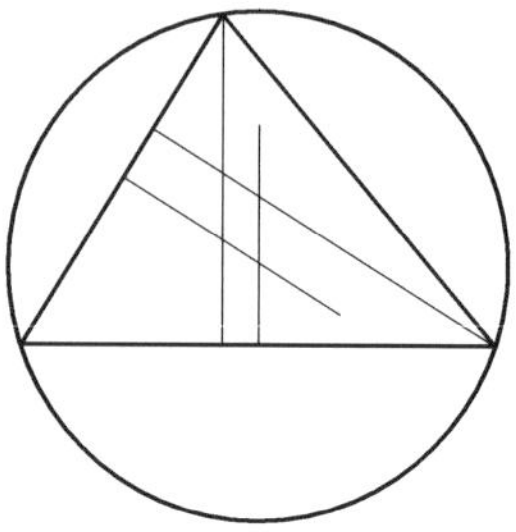

图 5.21　绘制外接圆

本书绘图文件“第 5 章　精确绘图工具\图 5.13b.dwg”中给出了绘图结果。

2. 打开绘图文件“第 5 章　精确绘图工具\图 5.22a.dwg”（图 5.22（a）），利用捕捉功能等绘制图形的其他部分，结果如图 5.22（b）所示。

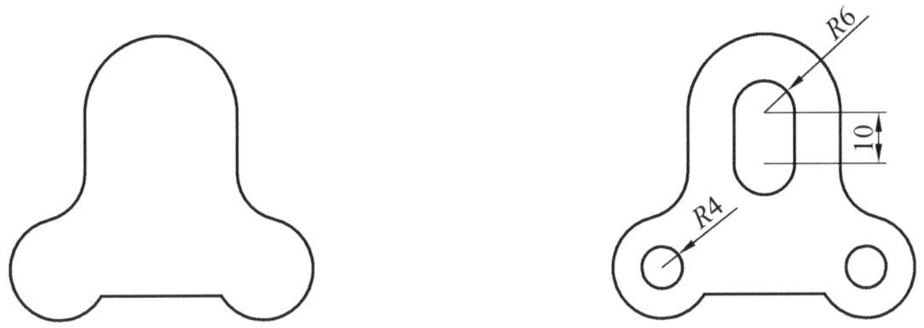

(a) 已有图形　　(b) 绘图结果

图 5.22　利用捕捉功能绘图 2

绘图步骤如下：

(1) 绘制圆。

执行 CIRCLE 命令，AutoCAD 提示：

指定圆的圆心或［三点(3P)/两点(2P)/相切、相切、半径(T)］：

单击“对象捕捉”工具栏上（捕捉到圆心）按钮，AutoCAD 提示：

_cen 于

在此提示下，使光标位于左下角的圆上，AutoCAD 自动捕捉到对应的圆心，并显示出捕捉标记与提示，如图 5.23 所示。

此时单击鼠标左键，AutoCAD 就会以已有圆的圆心作为新绘圆的圆心，同时提示：

指定圆的半径或［直径(D)］：4↙

绘制出左下角的圆，用同样的方法绘制出右下角的圆以及上部的圆，执行结果如图 5.24 所示。

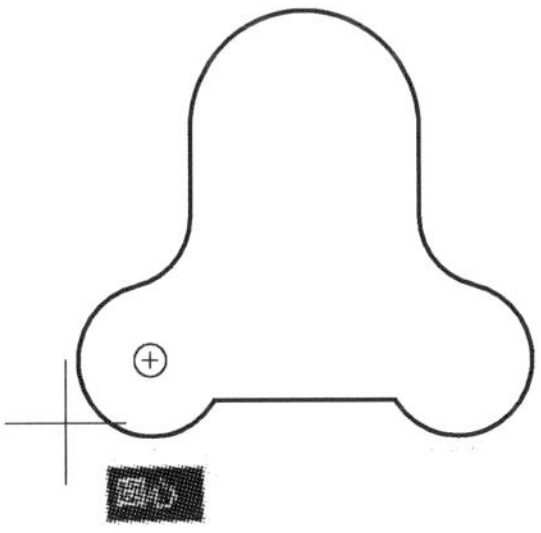

图 5.23　捕捉圆心

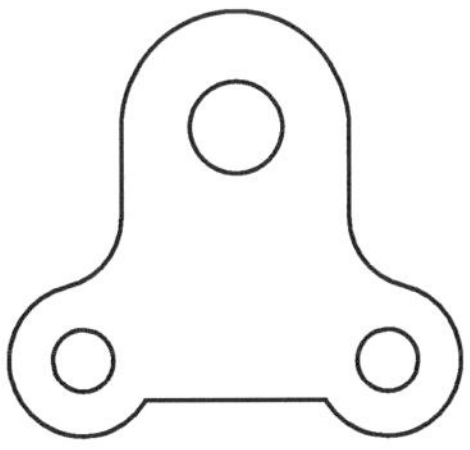

图 5.24　绘制同心圆

下面将绘制图 5.24 中位于上部圆正下方的圆。继续执行 CIRCLE 命令，AutoCAD 提示：

指定圆的圆心或［三点(3P)/两点(2P)/相切、相切、半径(T)］：

单击“对象捕捉”工具栏上的（捕捉自）按钮，AutoCAD 提示：

_from 基点

在此提示下，单击“对象捕捉”工具栏上（捕捉到圆心）按钮，AutoCAD 提示：

_ cen 于

在此提示下,使光标位于上部圆上,AutoCAD 自动捕捉到对应的圆心,单击鼠标左键,即可捕捉到对应的圆心,同时提示:

<偏移>:@0,-10↙(利用相对于圆心的偏移确定新圆的圆心位置)

指定圆的半径或[直径(D)]<6.0000>:6↙

执行结果如图 5.25 所示。

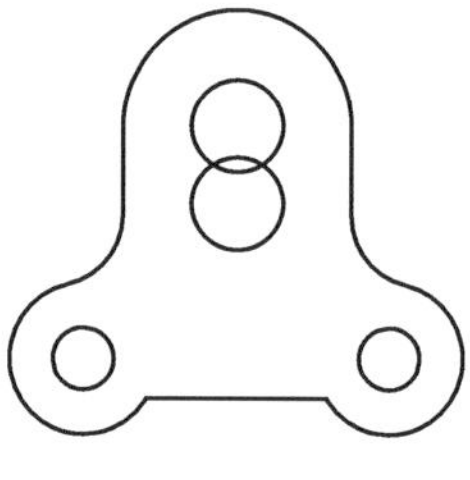

图 5.25　利用“捕捉自”命令绘制圆

(2)绘制直线。

执行 LINE 命令,AutoCAD 提示:

指定第一点:

通过象限点确定直线的第一点。单击“对象捕捉”工具栏上的(捕捉到象限点)按钮,AutoCAD 提示:

_ qua 于

在此提示下,使光标位于对应圆的左象限点位置,AutoCAD 显示出捕捉到象限点的捕捉标记与提示,如图 5.26 所示。

此时单击鼠标左键,AutoCAD 提示:

指定下一点或[放弃(U)]:

在此提示下,继续采用(捕捉到象限点)按钮,捕捉下部圆的象限点,确定直线的另一点,从而绘制出第一条直线,用同样的方法绘制出第二条直线。

执行结果如图 5.27 所示。删除多余的部分即得到如图 5.22(b)所示的最终结果。

本书绘图文件“第 5 章　精确绘图工具\图 5.22b. dwg”中给出了绘图结果。

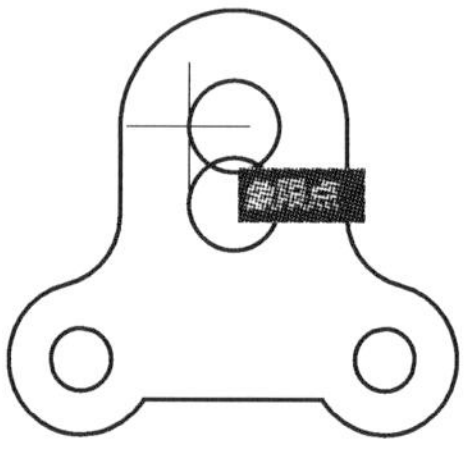

图 5.26　捕捉到象限点

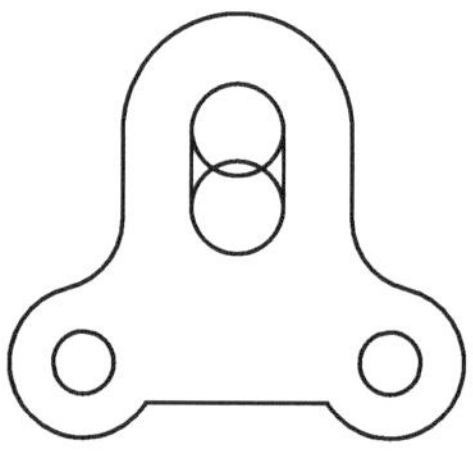

图 5.27　绘制直线

3. 打开绘图文件“第 5 章　精确绘图工具\图 5.28a. dwg”(图 5.28(a)),利用捕捉功能等绘制图形,结果如图 5.28(b)所示。

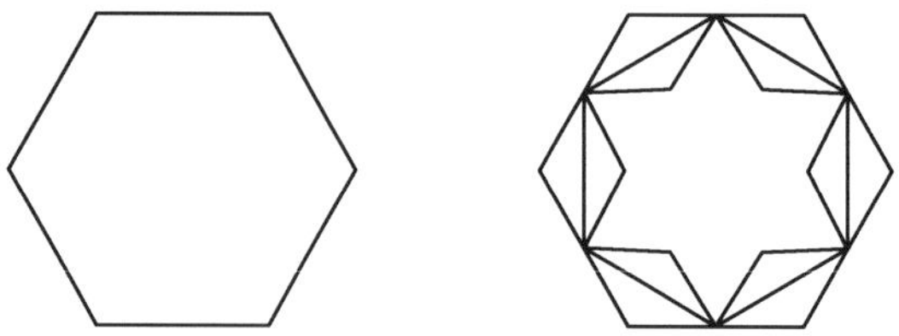

(a) 已有图形　　(b) 绘图结果

图 5.28　利用捕捉功能绘图 3

可以通过启动自动对象捕捉功能进行绘制。在 AutoCAD 绘图界面的状态栏上,用鼠标右键单击对象捕捉按钮,从弹出的快捷菜单中选择“设置”项,AutoCAD 弹出“草图设置”对话框,从“对象捕捉”选项卡中进行相应的设置,如图 5.29 所示。

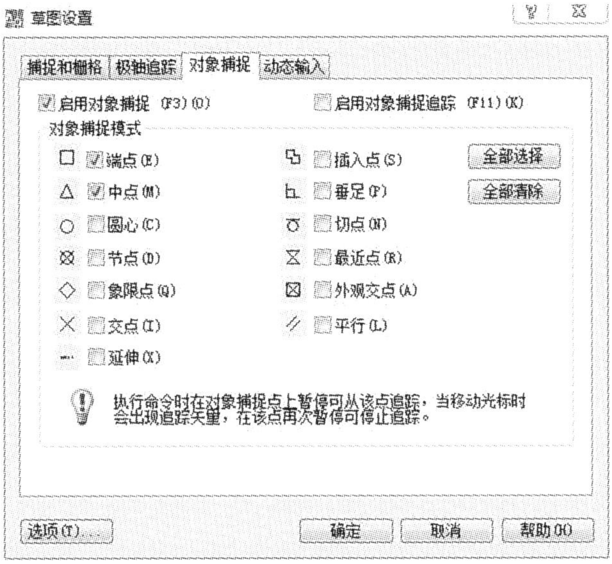

图 5.29　“草图设置”对话框

单击“确定”按钮关闭对话框。如果对象捕捉按钮没有被按下,单击该按钮,使其被按下。

执行 LINE 命令绘制直线,由于启用了自动对象捕捉功能,将光标放到正六边形的任一边的中点附近,AutoCAD 会自动捕捉到对应的中点作为直线端点,从而绘制出内部的正六边形,结果如图 5.30 所示。

继续执行 LINE 命令绘制直线,绘制出两个等边三角形,结果如图 5.31 所示。

对图 5.31 进行修剪整理,即可得到如图 5.28(b)所示的最终结果。

本书绘图文件“第 5 章　精确绘图工具\图 5.28b. dwg”中给出了绘图结果。

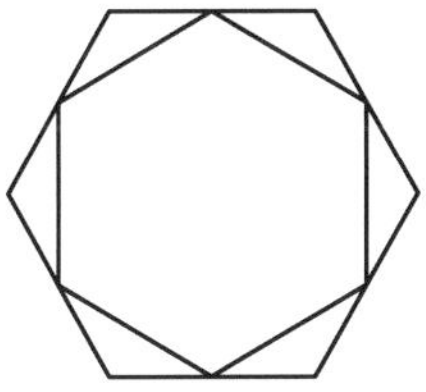

图 5.30　绘制内部六边形

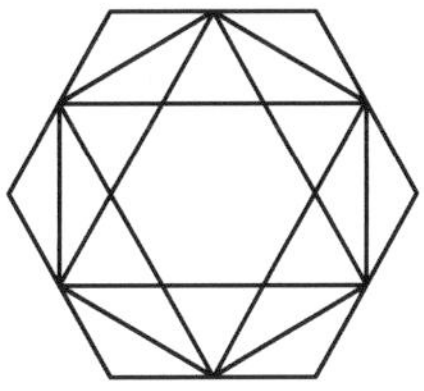

图 5.31　绘制两个等边三角形

4. 绘制如图 5.32 所示的图形。(尺寸由读者确定)

本书绘图文件“第 5 章　精确绘图工具\图 5.32. dwg”给出了绘图结果。

5. 绘制如图 5.33 所示的图形。

本书绘图文件“第 5 章　精确绘图工具\图 5.33. dwg”给出了绘图结果。

图 5.32　图形 1

图 5.33　图形 2

上机练习 4　利用极轴追踪功能绘图

1. 绘制如图 5.34 所示的图形。

本图形将利用极轴追踪功能绘制。步骤如下：

(1) 设置极轴追踪角。

单击菜单项“工具”→“草图设置”，即执行 DSETTINGS 命令，AutoCAD 弹出“草图设置”对话框。在该对话框中的“极轴追踪”选项卡中，将极轴角增量设为 30；同时启用极轴追踪功能，如图 5.35 所示。

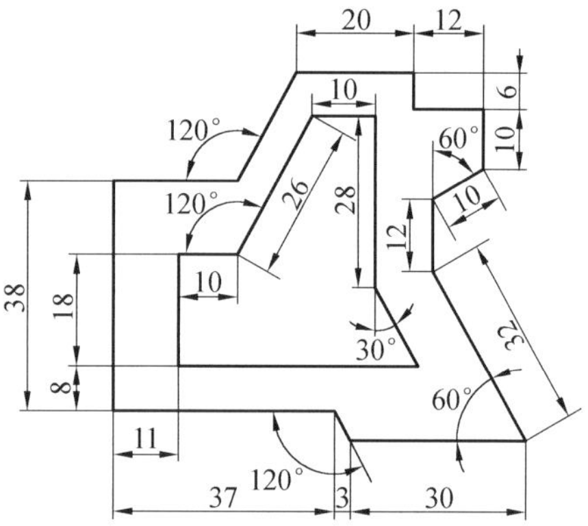

图 5.34　图形 3

注意：通过单击状态栏上的按钮极轴，可实现启用极轴追踪与否的切换。按钮被按下后启用该功能，否则关闭对应的功能。在状态栏上右击极轴按钮，从快捷菜单中选择“设置”项，也可以弹出如图 5.35 所示的对话框。

图 5.35　利用“草图设置”对话框进行极轴追踪设置

单击“确定”按钮，完成设置。

（2）绘制直线。

先绘制内部图框，单击菜单项“绘图”→“直线”，或单击“绘图”工具栏上的（直线）按钮，即执行 LINE 命令，AutoCAD 提示：

指定第一点：（在绘图屏幕适当位置拾取一点，作为图形内框的左下角点）

指定下一点或［放弃(U)］：

在该提示下，向上方拖动鼠标，当橡皮筋线与极轴追踪方向接近时（90°方向），橡皮筋线被吸附到极轴追踪方向，并显示出相应的追踪矢量与标签说明，如图 5.36 所示。

此时输入 18 后按回车键，绘制出对应的垂直线，而后 AutoCAD 继续提示：

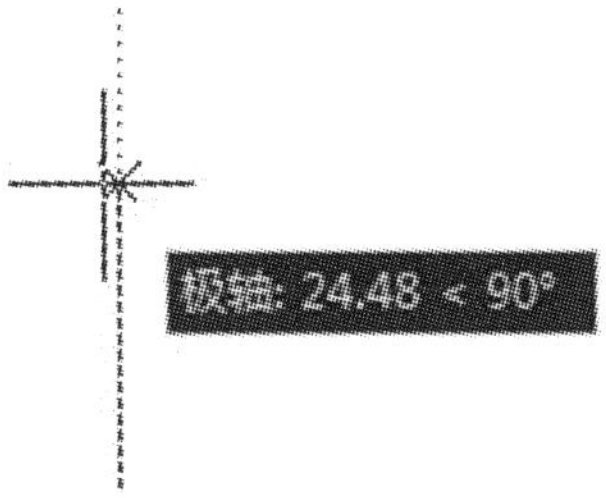

图 5.36 绘制垂直线

指定下一点或［放弃(U)］：

在该提示下向右拖动鼠标，AutoCAD 沿 0°方向显示出相应的追踪矢量与标签说明，如图 5.37 所示。此时输入 10 后按回车键，绘制出对应的水平线，而后 AutoCAD 提示：

指定下一点或［闭合(C)/放弃(U)］：

在该提示下向右上方拖动鼠标，AutoCAD 沿 60°方向显示出相应的追踪矢量与标签说明，如图 5.38 所示。此时输入 26 后按回车键，绘制出对应的斜线，而后 AutoCAD 提示：

指定下一点或［闭合(C)/放弃(U)］：

用类似的方法绘制其他直线（最后一条直线通过执行“闭合(C)”选项结束），即可得到图 5.34 中的内部图框。

图 5.37 绘制水平线

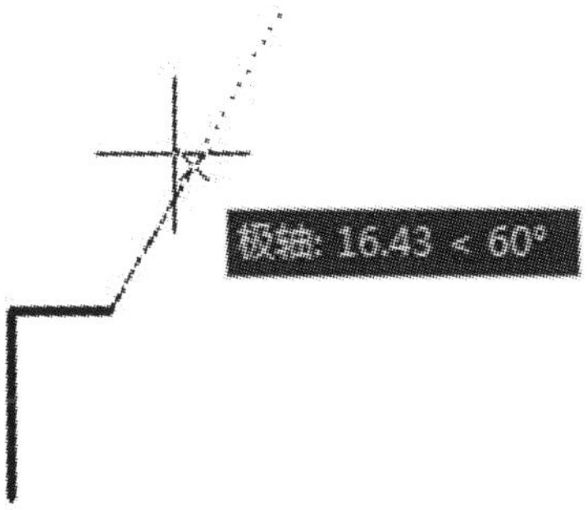

图 5.38 绘制斜线

2. 绘制如图 5.39 所示的图形。

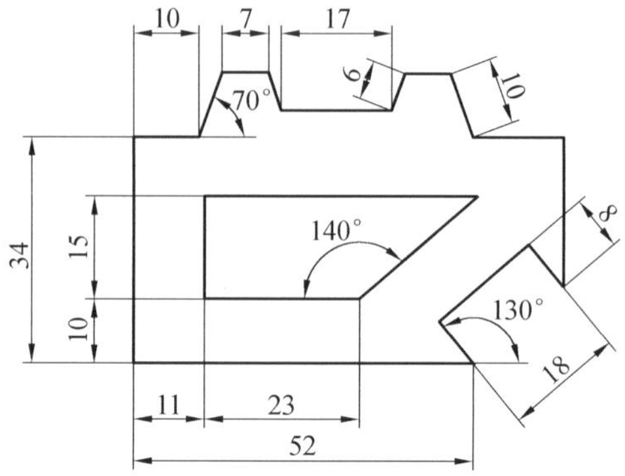

图 5.39　图形 4

上机练习 5　利用对象捕捉追踪功能绘图

1. 打开绘图文件“第 5 章　精确绘图工具\图 5.40a. dwg”(图 5.40(a)),利用对象捕捉追踪功能等绘制一个矩形,结果如图 5.40(b)所示(图中用细虚线说明矩形的角点位置与已有图形之间的关系)。

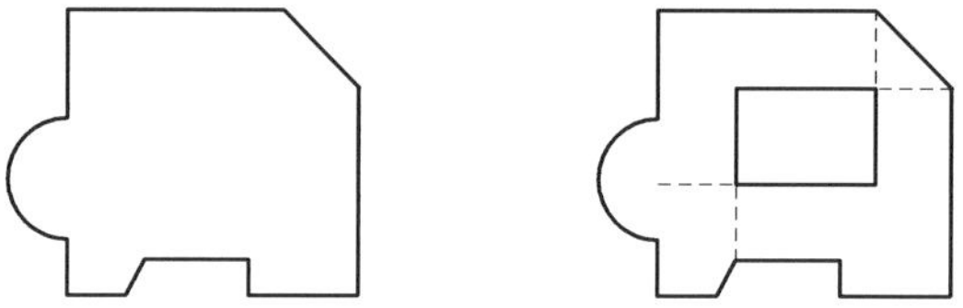

(a) 已有图形　　(b) 绘图结果

图 5.40　利用捕捉追踪功能绘图 4

绘图步骤如下:

(1)绘图设置。

首先,在 AutoCAD 状态栏上,在 对象捕捉 按钮上单击鼠标右键,从弹出的快捷菜单中选择“设置”项,AutoCAD 弹出“草图设置”对话框,从“对象捕捉”选项卡中,选中“端点”等复选框,如图 5.41 所示。然后,单击对话框中的“确定”按钮关闭对话框,再分别单击状态栏上的 极轴 、对象捕捉 和 对象追踪 按钮,使它们按下,启用极轴追踪、自动对象捕捉和对象捕捉追踪功能。

(2)绘制矩形。

执行 RECTANG 命令,AutoCAD 提示:

指定第一个角点或［倒角(C)/标高(E)/圆角(F)/厚度(T)/宽度(W)］:

在此提示下,将光标放到图 5.40 (a) 中圆弧的圆心位置处,AutoCAD 捕捉到对应的圆心,并显示出捕捉标记与提示,如图 5.42 所示。

然后,使光标放到图 5.40 (a) 中位于左下角位置的斜线上端点附近,AutoCAD 捕捉到对应的端点,并显示出捕捉标记与提示,如图 5.43 所示。

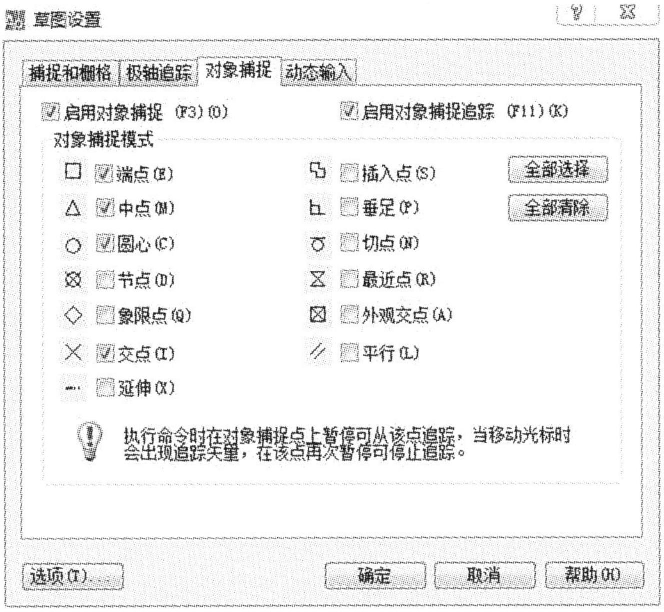

图 5.41　设置捕捉模式

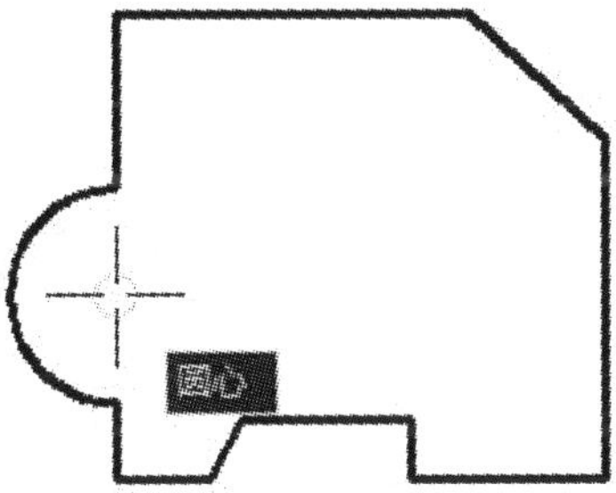

图 5.42　捕捉到圆心

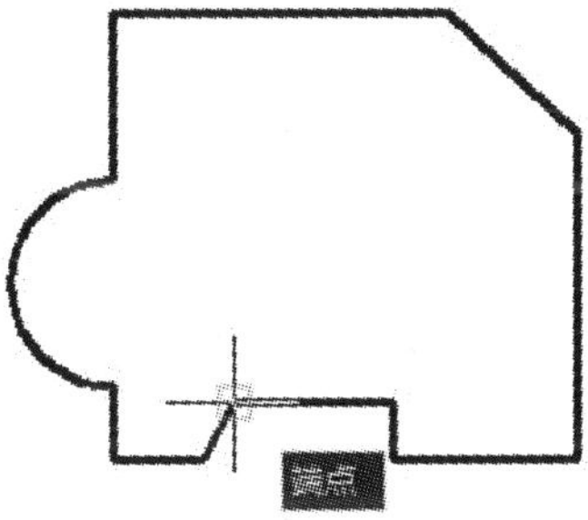

图 5.43　捕捉到端点

然后，向右移动光标，AutoCAD 会捕捉到由第一端点引出的垂直追踪矢量和由第二端点引出的水平追踪矢量的交点，如图 5.44 所示。

此时单击鼠标左键，AutoCAD 将对应的点作为矩形的一角点，并提示：

指定另一个角点或［尺寸(D)］：

在此提示下，用类似的方法，通过对象捕捉追踪的方式确定矩形的另一角点，如图 5.45 所示。

此时单击鼠标左键，即可绘制出对应的矩形，如图 5.40(b)所示。

本书绘图文件“第 5 章　精确绘图工具\图 5.40b. dwg”中给出了绘图结果。

2. 打开绘图文件“第 5 章　精确绘图工具\图 5.46a. dwg”(图 5.46(a))，利用对象捕捉追踪功能等绘制矩形和圆，结果如图 5.46(b)所示(图中用细虚线说明圆的圆心位置、矩形的角点位置与已有图形之间的关系)。

本书绘图文件“第 5 章　精确绘图工具\图 5.46b. dwg”中给出了绘图结果。

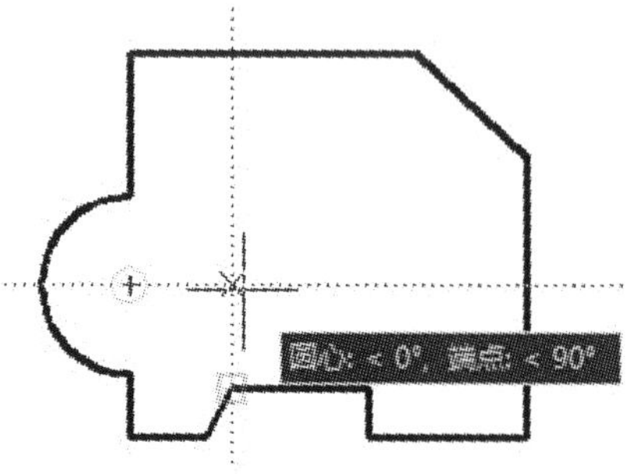

图 5.44　对象捕捉追踪

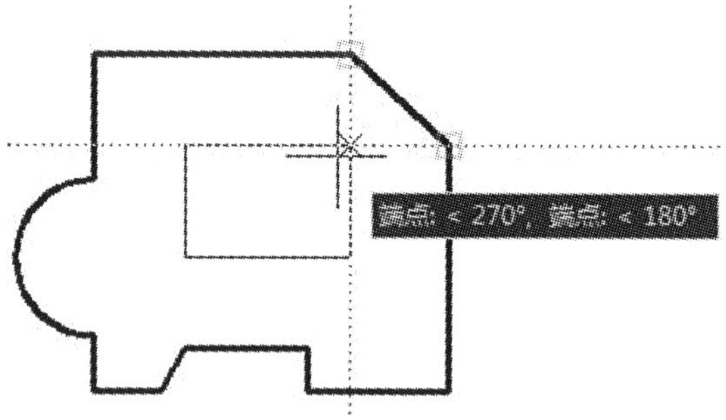

图 5.45　对象捕捉追踪

(a) 已有图形　　(b) 绘图结果

图 5.46　利用捕捉功能绘图 5

上机练习 6　利用动态输入功能绘图

利用动态输入绘制图形时可以在工具栏提示中输入坐标值，而不必在命令行中进行输入，如图 5.47 所示。工具栏提示出现在光标的旁边，其显示的信息会随着光标的移动而动态更新。

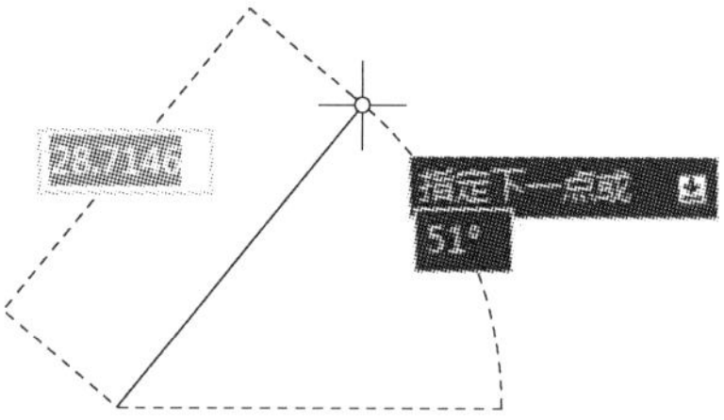

图 5.47　动态输入模式

右键单击“状态栏”中的“DYN”按钮，从弹出的快捷菜单中选择“设置”项，AutoCAD 弹出“草图设置”对话框，打开“动态输入”选项卡，动态输入有两种模式，分别为指针输入和标注输入。指针输入用于输入坐标值，标注输入用于输入线段的长度和角度，如图 5.48 所示。

1. 绘制如图 5.49 所示的图形。

本图形将利用动态输入功能绘制。步骤如下：

首先，在 AutoCAD 状态栏上按下DYN按钮，启用动态输入功能。执行 LINE 命令，AutoCAD 提示：

指定第一点：(在绘图屏幕适当位置拾取一点)

指定下一点或[放弃(U)]：

在动态输入提示框内输入极坐标长度值 13，按 Tab 键切换到角度提示框，输入 0°，如图 5.50(a)所示，回车，绘制出第一条线段，AutoCAD 继续提示：

指定下一点或[放弃(U)]：

在动态输入提示框内输入极坐标长度值 10，按 Tab 键切换到角度提示框，输入 30°，如图 5.50(b)所示，回车，绘制出第二条线段，依此类推，绘制出整个图形。

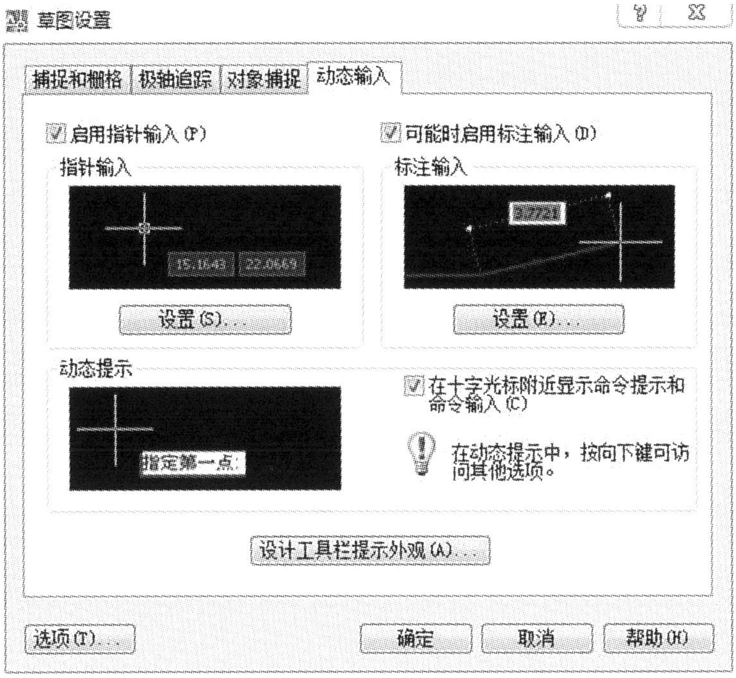

图 5.48　设置动态输入模式

本书绘图文件“第 5 章　精确绘图工具\图 5.49. dwg”中给出了绘图结果。

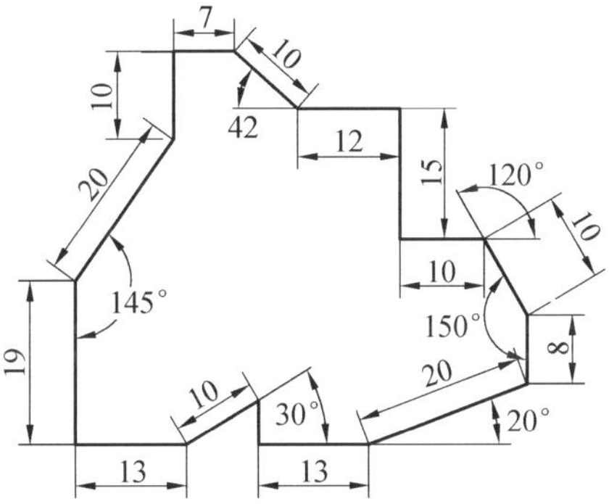

图 5.49　图形 5

(a) 第一条线段　　(b) 第二条线段

图 5.50　利用动态输入绘图

2. 绘制如图 5.51 所示的图形。

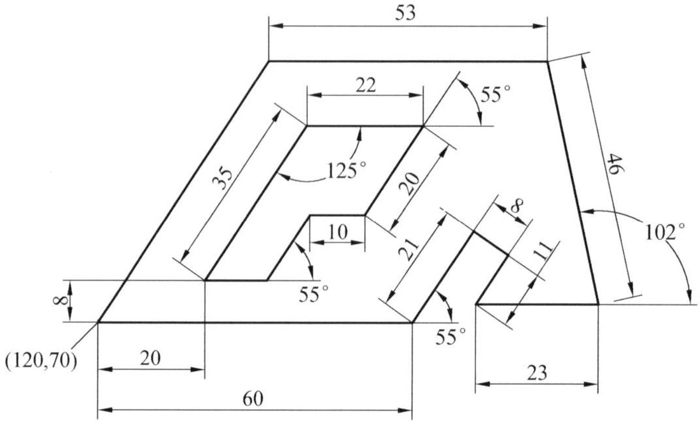

图 5.51　图形 6

第6章 图　　层

上机练习1　创建图层

创建图层,图层设置要求见表6.1。

表6.1　图层设置要求

图层名	线型	线宽/mm	颜色
粗实线	Continuous	0.7	白色
细实线	Continuous	0.3	蓝色
细点画线	CENTER	0.3	红色
虚线	DASHED	0.3	黄色
波浪线	Continuous	0.3	青色
文字	Continuous	默认	绿色

操作步骤如下:

单击菜单项“格式”→“图层”,或者单击“图层”工具栏上的(图层特性管理器)按钮,即执行 LAYER 命令,AutoCAD 弹出“图层特性管理器”对话框。单击对话框中的(新建图层)按钮创建七个新图层,如图6.1所示。

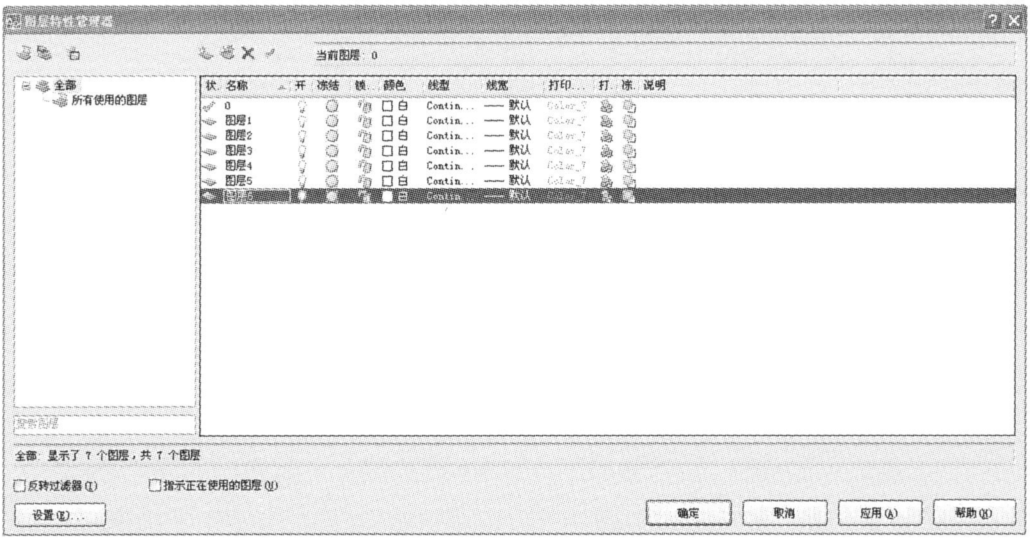

图6.1　创建新图层

根据表 6.1 更改各图层名,并设置对应的颜色、线型与线宽,如图 6.2 所示。

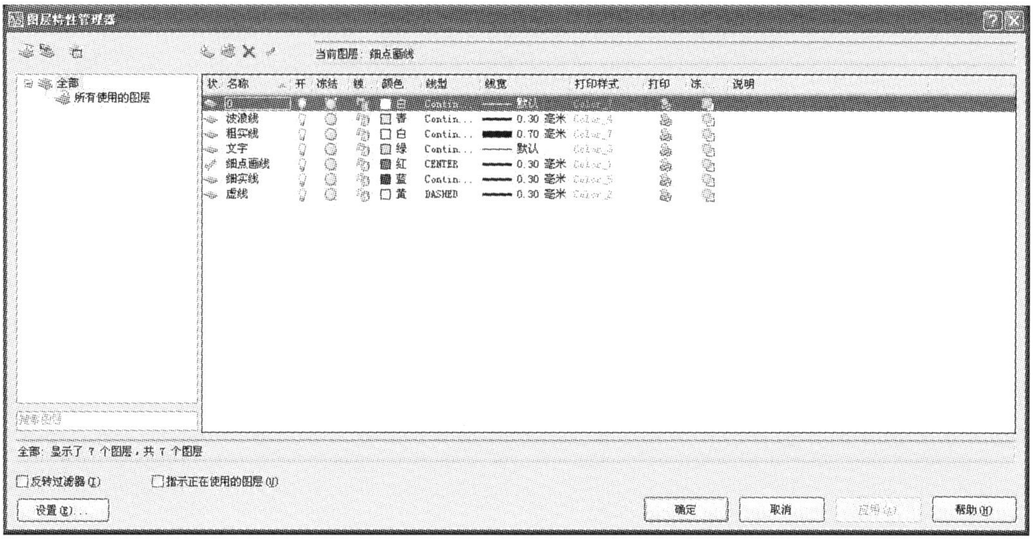

图 6.2　更改各图层名

单击对话框的“确定”按钮,完成图层设置。最后,将图层保存。

上机练习 2　利用图层绘图

1. 绘制如图 6.3 所示的图形。

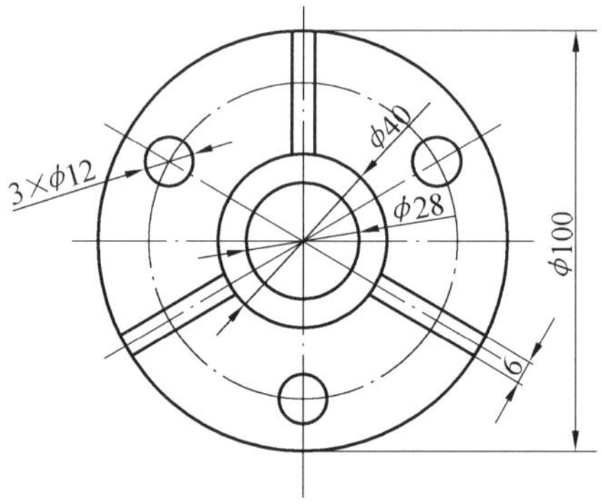

图 6.3　练习图 1

绘图步骤如下:

(1)创建图层。

首先,执行 NEW 命令建立一幅新图形。根据前面介绍的绘图练习,创建表 6.1 中的图层(过程略)。

(2)绘制中心线。

首先,通过“图层”工具栏的下拉列表,将“细点画线”的图层设置为当前图层(方法:在“图层”工具栏的下拉列表中,单击“细点画线”项,如图 6.4 所示。本书后续绘图中,当需要将某一图层设置为当前图层时，直接说明“将某某图层设置为当前图层”，不再介绍具体步骤）。

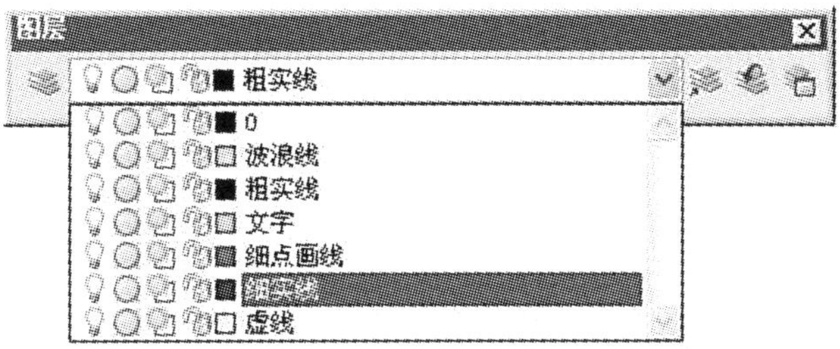

图6.4　设置当前图层

单击菜单项“绘图”→“直线”，或者单击“绘图”工具栏上的╱（直线）按钮，即执行LINE命令，AutoCAD提示：

命令：_ line

指定第一点：（在绘图屏幕适当的位置拾取一点，作为水平中心线的左端点）

指定下一点或［放弃(U)］：@110,0

指定下一点或［放弃(U)］：↙

执行LINE命令，绘制两条互相垂直的中心线，结果如图6.5所示。

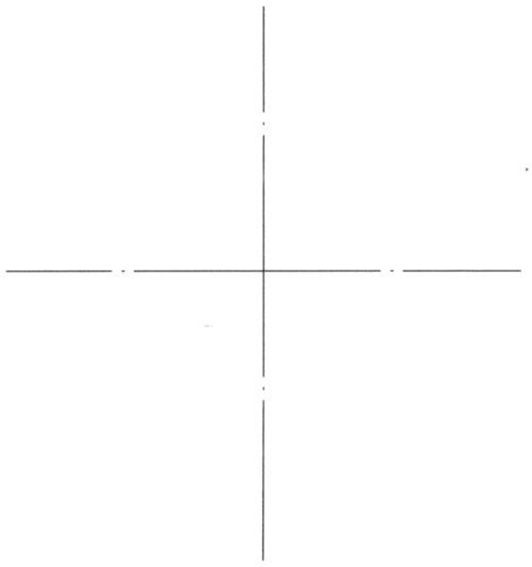

图6.5　绘制中心线

(3)更改图层。

将当前图层更改到“粗实线”图层（即线性更改为粗实线）。

更改方法：在图层工具栏的下拉列表中（参见图6.4）单击“粗实线”项。

(4)绘制圆。

将粗实线设为当前图层。单击菜单项“绘图”→“圆”→“圆心，半径”，即执行CIRCLE命令，AutoCAD提示：

命令：_ circle

指定圆的圆心或［三点(3P)/两点(2P)/相切、相切、半径(T)］：（捕捉水平中心线与垂直中心线的交点）

指定圆的半径或［直径(D)］：14↙

执行CIRCLE命令，AutoCAD提示：

命令：_ circle

指定圆的圆心或［三点(3P)/两点(2P)/相切、相切、半径(T)］：（捕捉水平中心线与垂直中心线的交点）

指定圆的半径或［直径(D)］<14.0>：20↙

执行CIRCLE命令，AutoCAD提示：

命令：_ circle

指定圆的圆心或［三点(3P)/两点(2P)/相切、相切、半径(T)］：（捕捉水平中心线与

垂直中心线的交点)

指定圆的半径或［直径(D)］<20.0>:50↙

执行 CIRCLE 命令,AutoCAD 提示:

命令:_ circle

指定圆的圆心或［三点(3P)/两点(2P)/相切、相切、半径(T)］:(捕捉水平中心线与垂直中心线的交点)

指定圆的半径或［直径(D)］<50.0>:37.5↙

将半径为 37.5 的圆更改到“细点画线”图层。

更改方法:在图层工具栏的下拉列表中(参见图 6.4)单击“细点画线”项。

执行结果如图 6.6 所示。

(5)绘制直径为 12 的小圆。

将当前图层更改到“粗实线”图层(即线型更改为粗实线)。执行 CIRCLE 命令,AutoCAD 提示:

指定圆的圆心或［三点(3P)/两点(2P)/相切、相切、半径(T)］:(在直径为 75 的圆上,捕捉位于最低位置的象限点)

指定圆的半径或［直径(D)］<37.5>:6↙

执行结果如图 6.7 所示。

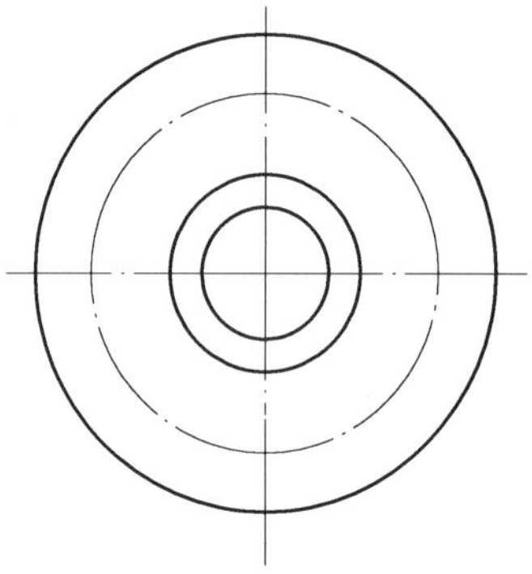

图 6.6　绘制圆 1

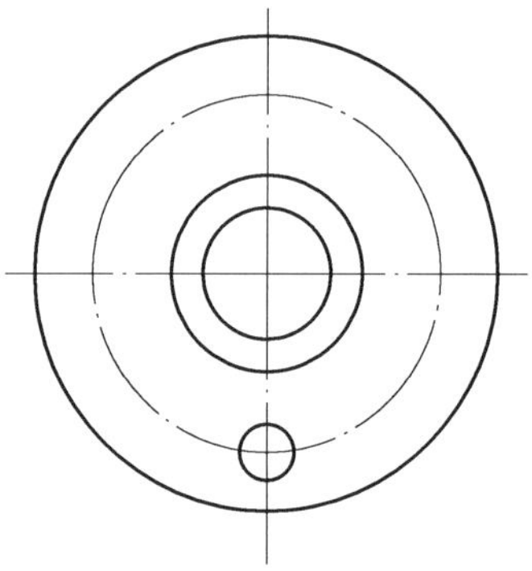

图 6.7　绘制小圆

(6)平行复制(偏移)。

单击菜单项“修改”“偏移”,或单击“修改”工具栏上的(偏移)按钮,即执行 OFFSET 命令,AutoCAD 提示:

指定偏移距离或［通过(T)/删除(E)/图层(L)］:3

选择要偏移的对象,或［退出(E)/放弃(U)］<退出>:(鼠标单击垂直的中心线)

指定要偏移的那一侧上的点,或［退出(E)/多个(M)/放弃(U)］<退出>:(单击中心线左侧、右侧)

鼠标单击偏移形成的两条直线,更改为粗实线的图层。

执行结果如图 6.8 所示。

(7)修剪。

单击菜单选项“修改”→“修剪”,或者单击“修改工具栏上的”(修剪)按钮,即执行 TRIM 命令，AutoCAD 提示：

选择剪切边…

选择对象：（选择直径为 100 和直径为 40 的圆）

选择要修剪的对象，或按住 Shift 键选择要延伸的对象，或[栏选（F）/窗交（C）/投影（P）/边（E）/删除（R）/放弃（U）]：（用鼠标单击偏移得到两条直线中，超出图 6.3 所示的部分）

执行结果如图 6.9 所示。

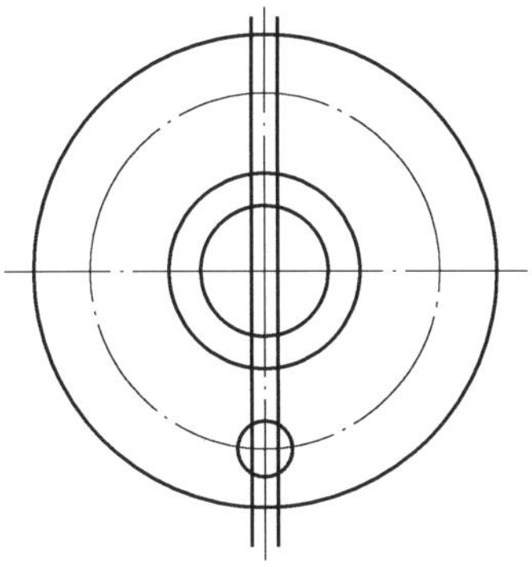

图 6.8　偏移结果

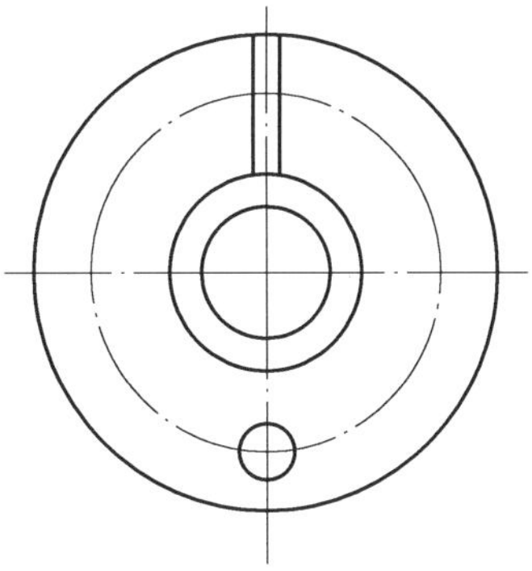

图 6.9　修剪结果

（8）阵列。

单击菜单选项“修改”→“阵列”，或者单击“修改工具栏上的”器（阵列）按钮，即执行 ARRAY 命令，AutoCAD 提示：

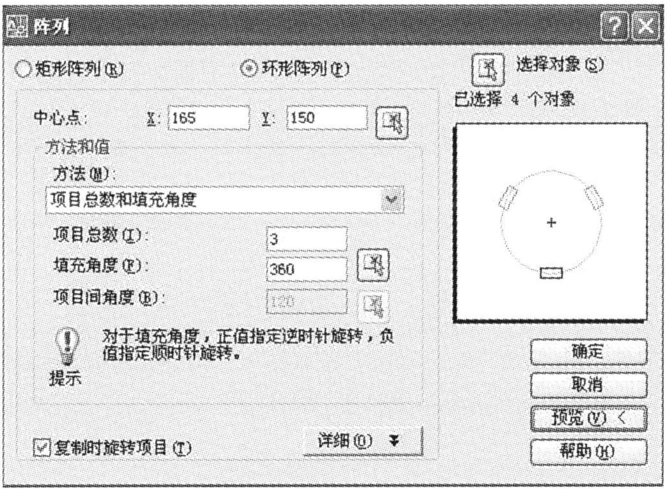

图 6.10　“阵列”对话框

从图中可以看出，已通过选中“环形阵列”单选钮表示将进行环形阵列；通过单击“选择对象”对应的按钮，在绘图屏幕选择通过修剪得到的两条直线、垂直中心线、直径为 12 的小圆；通过单击“中心点”对应的按钮捕捉水平中心线与垂直中心线交点作为环形阵列中心点；通过单击“方法”下拉列表中“项目总数和填充角度”；将“项目总数”设为 3，将“填充角度”设为 360。此时可通过对话框的预览窗口预览到阵列效果，也可以单击“预览”按钮观看阵列效果。

单击对话框中的“确定”按钮,完成阵列,得到如图 6.11 所示的结果。

2. 绘制如图 6.12 所示的图形。

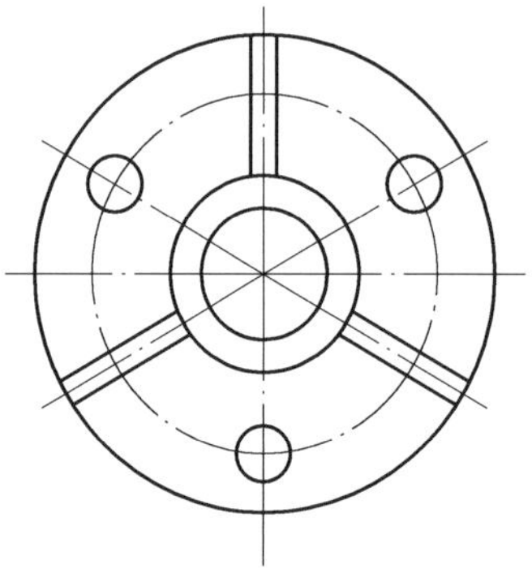

图 6.11　最终图形

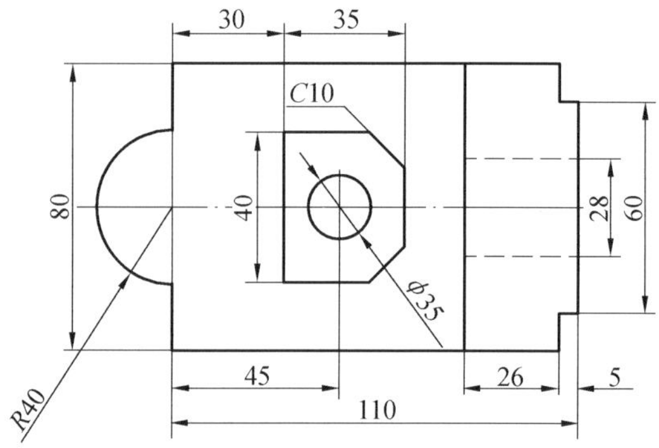

图 6.12　练习图 2

绘图步骤如下:

(1)创建图层。

首先,执行 NEW 命令建立一幅新图形。根据前面介绍的绘图练习,创建表 6.1 所示的图层(过程略)。

(2)绘制中心线。

首先,通过“图层”工具栏的下拉列表,将“细点画线”的图层设置为当前图层(方法:在“图层”工具栏的下拉列表中,单击“细点画线”项)。

单击菜单项“绘图”→“直线”,或者单击“绘图”工具栏上的 ／(直线)按钮,即执行 LINE 命令,AutoCAD 提示:

命令:_ line

指定第一点:(在绘图屏幕适当的位置拾取一点,作为水平中心线的左端点)

指定下一点或 [放弃(U)]:@ 160,0

指定下一点或 [放弃(U)]:↙

再执行 LINE 命令绘制两条垂直中心线,结果如图 6.13 所示。

注意:可以通过先绘制一条垂直中心线,再将其相对坐标“@ 45,0”复制到另一位置的方法得到另一条垂直中心线。此外,中心线(包括水平中心线)的长度以及两条垂直中心线的作用位置不需要非常精确(但要保证两条垂直中心线之间的距离为 45),因为绘图后还可以方便地通过标记的方法调整中心线的长度。

(3)绘制圆。

将粗实线图层设为当前图层。单击菜单项“绘图”→“圆”→“圆心,半径”,即执行 CIRCLE 命令,AutoCAD 提示:

命令:_ circle

指定圆的圆心或 [三点(3P)/两点(2P)/相切、相切、半径(T)]:(鼠标单击左垂直中心线交点)

指定圆的半径或 [直径(D)]:40

命令:_ circle

指定圆的圆心或［三点(3P)/两点(2P)/相切、相切、半径(T)］:(鼠标单击右垂直中心线交点)

指定圆的半径或［直径(D)］:17.5↙

执行结果如图6.14所示。

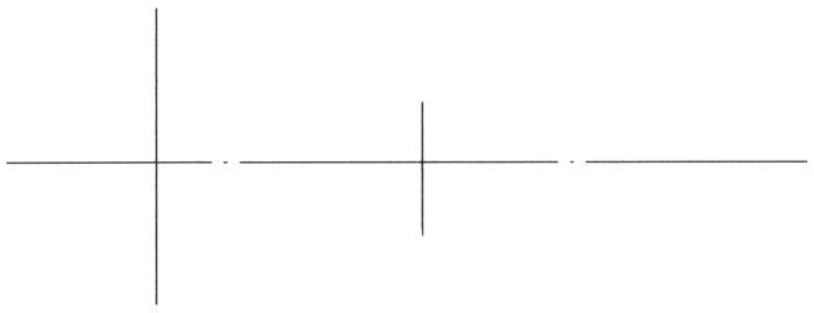

图6.13　绘制中心线

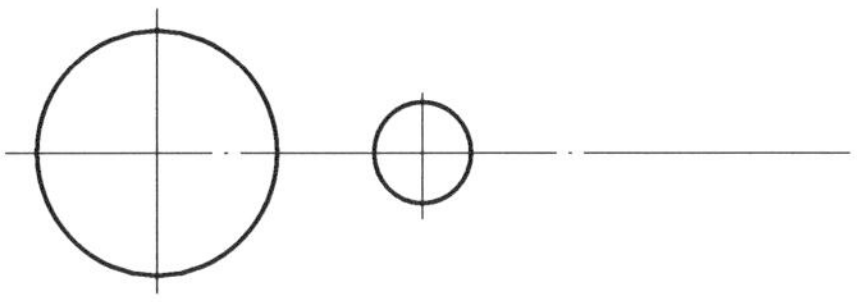

图6.14　绘制圆2

(4)绘制直线(请注意,当前图层仍为“粗实线”层)。

单击菜单项“绘图”→“直线”,即执行LINE命令,AutoCAD提示:

命令:_ line

指定第一点:<对象捕捉 开>(鼠标单击左侧大圆象限点)

指定下一点或［放弃(U)］:@0,20

指定下一点或［放弃(U)］:@105,0

指定下一点或［闭合(C)/放弃(U)］:@0,-10

指定下一点或［闭合(C)/放弃(U)］:@5,0

指定下一点或［放弃(U)］:@0,-30↙

执行结果如图6.15所示。

(5)绘制直线。

单击菜单项“绘图”→“直线”,即执行LINE命令,AutoCAD提示:

命令:_ line

指定第一点:(鼠标单击图形右上角点)

指定下一点或［放弃(U)］:(用鼠标单击“捕捉自”图标按钮)

from基点:<偏移>:32(用直接距离的方式向左导向给距离)

指定下一点或［放弃(U)］:@0,-40↙

单击菜单项“绘图”→“直线”,即执行LINE命令,AutoCAD提示:

命令:_ line

指定第一点:(鼠标单击图形大圆圆心)

指定下一点或［放弃(U)］:(用鼠标单击“捕捉自”图标按钮)

from基点:<偏移>:30(用直接距离的方式向右导向给距离)

指定下一点或［放弃(U)］:@0,20

指定下一点或［放弃(U)］:@35,0

指定下一点或［放弃(U)］:@0,-20↙

执行结果如图6.16所示。

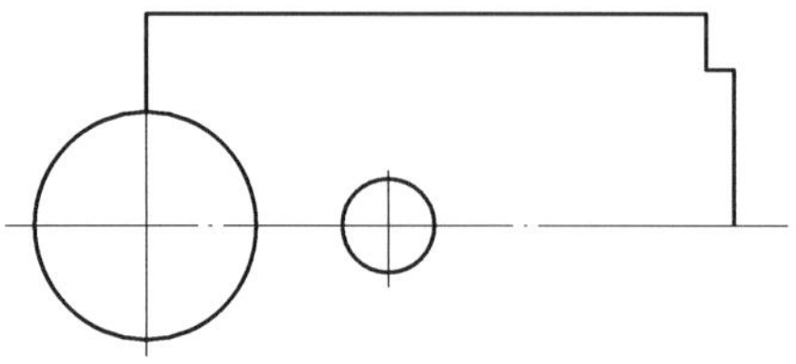

图 6.15　绘制直线 1

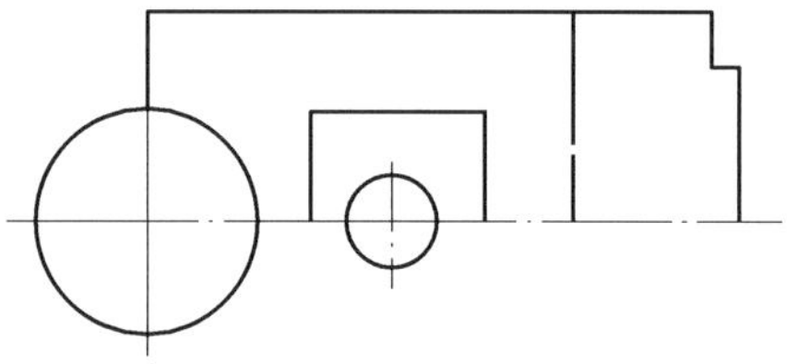

图 6.16　绘制直线 2

(6)倒角。

单击菜单项“修改”→“倒角”,或单击“修改”工具栏上的(倒角)按钮,即执行 CHAMFER 命令,AutoCAD 提示:

选择第一条直线或[放弃(U)/多段线(P)/距离(D)/角度(A)/修剪(T)/方式(E)/多个(M)]:D

指定第一个倒角距离:10

指定第二个倒角距离 <10.0000>:10

选择第一条直线或[放弃(U)/多段线(P)/距离(D)/角度(A)/修剪(T)/方式(E)/多个(M)]:(鼠标单击小圆上水平线)

选择第二条直线,或按住 Shift 键选择要应用角点的直线:(鼠标单击小圆右侧直线)

执行结果如图 6.17 所示。

(7)虚线。

将虚线图层设为当前图层。单击菜单项“绘图”→“直线”,即执行 LINE 命令,AutoCAD 提示:

命令:_ line

指定第一点:(鼠标单击水平中心线与最右侧垂直轮廓线的交点)

指定下一点或[放弃(U)]:(用鼠标单击“捕捉自”图标按钮)

from 基点:<偏移>:14(用直接距离的方式向上导向给距离)

指定下一点或[放弃(U)]:@0,-40

指定下一点或[放弃(U)]:@ -31,0 ↙

执行结果如图 6.18 所示。

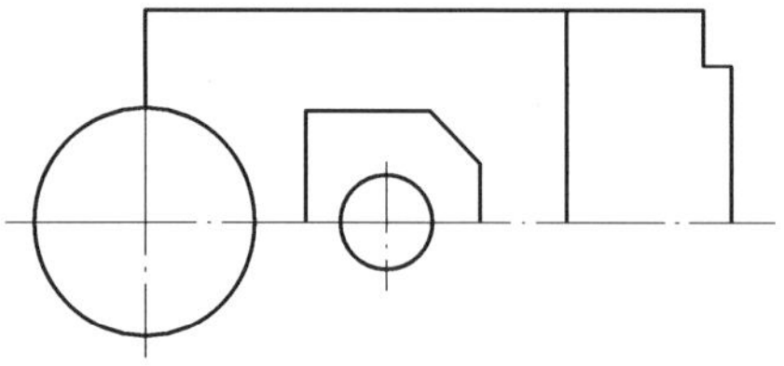

图 6.17　绘制倒角

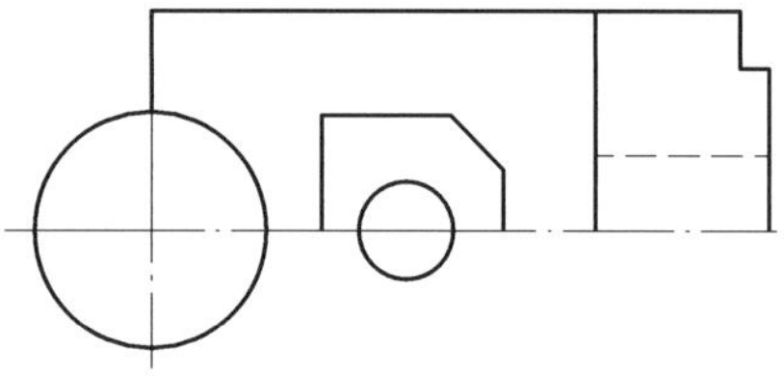

图 6.18　绘制虚线

(8)打断。

单击菜单项“修改”→“打断”,或工具栏上的(打断)按钮,即执行 BREAK 命令,AutoCAD 提示:

命令:_ break

选择对象:(鼠标单击大圆下象限点)

指定第二个打断点 或 [第一点(F)]:(鼠标单击大圆上象限点)

执行结果如图 6.19 所示。

(9)镜像。

单击菜单项“修改”→“镜像”,或工具栏上的(镜像)按钮,即执行 MIRROR 命令,AutoCAD 提示:

选择对象:(全部选中)

指定镜像线的第一点:

指定镜像线的第二点:(水平中心线上任意两点)

要删除源对象吗? [是(Y)/否(N)] <N>:↙

执行结果如图 6.20 所示。读者还可以进行其他操作,调整中心线长度等。最后,将图形保存到磁盘即可。

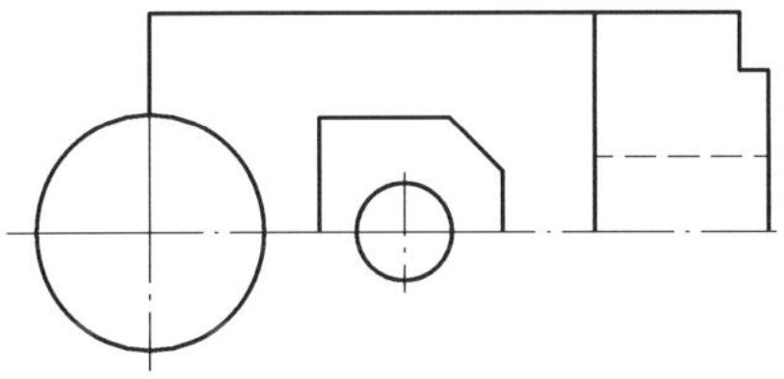

图 6.19　打断结果

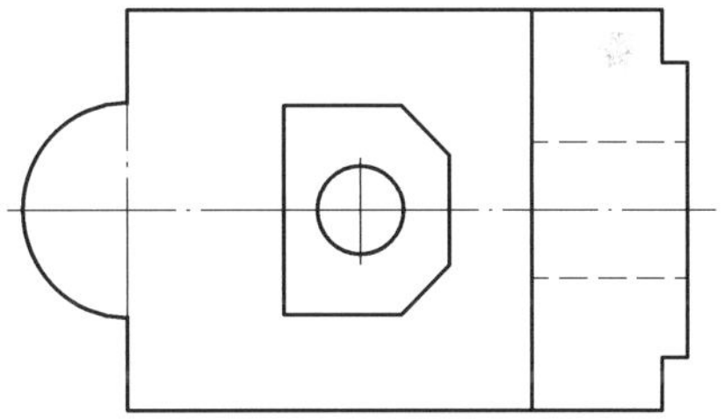

图 6.20　最终图形

3. 绘制如图 6.21 所示图形。

4. 绘制如图 6.22 所示图形。

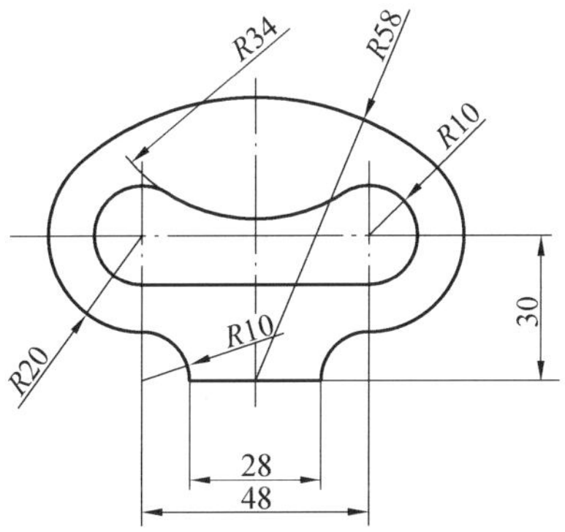

图 6.21　练习图形 1

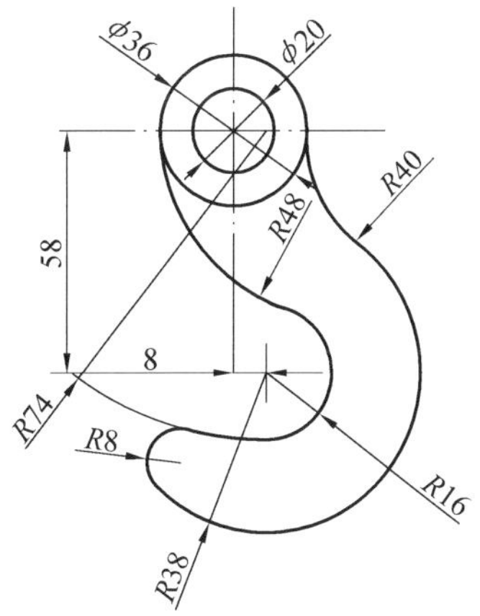

图 6.22　练习图形 2

5. 绘制如图 6.23 所示图形。

6. 绘制如图 6.24 所示图形。

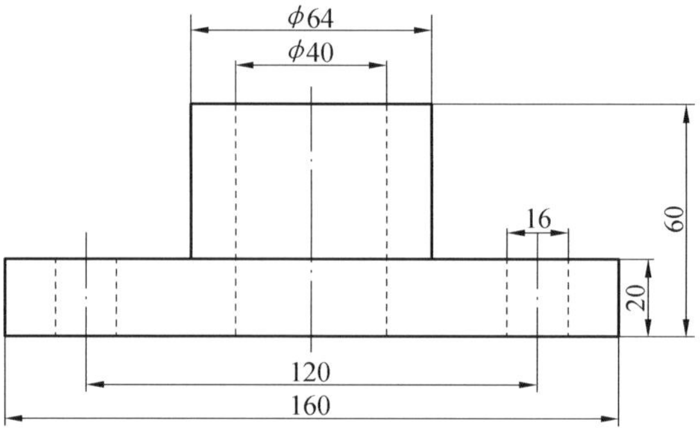

图 6.23　练习图形 3

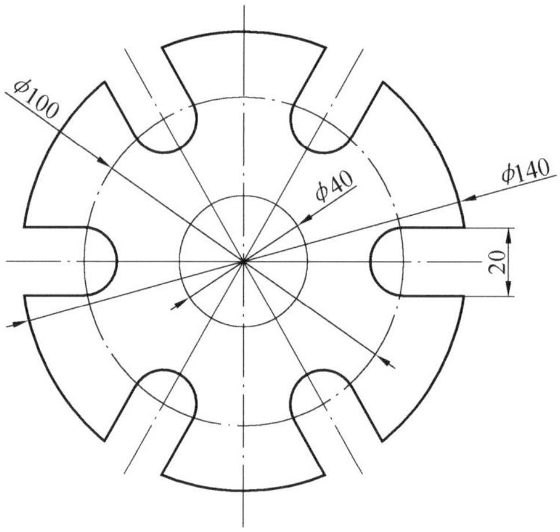

图 6.24　练习图形 4

第 7 章　文字与表格

上机练习 1　标注文字

1. 用 DTEXT 命令对如图 7.1(a)所示图形标注文字。要求:字高 3.5,采用默认文字样式。标注结果如图 7.1(b)所示。

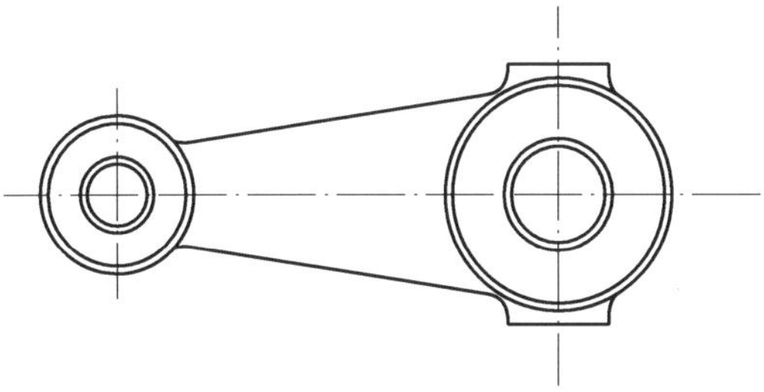

(a) 已有图形

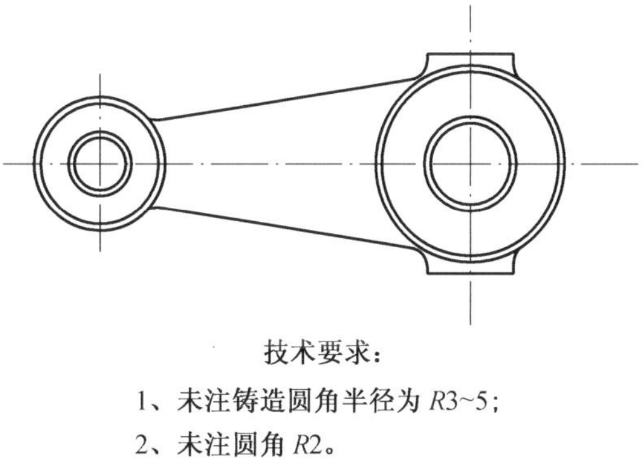

(b) 标注结果

图 7.1　标注文字 1

操作步骤如下:

单击菜单项“绘图”→“文字”→“单行文字”,或者单击“绘图”工具栏上的 A(单行文字)按钮,即执行 DTEXT 命令,AutoCAD 提示:

当前文字样式:“Standard”　文字高度:2.5000　注释性:否

指定文字的起点或[对正(J)/样式(S)]:(在绘图屏幕适当位置确定一点)

指定高度 <2.5000>:3.5

指定文字旋转角度<0>:↙

AutoCAD 在绘图屏幕上显示出表示文字位置的方框,输入要标注的如下两行文字后,按回车键换行:

1. 未注铸造圆角半径为 *R*3 ~5。

2. 未注圆角 *R*2。

然后,按两次回车键,完成文字的标注,结果如图 7.1(b)所示。

2. 用 DTEXT 命令标注图样中的技术要求。要求字体为仿宋字,标题“技术要求”字高 10,正文字高 8,标注结果如图 7.2 所示。

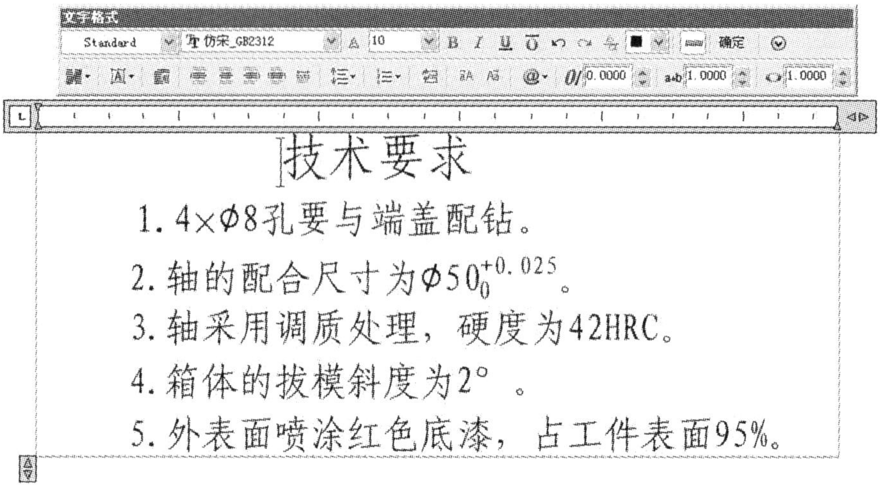

图 7.2　标注结果

操作步骤如下：

(1)输入标题。

单击菜单项“绘图”→“文字”→“多行文字”,或者单击“绘图”工具栏上的 A（多行文字）按钮,即执行 DTEXT 命令,AutoCAD 提示：

命令：_ mtext

当前文字样式:“Standard”　文字高度:2.5　注释性:否

指定第一角点:(在屏幕适当位置确定一点)

指定对角点或［高度(H)/对正(J)/行距(L)/旋转(R)/样式(S)/宽度(W)/栏(C)］:(单击对角点设置输入框,打开“文字格式”编辑窗口,执行结果如图 7.3 所示)

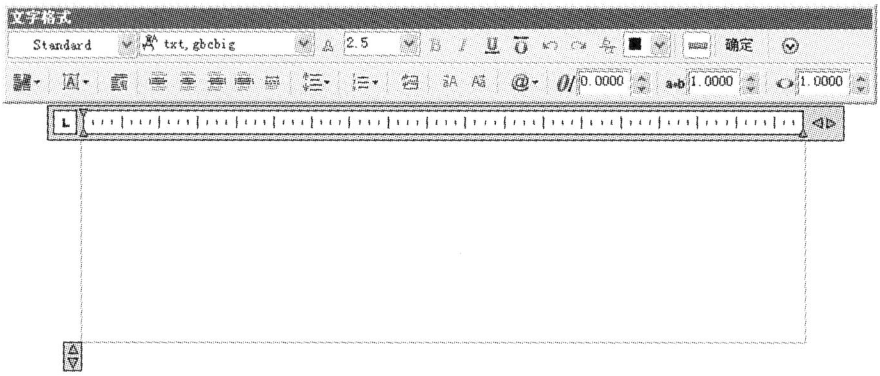

图 7.3　“文字格式”编辑窗口

在文本编辑器中进行相应设置,并输入标题“技术要求”,如图 7.4 所示。

从图中可以看出,已将文字 设为“仿宋_ GB2312”,将字高设为 10,并输入对应的文字。

(2)输入正文。

在如图 7.4 所示在位文本编辑器中改变字体大小,将字高设为 8,并输入相应的文字。

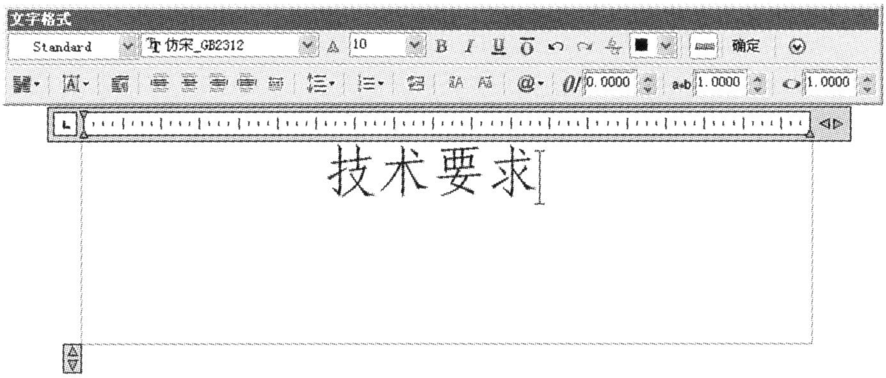

图 7.4　输入文字

文中特殊字符、符号的输入方法:在文字编辑器中单击鼠标右键,从弹出的快捷菜单中选择“符号”菜单项的“其他”子菜单,如图 7.5 所示。

图 7.5　选择快捷菜单

AutoCAD 弹出“字符映射表”对话框。从“字体”下拉列表中选择 Symbol ,从字符映射表中选择×,如图 7.6 所示。

单击“选择”按钮,×符号出现在“复制字符”的文本框中,单击“复制”按钮,将符号复制到剪贴板。然后,切换到文字编辑器,单击鼠标右键,从弹出的快捷菜单中选择“粘贴”,即可将符号显示在编辑器中,再输入其他符号。

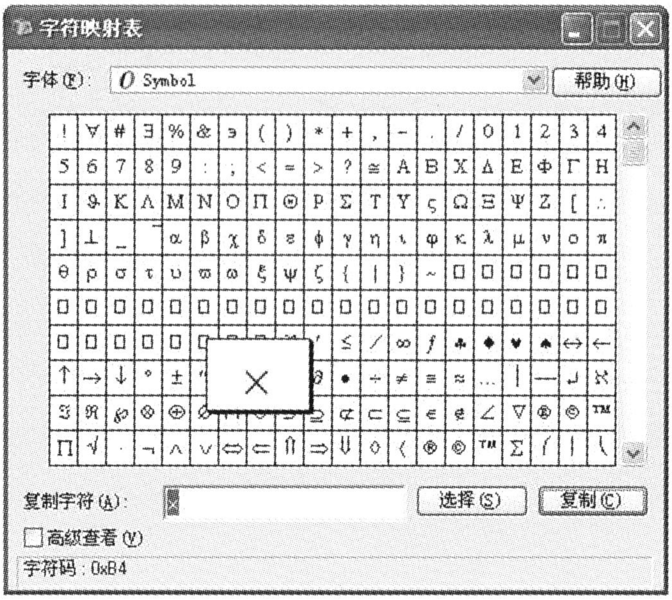

图 7.6　“字符映射表”对话框

如图 7.7 所示,“选择”符号菜单中的“直径”选项符号“%%C”,其后输入 8。输入符号“%%C”,其后输入 50,在%%C50 后输入+0.025^0,再单击“堆叠”按钮。拔模斜度 2 输入以后,在文字编辑区中单击右键,显示出编辑文字的快捷菜单,选择“符号”菜单中的“度数”选项符号“%%D”。所有文本输入完成以后,单击“确定”按钮,完成所有文字的输入。

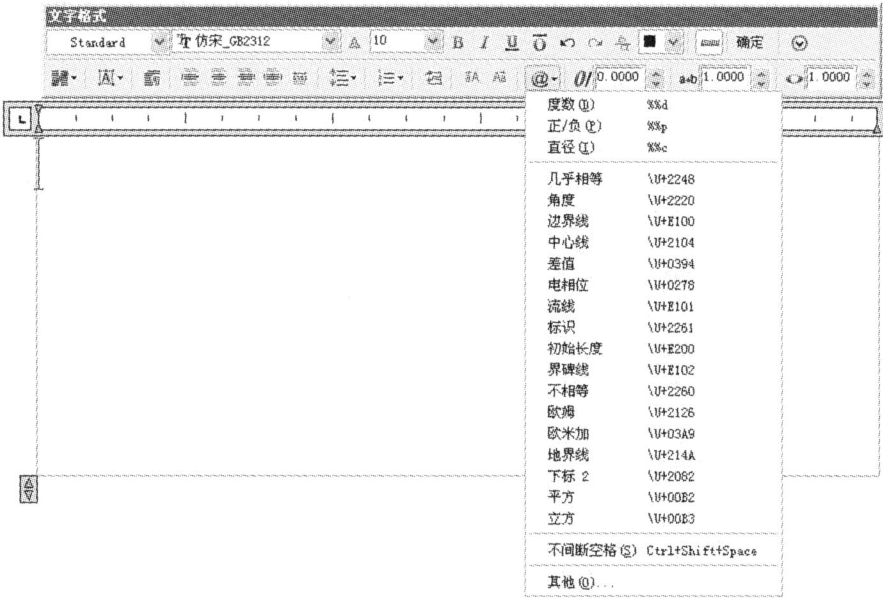

图 7.7　文字符号

上机练习 2　文字样式

1. 修改图 7.1(b)中所标注文字的文字样式：将字体从 txt. she 更改为 gbenor. shx。

操作步骤如下：

首先，打开绘图文件“文字与表格\图 7.1b. dwg”。然后，单击菜单项“格式”→“文字样式”，或单击“样式”工具栏上的（文字样式管理器）按钮，或单击“文字”工具栏上的（文字样式）按钮，即执行 STYLE 命令，AutoCAD 弹出“文字样式”对话框，从中进行相应的设置，如图 7.8 所示。

图 7.8　“文字样式”对话框

可以看出，通过“SHX 字体”下拉列表选择了 gbenor. shx 字体，并单击“应用”按钮确认设置(单击按钮后，该按钮以灰色颜色显示)。最后，关闭对话框，已标注文字就会按新设置的样式显示，如图 7.9 所示。

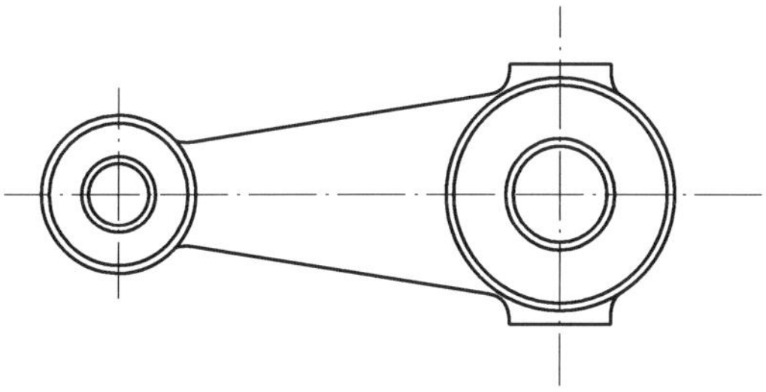

技术要求：

1、未注铸造圆角半径为 *R*3~5；

2、未注圆角 *R*2。

图 7.9　更改文字样式后的标注结果

从图中可以看出，所标注的文字中，中英文均采用了一致的字高。

2. 打开绘图文件“第 7 章　文字与表格\图 7.10a. dwg”(图 7.10(a)),定义新的文字样式,要求:文字样式名为宋体,字高采用 3.5,其余采用默认的设置,并用该样式标注文字,结果如图 7.10(b)所示。

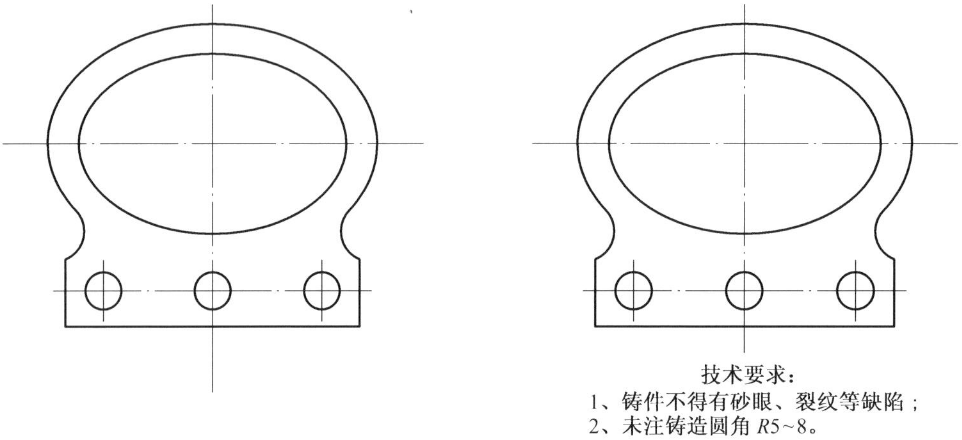

(a) 已有图形　　(b) 标注结果

图 7.10　标注文字 2

操作步骤如下:

(1)定义文字样式。

首先,打开绘图文件“第 7 章　文字与表格\图 7.10a. dwg”。然后,单击菜单“格式”→“文字样式”,或单击“样式”工具栏上的 (文字样式管理器)按钮,也可以单击“文字”工具栏上的 (文字样式)按钮,即执行 STYLE 命令,AutoCAD 弹出“文字样式”对话框,单击对话框中的“新建”按钮,弹出“新建文字样式”对话框,在该对话框的“样式名”文本框中输入“宋体 35”,如图 7.11 所示。

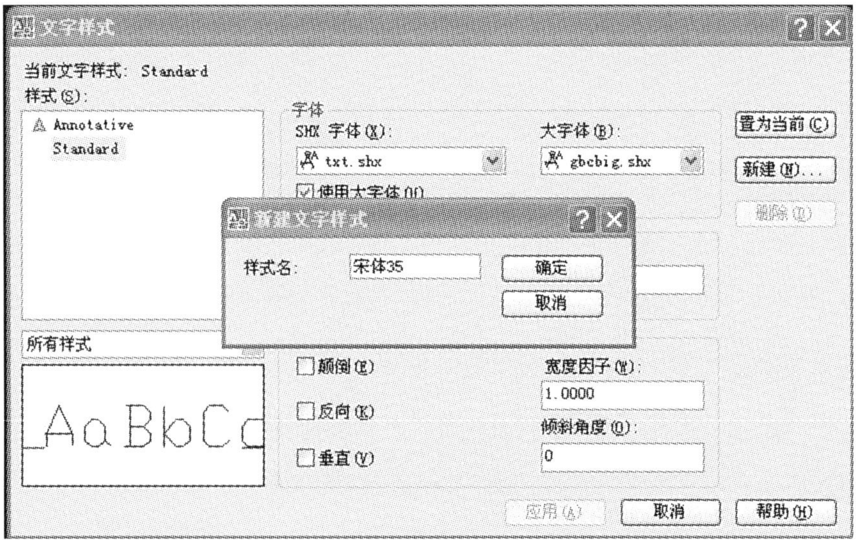

图 7.11　确定新文字样式的名称

单击“确定”按钮，AutoCAD 返回“文字样式”对话框，并将“宋体35”样式设为当前样式。根据要求设置该样式的具体内容，如图 7.12 所示。

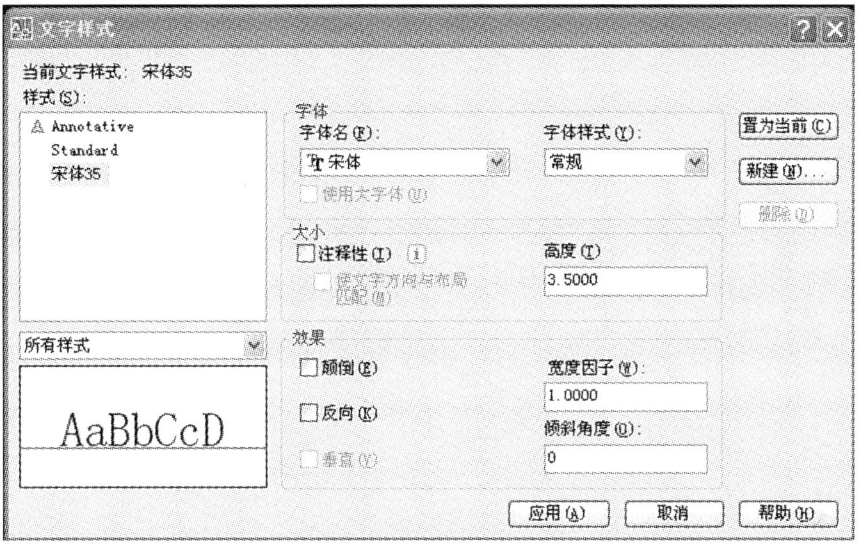

图 7.12　定义新样式

单击“应用”按钮确认设置，再单击“关闭”对话框，完成文字样式的定义，并将“宋体35”样式设为当前样式。

(2)标注文字。

单击菜单项“绘图”→“文字”→“单行文字”，或单击“文字工具栏上的” A (单行文字)按钮，即执行 DTEXT 命令，AutoCAD 提示：

指定文字的起点或[对正(J)/样式(S)]：(在绘图屏幕上适当位置确定一点)

指定高度：3.5

指定文字的旋转角度<0>：↙

AutoCAD 在绘图屏幕上显示出表示的文字位置的方框，输入要标注的文字(输入一行后，按回车键换行)：

技术要求：

1. 铸件不得有砂眼、裂纹等缺陷。

2. 未注铸造圆角 *R*5 ~8。

然后，按两次回车键，完成文字的标注，执行结果如图 7.10(b)所示。

上机练习 3　编辑文字

1. 修改图 7.9 中的文字将 *R*3 ~5 更改为 *R*5 ~8，将“未注圆角 *R*2”，更改为“未注圆角 *R*4”。

操作步骤如下：

打开绘图文件“第 7 章　文字与表格\图 7.9. dwg”，双击图形中的第二行文字(参见

7.9)，AutoCAD 将对其显示为编辑状态，将 *R*3 ~ 5 改为 *R*5 ~ 8，如图 7.12 所示。

单击“确定”按钮，完成对应文字的修改。再双击图形中第三行文字，通过“编辑文字”对话框进行修改，如图 7.13 所示。

在绘图屏幕空白位置任意拾取一点，AutoCAD 提示：

选择注释对象或[放弃(U)]：↙

完成文字的修改，结果如图 7.14 所示。

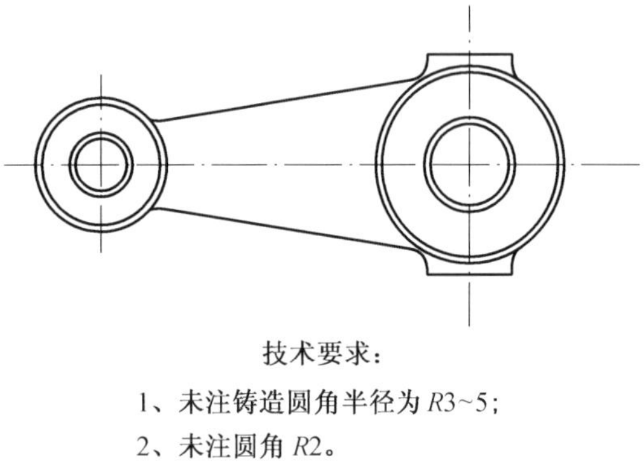

图 7.13　更改文字

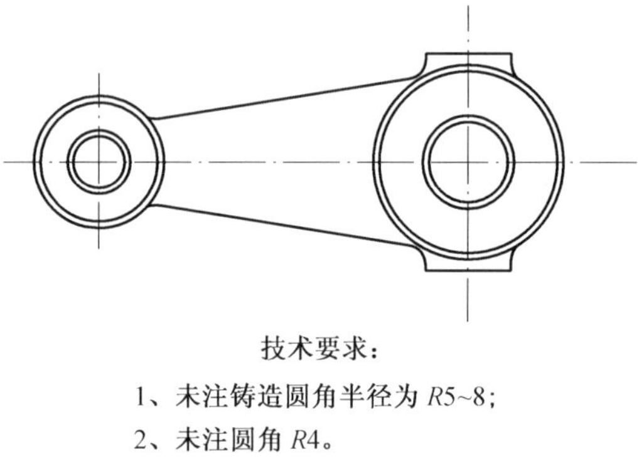

图 7.14　文字修改结果

2. 修改图 7.10(b) 中的文字：将“技术要求”改为黑体，字高为 4；将其余文字改为“楷体_ GB2312”再加一行文字“3. 未加工表面上防锈漆”。修改结果如图 7.15 所示。

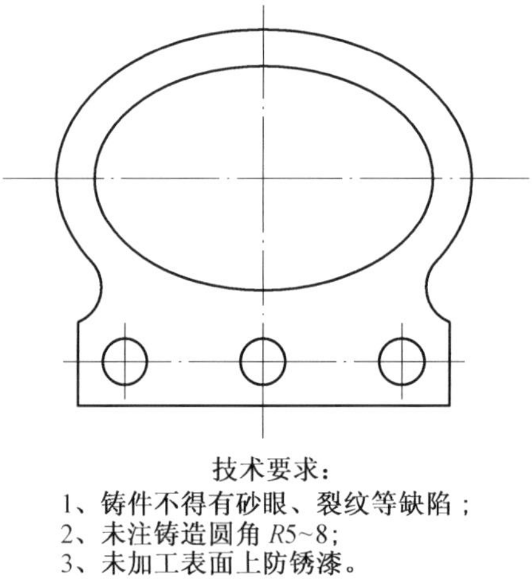

图 7.15　标注文字 3

上机练习 4　表　格

1. 用默认的文字样式创建表格，结果如图 7.16 所示。

单击菜单项“绘图”→“表格”，或单击“绘图”工具栏上的 (表格) 按钮，即执行 TABLE 命令，AutoCAD 弹出“插入表格”对话框，从中进行相应的设置，如图 7.17 所示。单击对话框中的“确定”按钮，AutoCAD 提示：

标题			
列标题一	列标题二	列标题三	列标题四
数据第一行	500	160	660
数据第二行		20000	20000
数据第三行	3500		3500
数据第四行		200	200
数据第五行	800	1000	1800
数据第六行		合计	255660

图 7.16　创建表格

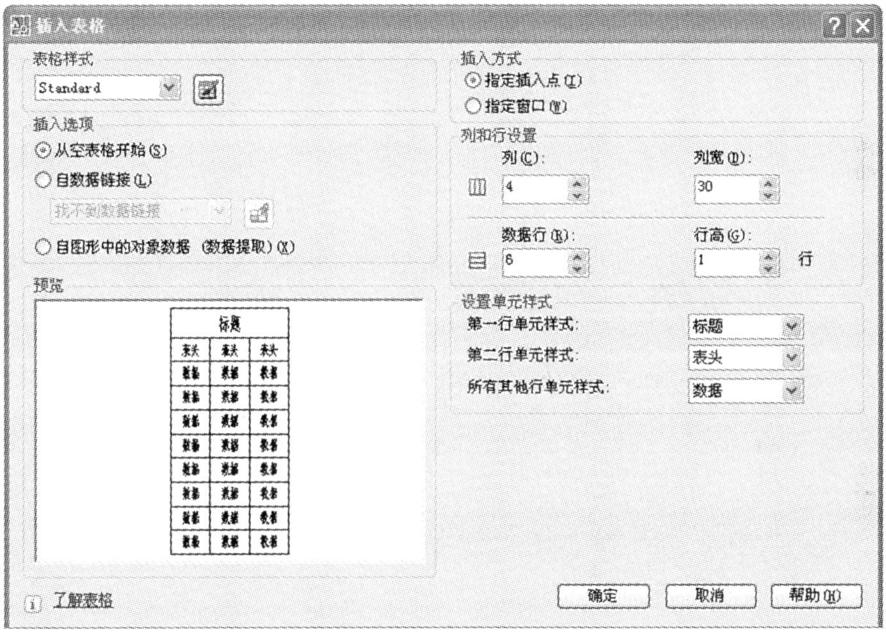

图 7.17　“插入表格”对话框

指定插入点:

在该提示下确定表格的插入点位置后，AutoCAD 弹出在位文本编辑器，利用其为表格输入信息，如图 7.18 所示（注意：为某一单元格输入文字时，利用箭头激活对应的单元格，然后输入文字）。

单击在位文本编辑器中的“确定”按钮，完成文字的标注，结果如图 7.16 所示。

2. 修改图 7.16 表格中的数据，结果如图 7.19 所示。

操作步骤如下:

首先打开表格 7.16 文件。然后双击表格中 160 所在单元格，AutoCAD 弹出在位文本编辑器，并激活对应的单元格，将数字由 160 更改为 200，如图 7.20 所示。

用类似的方法更改其他单元格中的数据（即双击单元格，再在对应的单元格中输入新数据），结果如图 7.21 所示。

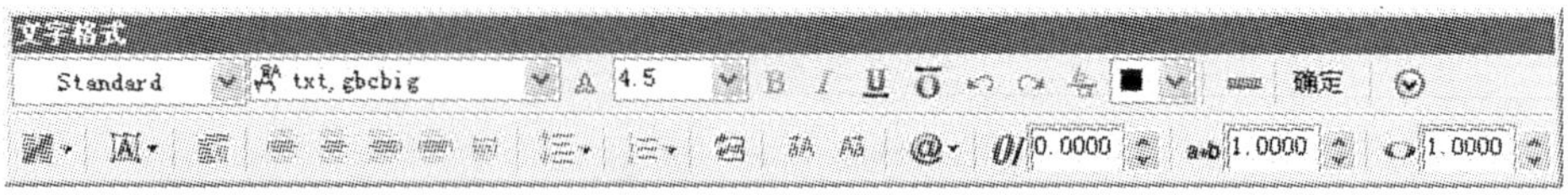

	A	B	C	D
1	标题			
2	列标题一	列标题二	列标题三	列标题四
3	数据第一行	500	160	660
4	数据第二行		20000	20000
5	数据第三行	3500		3500
6	数据第四行		200	200
7	数据第五行	800	1000	1800
8	数据第六行		合计	255660

图 7.18　输入表格文字

标题			
列标题一	列标题二	列标题三	列标题四
数据第一行	500	200	660
数据第二行		20000	20000
数据第三行	4000		3500
数据第四行		200	200
数据第五行	800	1000	1800
数据第六行		合计	256200

图 7.19　更改数据 1

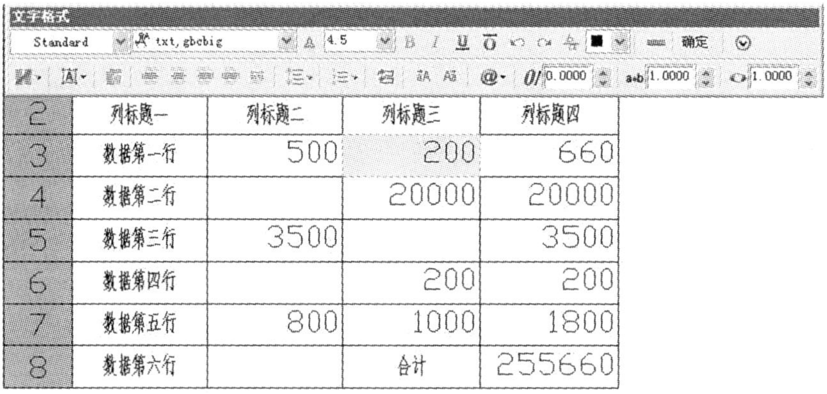

2	列标题一	列标题二	列标题三	列标题四
3	数据第一行	500	200	660
4	数据第二行		20000	20000
5	数据第三行	3500		3500
6	数据第四行		200	200
7	数据第五行	800	1000	1800
8	数据第六行		合计	255660

图 7.20　更改数据 2

最后，单击在位文本编辑器中的“确定”按钮，完成对表格数据的修改，结果如图 7.16 所示。

3. 创建表格样式，要求：表格样式的名称为“常用表格”，采用文字样式为在上机练习 2 的第二个绘图练习中定义的“宋体 35”，文字样式采用宋体，字高为 3.5。

图7.21　更改数据3

操作步骤如下：

首先建立一个新图形。

(1)定义文字样式。

参照本章“上机练习2”中第二个绘图练习，定义文字样式“宋体35”，即字体为宋体，字高为3.5(过程略)。

(2)创建表格样式。

单击菜单项“格式”→“创建表格样式”，或单击“样式”工具栏上的(表格样式管理器)按钮，即执行TABLESTYLE命令，AutoCAD弹出“表格样式”对话框，如图7.22所示。

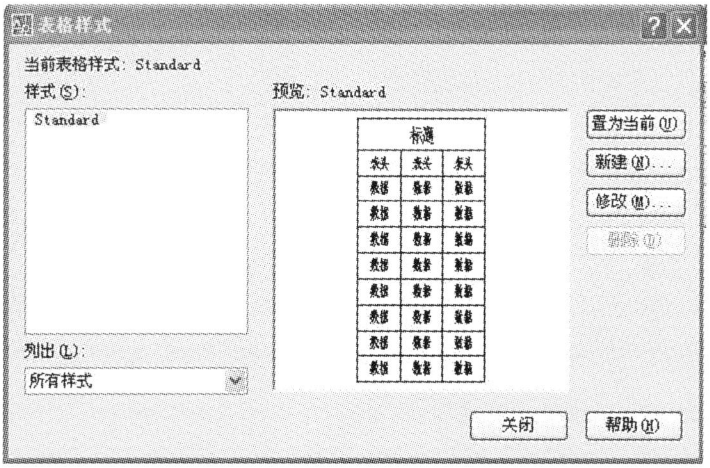

图7.22　“表格样式”对话框1

单击对话框中的“新建”按钮，AutoCAD弹出“创建新的表格样式”对话框，在对话框中的“新样式名”文本框中输入新样式的名称，即“常用表格”，如图7.23所示。

单击“继续”按钮，AutoCAD弹出“新建表格样式”对话框，从“单元样式”选项组中选中“数据”，并分别设置“基本”、“文字”、“边框”项，分别如图7.24(a)、(b)、(c)所示。

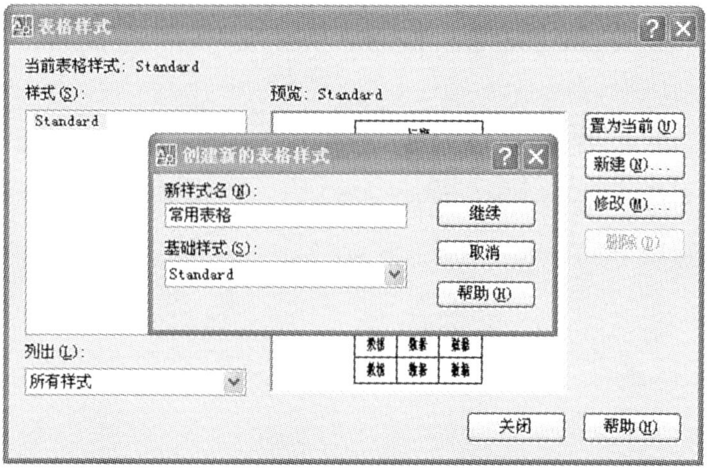

图 7.23 “创建新的表格样式”对话框

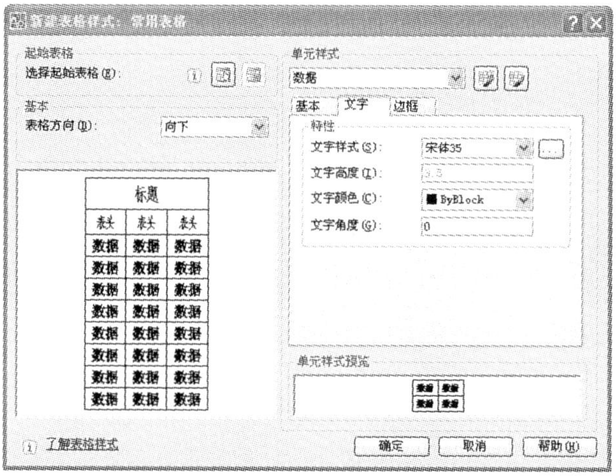

(a) “基本” 特性设置

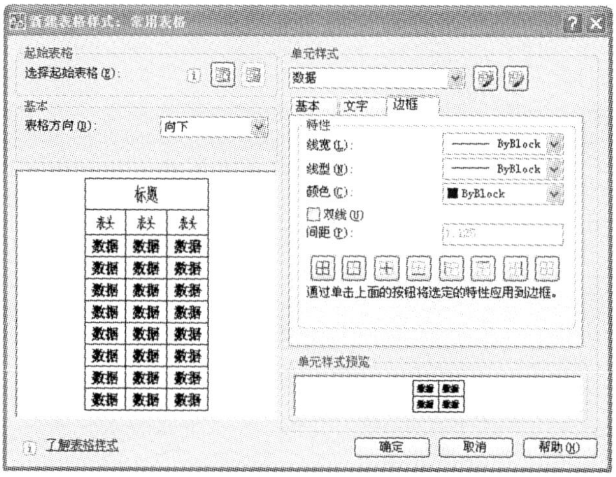

(b) “文字” 特性设置

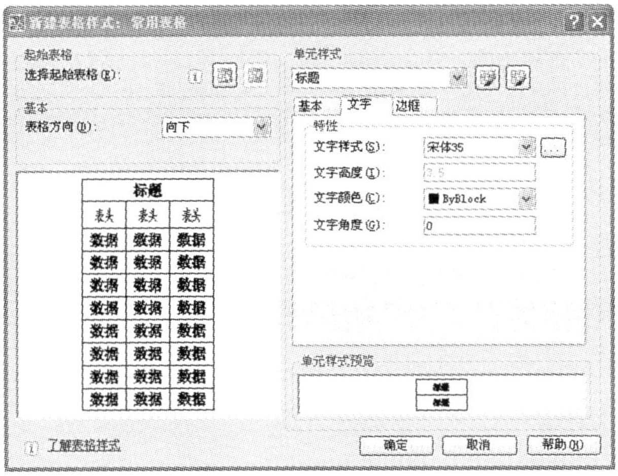

(c)“边框”特性设置

图 7.24　设置数据格式

然后，在分别位于“单元样式”选项组标题下的下拉列表中选中“标题”和“表头”项，并对它们进行与“数据”项相同的设置，如图 7.25、图 7.26 所示（过程略。注意一下预览图像）。

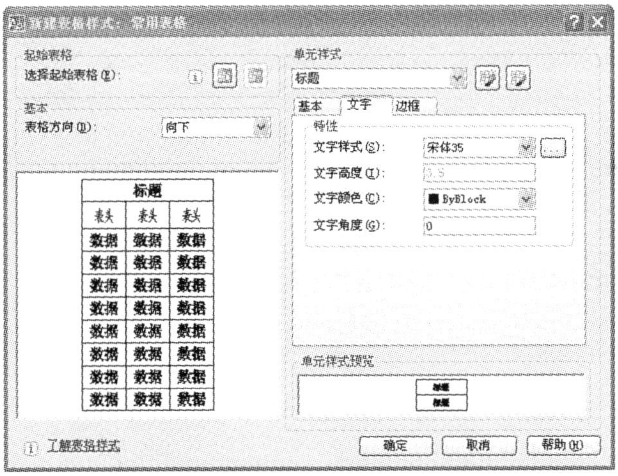

图 7.25　标题设置

单击“确定”按钮，返回到“表格样式”对话框，如图 7.27 所示。

单击对话框中的“置为当前”按钮，将表格样式“常用表格”置为当前样式，单击“关闭”按钮，关闭对话框，完成表格样式的定义。

4. 用前面创建的表格样式“常用表格”创建如图 7.28 所示的标题栏。

操作步骤如下：

首先，打开绘图文件“第 7 章　文字与表格\图 7.27. dwg”。

单击菜单项“绘图”→“表格”，或单击“绘图”工具栏上的▦（表格）按钮，即执行 TABLE 命令，AutoCAD 弹出“插入表格”对话框，如图 7.28 所示。

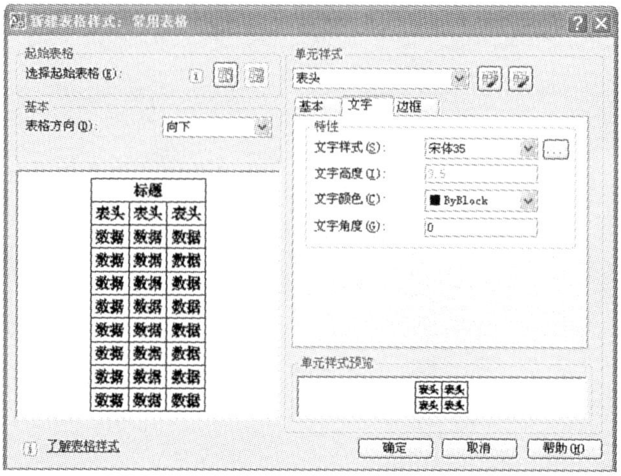

图 7.26　“数据”选项卡

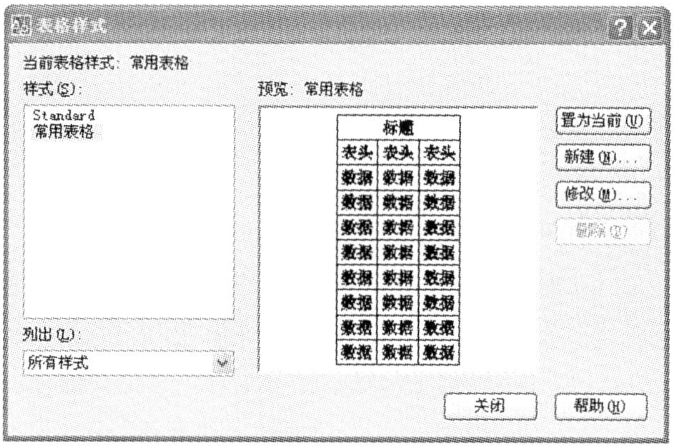

图 7.27　“表格样式”对话框 2

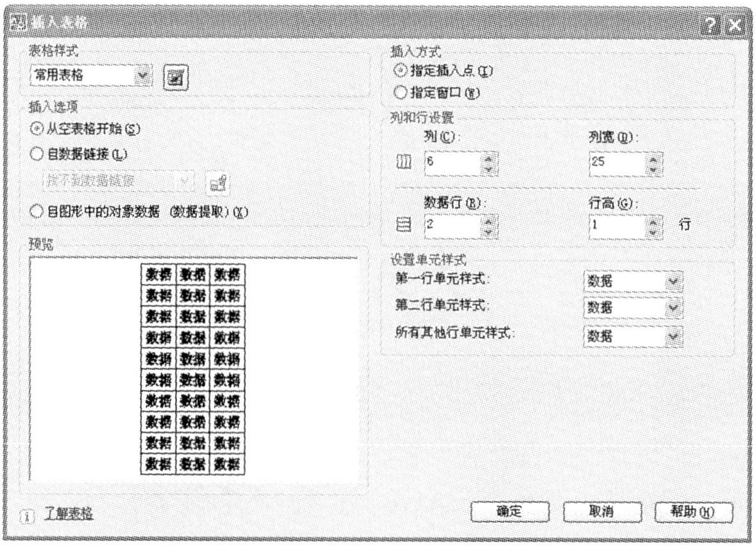

图 7.28　“插入表格”对话框 2

注意:由于将“标题”和“表头”行(即第一行单元样式、第二行单元样式)均设为“数据”,因此将“数据行”设为 2。单击“确定”按钮,AutoCAD 提示:

指定插入点:

在屏幕上指定表格的插入点后,在绘图屏幕插入如图 7.29 所示的表格,并显示出在位文本编辑器。先关闭该编辑器。

图 7.29　插入的表格

下面编辑表格:

(1)修改行高。

(2)选中所有单元格,并打开“特性”选项板,通过“单元高度”项,将表格的高度设为 8,如图 7.30 所示。

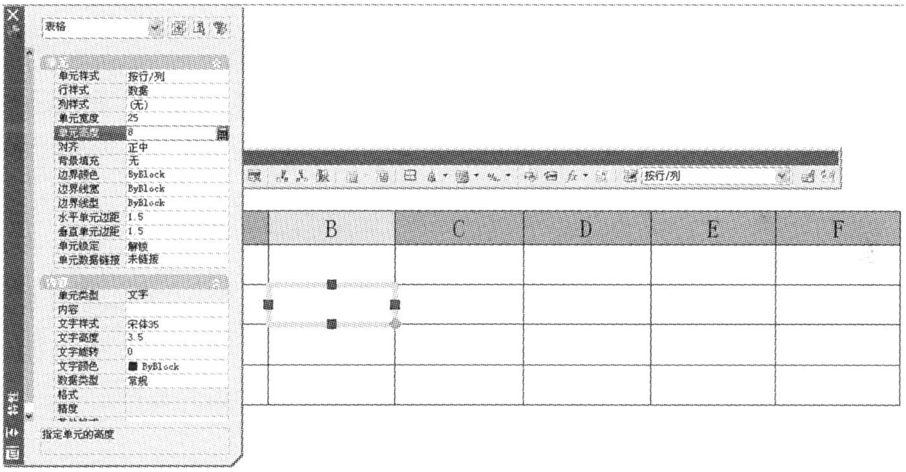

图 7.30　设置行高度

关闭“特性”选项板(还可以利用该选项板设置各列的宽度。方法:选中对应的列,通过“特性”选项板中的“单元宽度”项进行设置)。

注意:也可以利用夹点的功能改变表格的行高和列宽。

(3)合并单元格。

选中位于左上方的 6 格单元格,AutoCAD 显示出“表格”工具栏,如图 7.31 所示。从“合并单元”列表中选择“全部”,如图 7.32 所示,结果如图 7.33 所示。用类似的方法对位于右下方的 6 个单元格进行合并,结果如图 7.34 所示。

5. 对如图 7.34 所示的表格填写文字,结果如图 7.35 所示。

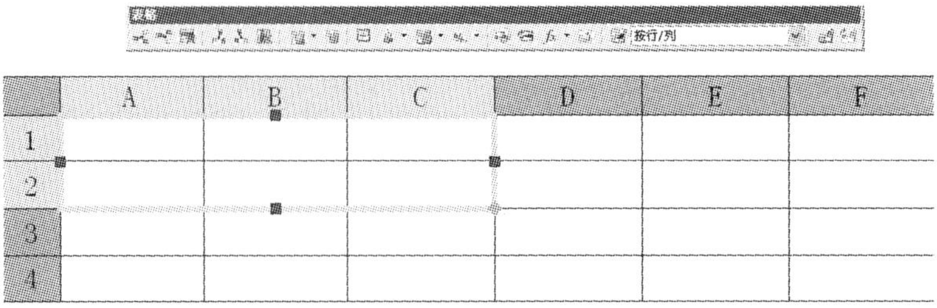

图 7.31　选中单元格后先输出“表格”工具栏

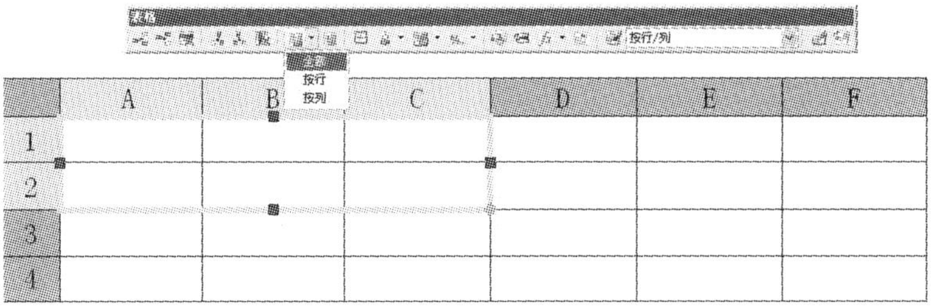

图 7.32　合并单元格

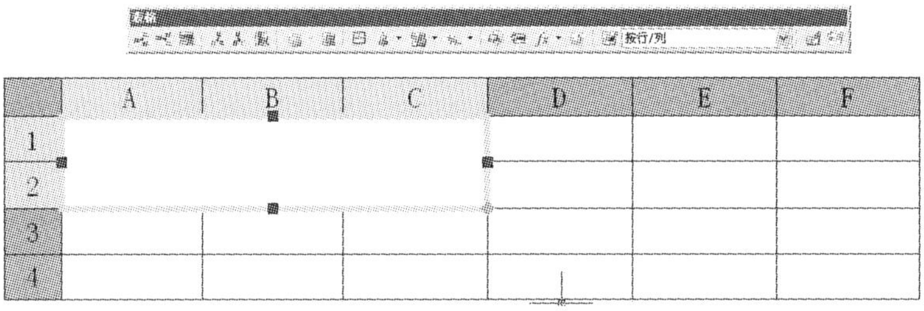

图 7.33　合并结果

<table>
<tr><td colspan="3" rowspan="2"></td><td></td><td></td><td></td></tr>
<tr><td></td><td></td><td></td></tr>
<tr><td></td><td></td><td></td><td colspan="3" rowspan="2"></td></tr>
<tr><td></td><td></td><td></td></tr>
</table>

图 7.34　最终合并结果

<table>
<tr><td colspan="3" rowspan="2">阀体</td><td>比例</td><td>数量</td><td>材料</td></tr>
<tr><td></td><td></td><td></td></tr>
<tr><td>制图</td><td></td><td></td><td colspan="3" rowspan="2"></td></tr>
<tr><td>校核</td><td></td><td></td></tr>
</table>

图 7.35　填写文字后的表格

第 8 章　图案填充

上机练习 1　图案填充

1. 绘制如图 8.1 所示的图形。

操作步骤如下：

(1)建立图层。

按照本书"第 6 章　上机练习 1"中第 1 绘图练习介绍的方法及表 6.1 所列创建图层(过程略)。

(2)绘制中心线。

将"点画线"图层设为当前图层，执行 LINE 命令绘制中心线，如图 8.2 所示(绘图过程略)。绘制中心线时在屏幕恰当位置确定中心线的位置和长度即可。如果以后发现其长度和位置不适当，可以通过移动、夹点等标记功能进行修改。

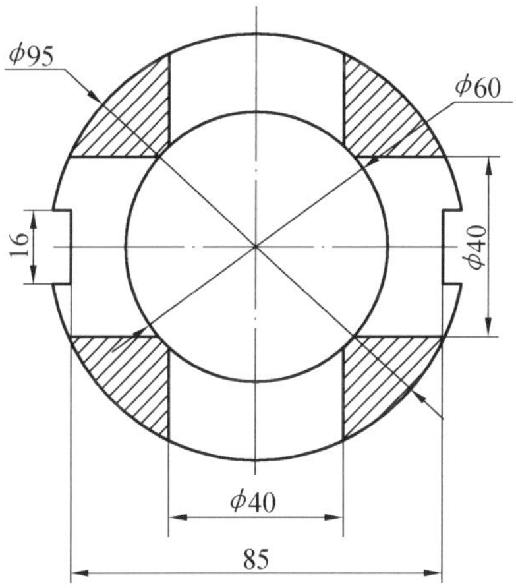

图 8.1　练习图

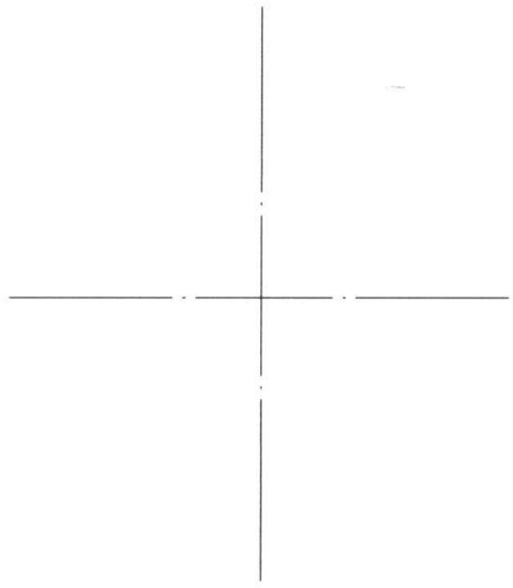

图 8.2　绘制中心线

(3)绘制圆。

将"粗实线"图层设为当前，执行 CIRCLE 命令绘制各圆，其尺寸及绘图结果如图 8.3 所示(过程略)。

(4)偏移。

用 OFFSET 命令将水平、垂直中心线各向两边偏移 20，绘制 4 条直线，将 4 条直线改为"粗实线"。结果如图 8.4 所示。

(5)修剪。

执行 TRIM 命令对图 8.4 进行修剪，结果如图 8.5 所示。

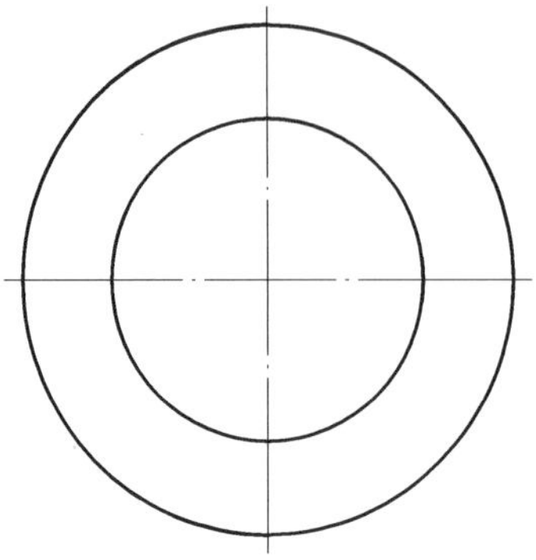

图 8.3 绘制圆 1

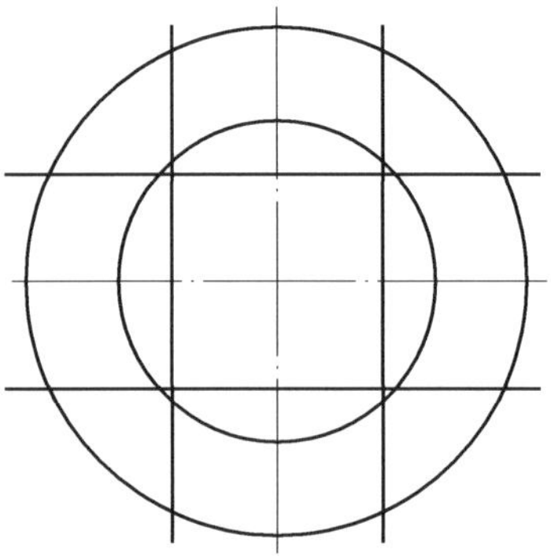

图 8.4 偏移结果

(6)绘制键槽。

执行 LINE 命令,利用捕捉自,捕捉到水平中心线上键槽的最低点,利用直线命令绘制键槽,绘图结果如图 8.6 所示。

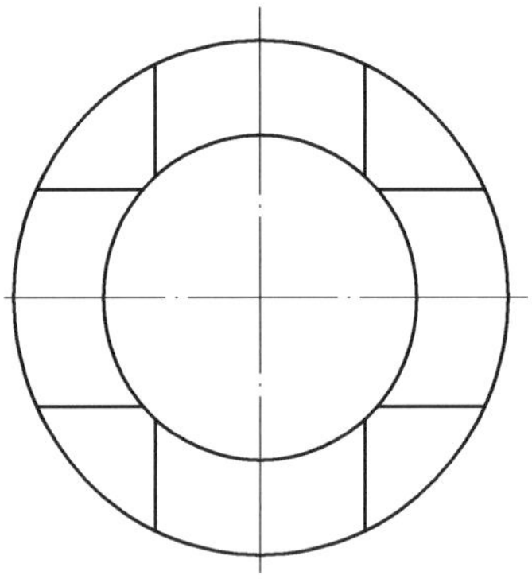

图 8.5 修剪结果 1

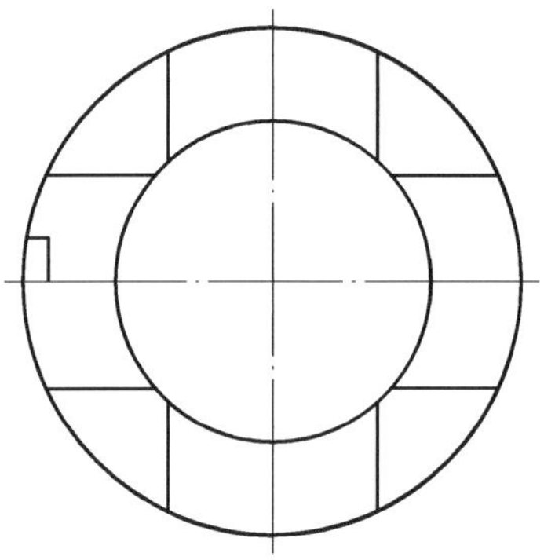

图 8.6 绘制键槽

(7)镜像。

选中图 8.6 绘制的图形,分别以水平中心线、垂直中心线上的点为镜像点,执行 MIRROR 命令,结果如图 8.7 所示。

(8)修剪。

执行 TRIM 命令对图 8.7 进行修剪,结果如图 8.8 所示。

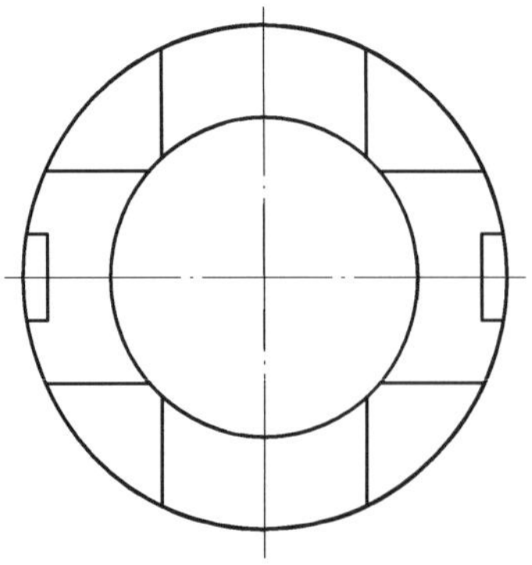

图 8.7 镜像结果 1

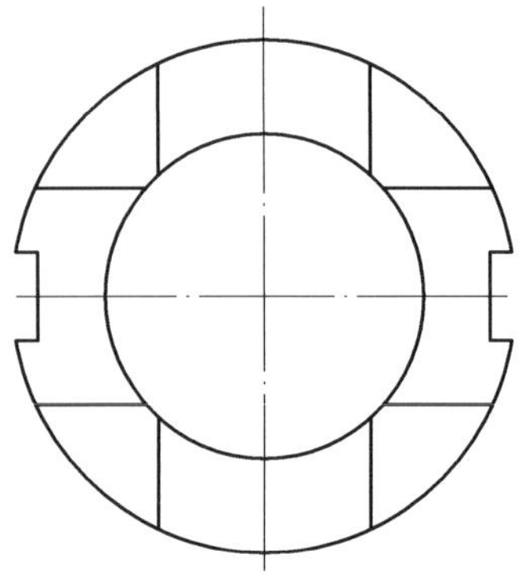

图 8.8 修剪结果

(9)填充剖面线。

将“细实线”置为当前图层。单击菜单“绘图”→“图案填充”,或者单击“绘图”工具栏上的(图案填充)按钮,执行 BHATCH 命令,AutoCAD 弹出“图案填充和渐变色”对话框,从中进行设置,如图 8.9 所示。

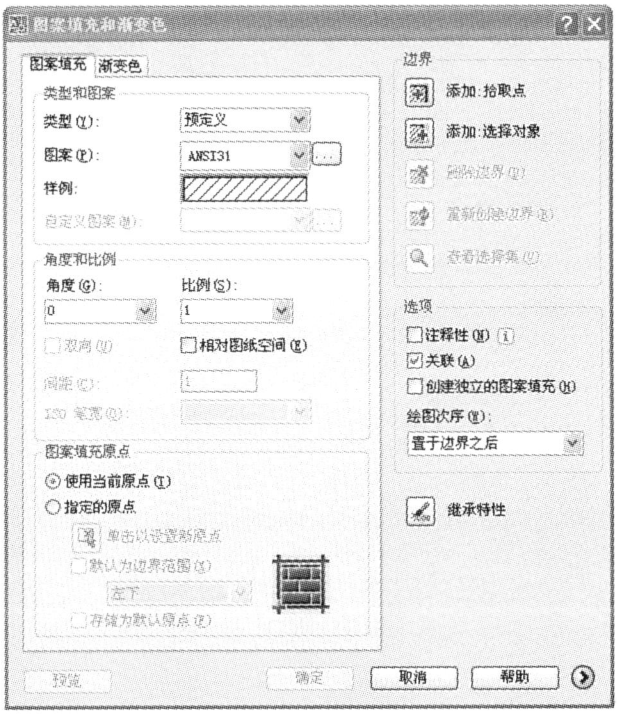

图 8.9　填充设置 1

可以看出,已将填充图案设为 ANSI31,填充角度设为 0,填充比例设为 1,通过“拾取点”按钮,在要填充的区域内以拾取点的方式确定了填充区域,最后,可通过“预览”按钮预览填充结果。单击“确定”按钮,完成图案填充。结果如图 8.10 所示。

2. 绘制如图 8.11 所示的图形,并填充对应的图案。

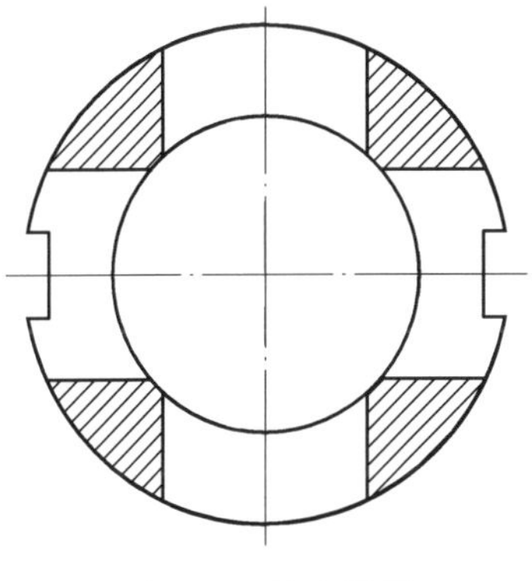

图 8.10　填充结果

图 8.11　练习图 2

操作步骤如下：

(1)建立图层。

按照本书“第6章　上机练习1”中第1绘图练习介绍的方法及表6.1所列创建图层(过程略)。

(2)绘制正六边形。

将“粗实线”图层设为当前图层，执行POLYGON命令绘制正六边形，结果如图8.12所示。

命令：_ polygon

输入边的数目 <4>:6

指定正多边形的中心点或［边(E)］:240,120

输入选项［内接于圆(I)/外切于圆(C)］<I>:I

指定圆的半径:20↙

(3)镜像。

执行MIRRO命令，绘图结果如图8.13所示。

命令：_ mirror

选择对象:指定对角点:找到1个(鼠标选取正六边形上的一点)

指定镜像线的第一点:(捕捉正六边形下边的顶点)

指定镜像线的第二点:(方法同上)

要删除源对象吗?［是(Y)/否(N)］<N>:N(不删除源对象)↙

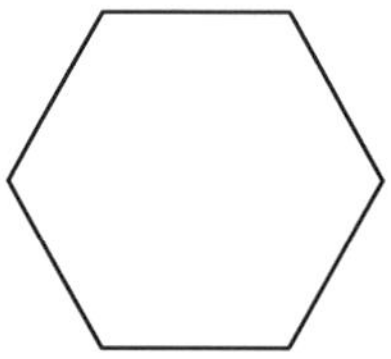

图8.12　绘制正六边形

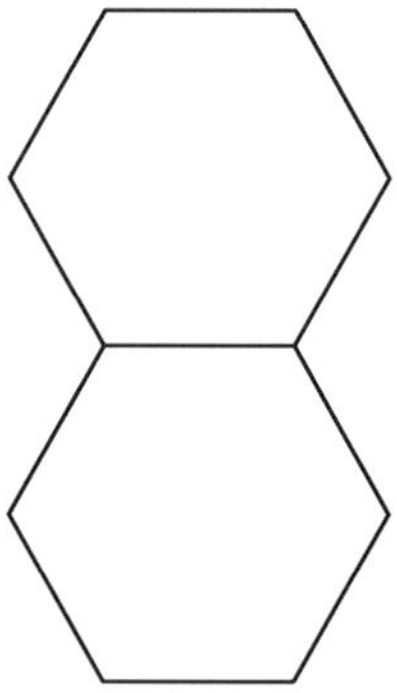

图8.13　镜像结果2

(4)列阵。

选择菜单栏中的“修改”→“阵列”→“环形阵列”命令，完成足球内部花式，设置如图8.14所示，阵列结果如图8.15所示。

命令：_ array

选择对象:(选择图8.13下面的正六边形)

指定阵列中心点:120,120

输入项目数:6

指定填充角度:360

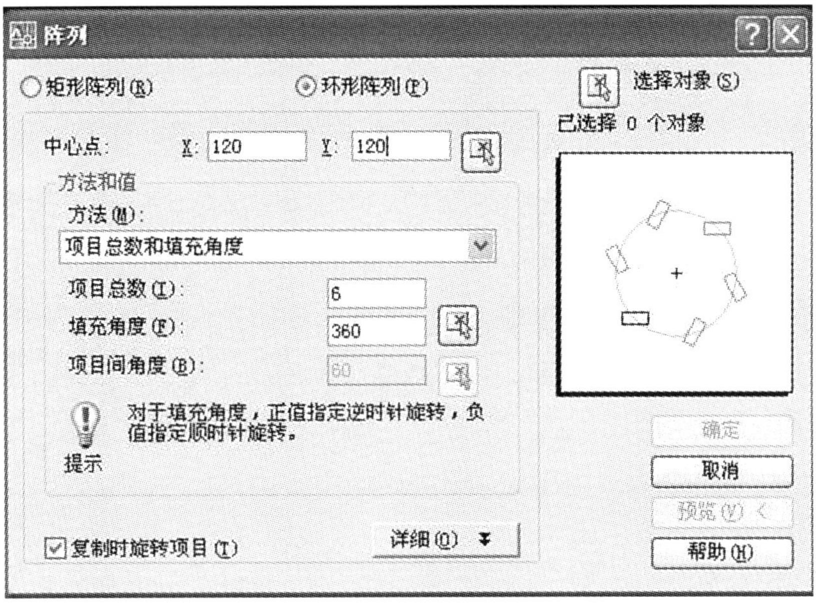

图 8.14　阵列设置

(5)绘制圆。

单击“绘图”工具栏中“圆”的按钮,绘制足球外轮廓,AutoCAD 命令提示如下:

命令:_ circle

指定圆的圆心或[三点(3P)/两点(2P)/相切、相切、半径(T)]:250,115

指定圆的半径或[直径(D)]:35↙

绘制结果如图 8.16 所示。

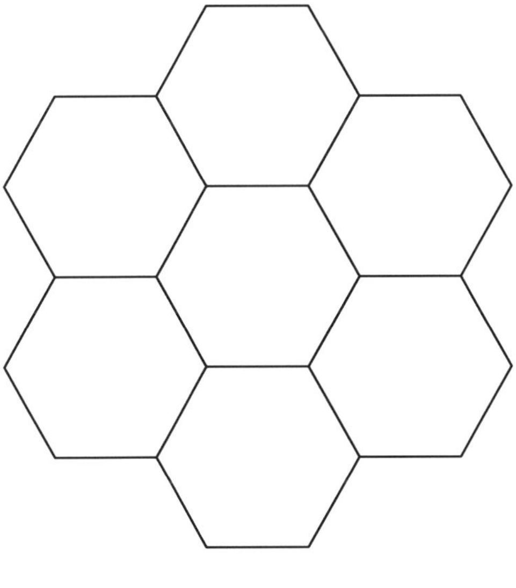

图 8.15　镜像结果 3

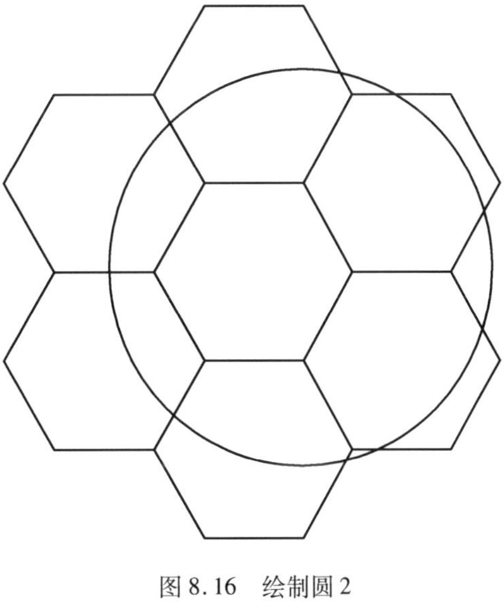

图 8.16　绘制圆 2

(6)修剪。

选择菜单栏中的“修改”→“修剪”命令,或者单击“修改”工具栏上的 (修剪)按钮,结果如图 8.17 所示。

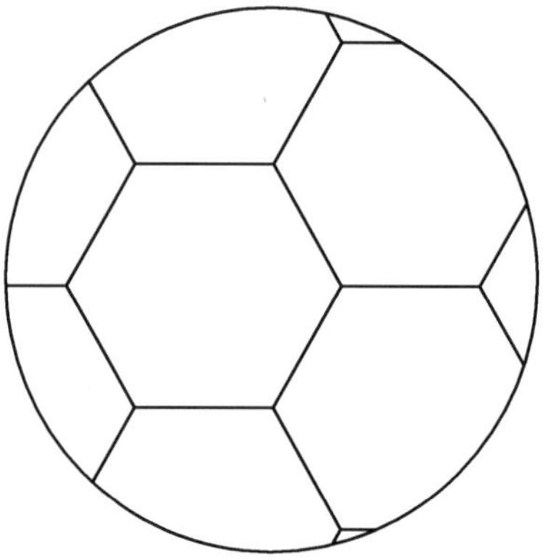

图 8.17　修剪结果 2

(7)填充剖面线。

单击菜单“绘图”→“图案填充”,或者单击“绘图”工具栏上的(图案填充)按钮,执行 BHATCH 命令,AutoCAD 弹出“图案填充和渐变色”对话框,从中进行设置,如图 8.18 所示。

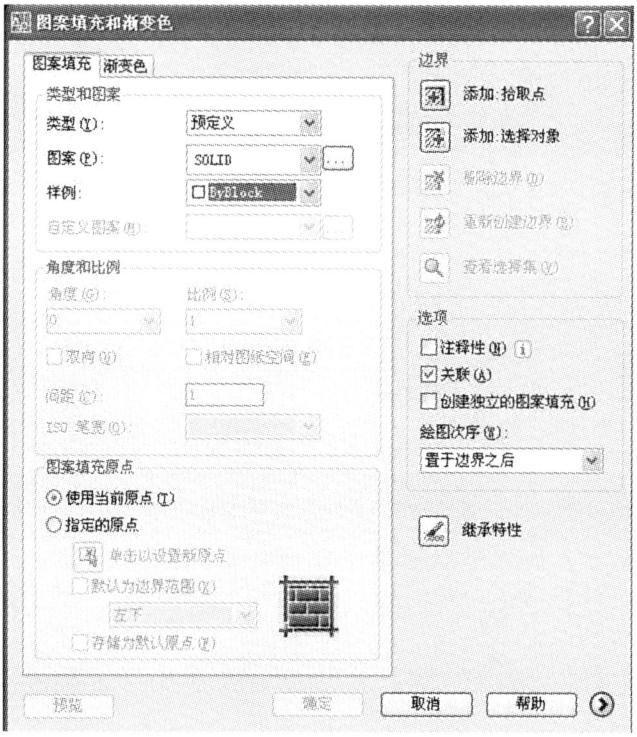

图 8.18　填充设置 2

可以看出,已将填充图案设为 SOLID,通过“拾取点”按钮,在要填充的区域内以拾取点的方式确定了填充区域,最后,可通过“预览”按钮预览填充结果。单击“确定”按钮,完成图案填充。结果如图 8.11 所示。

3. 绘制如图 8.19 所示的图形,并填充对应的图案。

主要步骤如下:

(1)绘制图形。

利用 AutoCAD2008 的各绘图命令绘制轮廓,如图 8.20 所示。

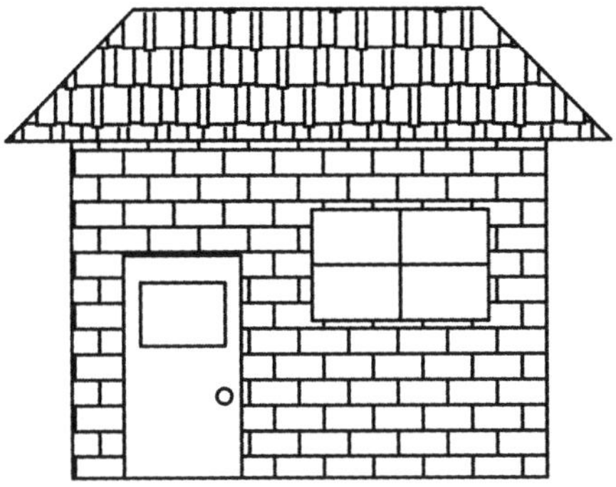

图 8.19　练习图 2

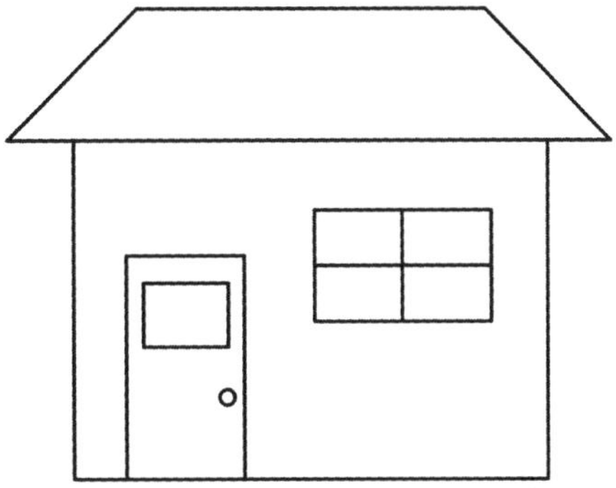

图 8.20　绘制轮廓

(2)填充屋顶。

将“细实线”图层设为当前图层。

执行 BHATCH 命令,AutoCAD 弹出“图案填充和渐变色”对话框,从中进行对应的设置,如图 8.21 所示。

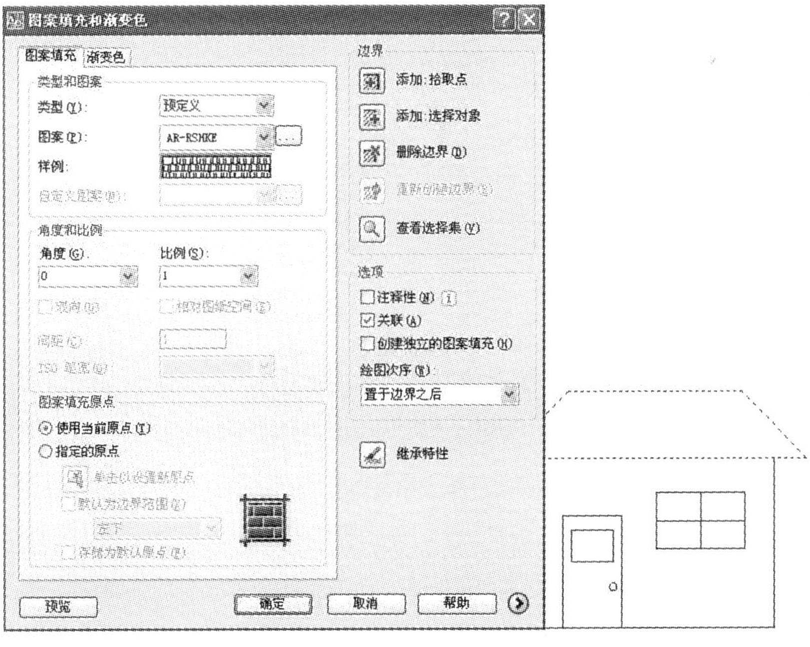

图 8.21　填充屋顶设置

从图中可以看出,已将填充图案设为 AR-RSHKE,填充角度设为 0,填充比例设为 1,

通过“拾取点”按钮,在要填充的区域内(即房顶)以拾取点的方式确定填充区域。单击对话框中“确定”按钮,完成图案的填充,结果如图 8.22 所示。

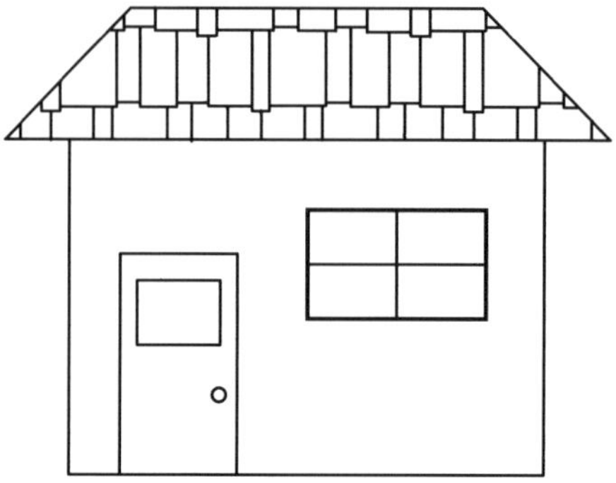

图 8.22　填充屋顶

(3)填充墙体。

执行 BHATCH 命令,通过“图案填充和渐变”对话框进行墙体填充设置,如图 8.23 所示。

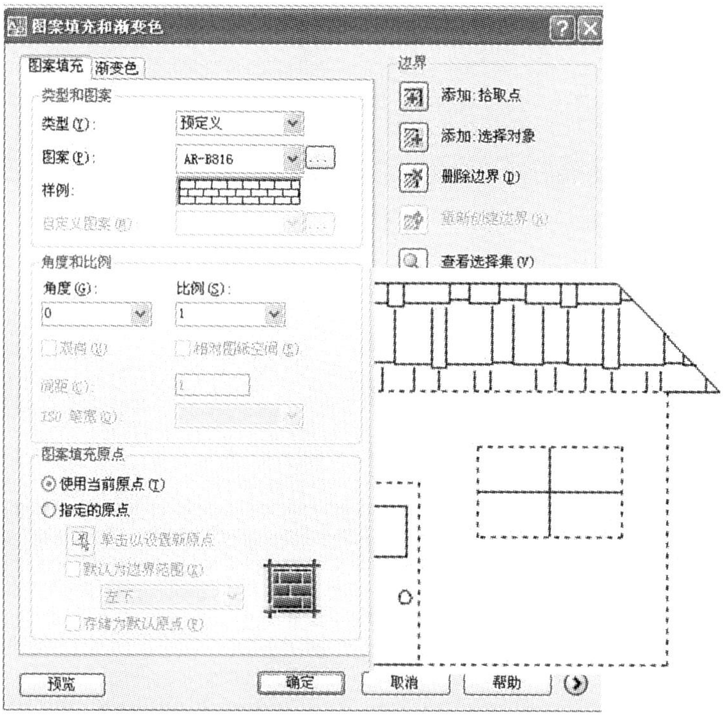

图 8.23　填充墙体设置

从图中可以看出,已将填充图案设为 AR−B816,填充角度设为 0,填充比例设为 1,通过“拾取点”按钮,在要填充的区域内(即墙面)以拾取点的方式确定了填充区域。单击对话框中“确定”按钮,完成图案的填充,结果如图 8.24 所示。

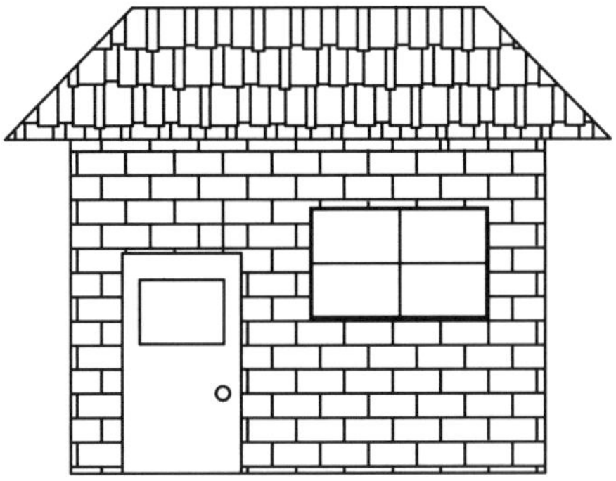

图 8.24　填充墙体

4. 绘制如图 8.25 所示的图形，并填充对应图案。

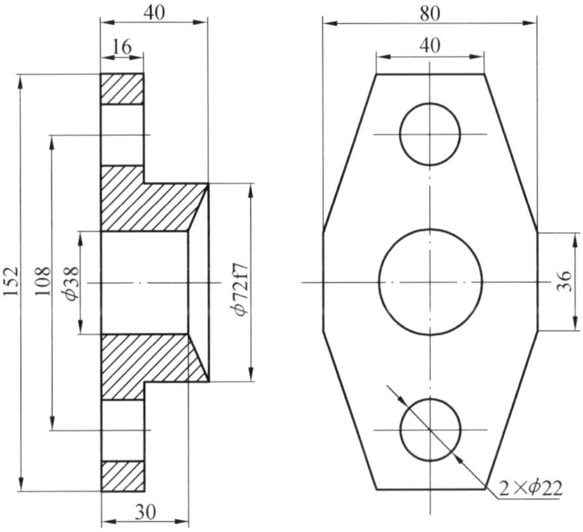

图 8.25　练习图 3

5. 绘制如图 8.26 所示的图形，并填充对应图案。

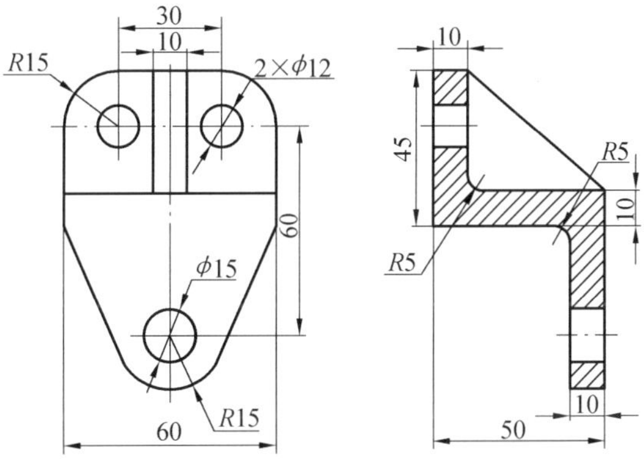

图 8.26　练习图 4

上机练习 2　编辑图案

1. 试将如图 8.19 所示房屋的墙体图案修改成渐变色，结果如图 8.27 所示。

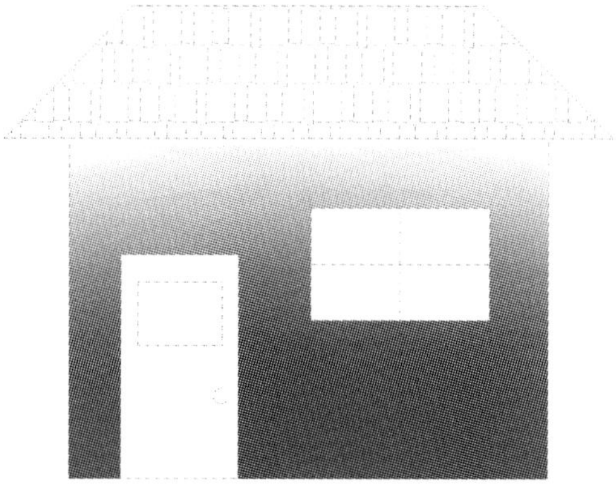

图 8.27　练习图 5

操作步骤如下：

首先，打开如图 8.19 所示的对应图形，然后，双击房屋墙体图案，AutoCAD 弹出“图案编辑”对话框，从“渐变色”选项卡中进行对应的设置，如图 8.28 示。

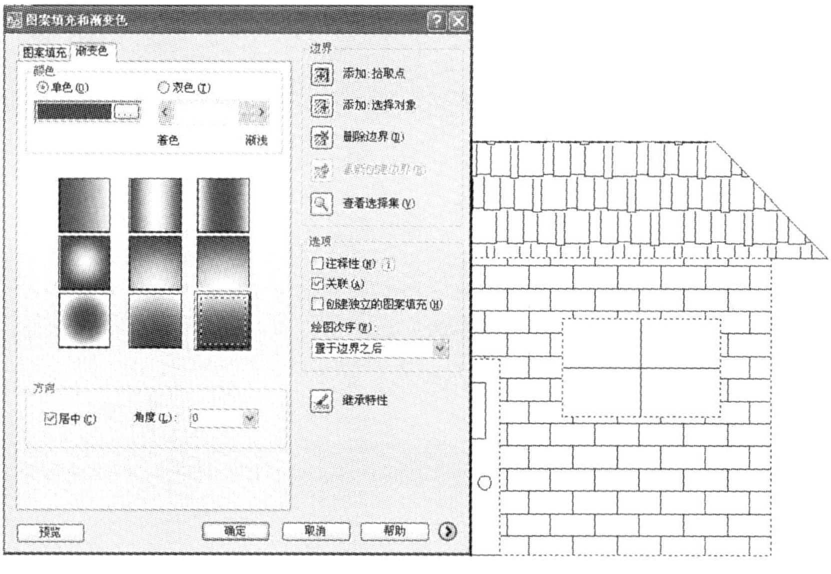

图 8.28　填充设置 3

对话框左下方位置有用来表示填充效果的九个方框，选择位于右下角的填充模式作为填充方式。单击“确定”按钮，即可得到如图 8.27 所示的结果。

2. 更改如图 8.25 所示的填充图案的线条间隔，使其距离为 1.5，如图 8.29 所示。

操作步骤如下：

首先，打开如图 8.25 所示的图形，然后，双击填充图案（即剖面线），AutoCAD 弹出“图案填充编辑”对话框，从“图案填充”选项卡中进行相应的设置，如图 8.30 所示。

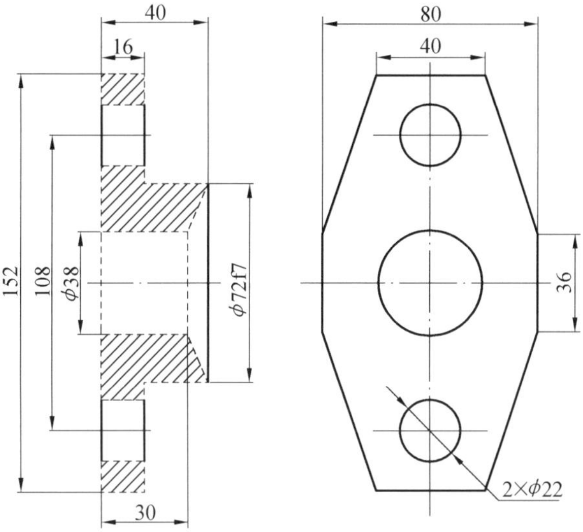

图 8.29　修改结果 1

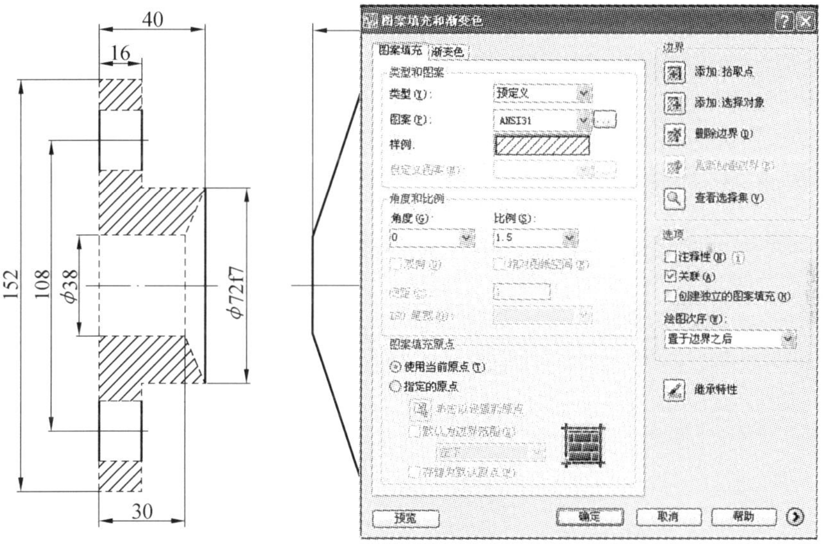

图 8.30　填充设置 4

从对话框中可以看出,已将“比例”从原来的 1 更改为 1.5。单击“确定”按钮,即可得到如图 8.29 所示的结果。

3. 更改如图 8.26 所示的填充图案的线条间隔,使其距离为 2,如图 8.31 所示。

操作步骤如下:

首先,打开如图 8.26 所示的图形,然后,双击填充图案(即剖面线),AutoCAD 弹出“图案填充编辑”对话框,从“图案填充”选项卡中进行相应的设置,如图 8.32 所示。

从对话框中可以看出,已将“比例”从原来的 1 更改为 2。单击“确定”按钮,即可得到图 8.31 所示结果。

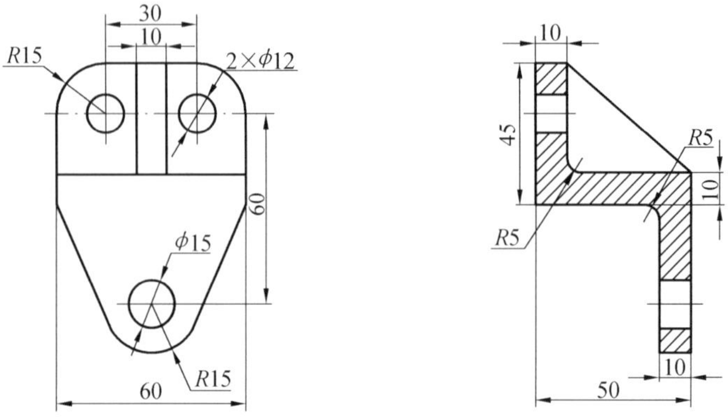

图 8.31　修改结果 2

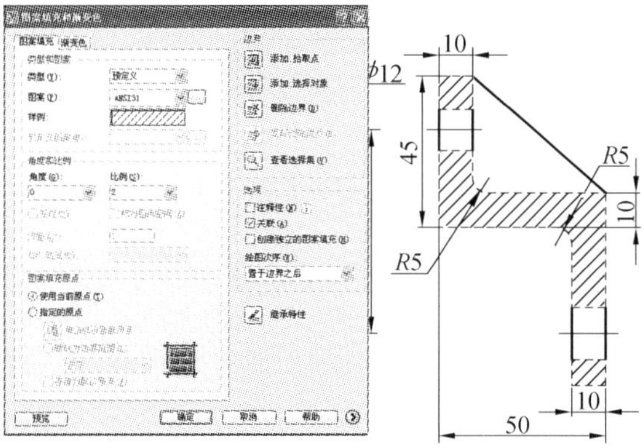

图 8.32　填充设置 5

第 9 章　块、属性与外部参照

上机练习 1　创 建 块

1. 绘制如图 9.1 所示的螺钉，将两个视图定义成单独的块，分别命名为：螺钉 1，螺钉 2。

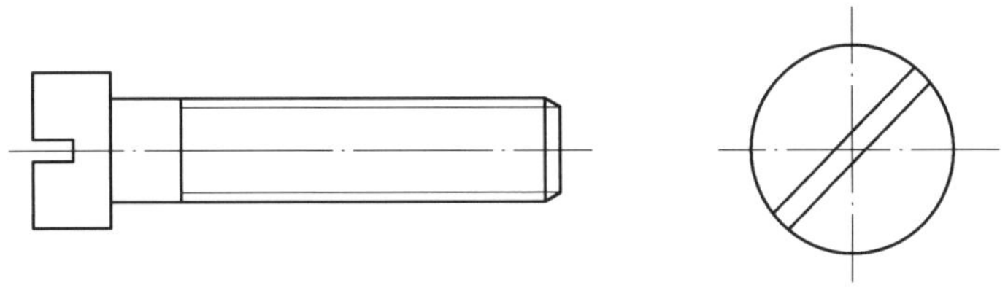

图 9.1　螺钉

操作步骤如下：

(1) 创建图层。

按照第 6 章介绍的方法创建图层(过程略)。

(2) 绘制螺钉。

在相应图层绘制如图 9.2 所示螺钉视图，结果如图 9.1 所示。

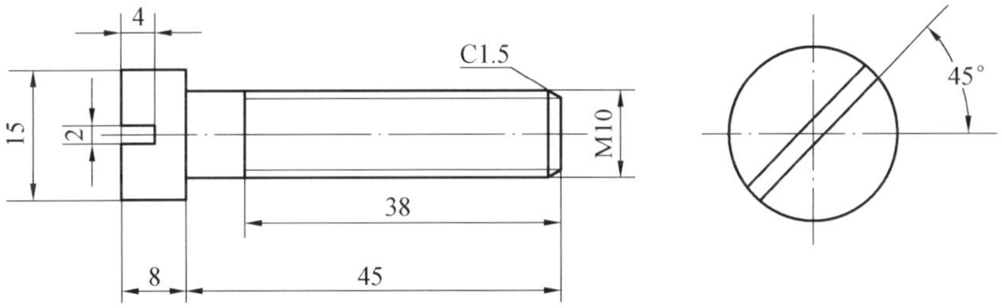

图 9.2　螺钉图

(3) 创建块“螺钉 1”。

单击下拉菜单“绘图”→“块”→“创建”，或单击“绘图”工具栏中的按钮，以及在命令行内输入“BLOCK”命令，都可执行创建内部块命令，AutoCAD 弹出“块定义”对话框，进行相应设置，结果如图 9.3 所示。

在图 9.3 所示的“块定义”对话框中，“名称”文本框中输入块名称“螺钉 1”；“基点”确定是通过拾取点的方式，利用对象捕捉功能拾取如图 9.3 左侧螺钉视图所示位置作为块的基点；“对象”通过“选择对象”按钮，选择螺钉视图作为块的对象，选择成功后会提示“已选择 18 个对象”；“说明”一栏中为“螺钉”。完成设置后，单击“确定”按钮，完成块“螺钉 1”的定义，AutoCAD 将图像中用于创建块的图形转换成块。

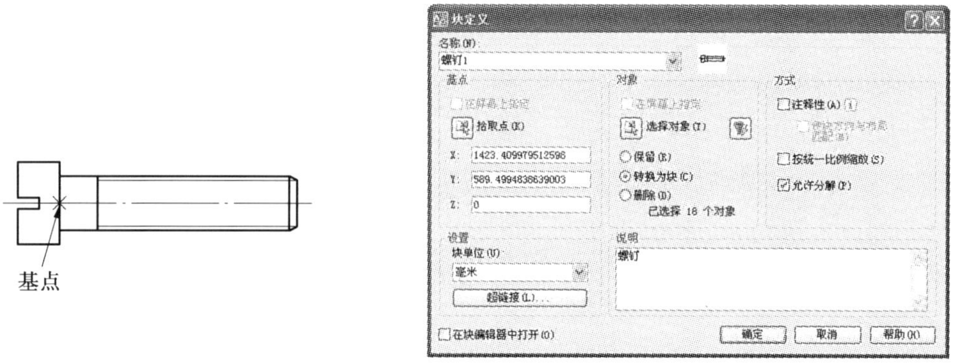

图 9.3　“块定义”对话框设置 1

(4)创建块“螺钉 2”。

再次执行 BLOCK 命令,对“块定义”对话框进行设置,如图 9.4 所示。

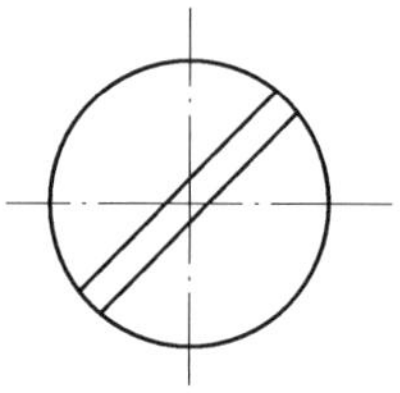

图 9.4　“块定义”对话框设置 2

在名称中输入“螺钉 2”;通过“拾取点”按钮,拾取两条中心线的交点作为块的基点,通过“选择对象”按钮,利用对象捕捉功能选择螺钉作为块的对象,单击“确定”完成螺钉 2 块的定义,AutoCAD 将图像中用于创建块的图形转换成块。

(5)保存图形。

将图形命名并保存。

2. 绘制如图 9.5 所示深沟球轴承符号,并将其定义成块,命名为“轴承”。

3. 绘制如图 9.6 所示标题栏,并将其定义成块,命名为“标题栏”。

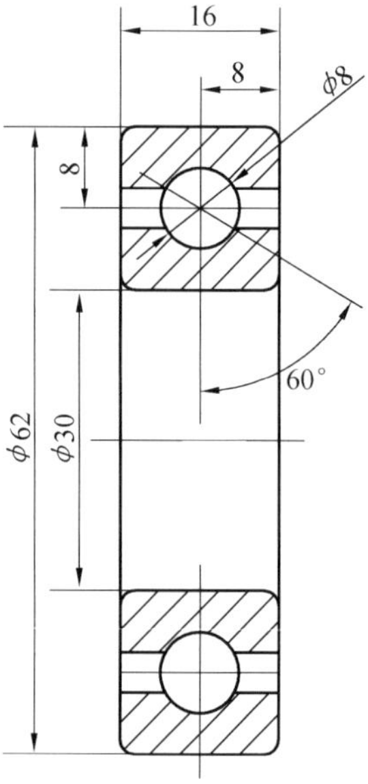

图 9.5　轴承

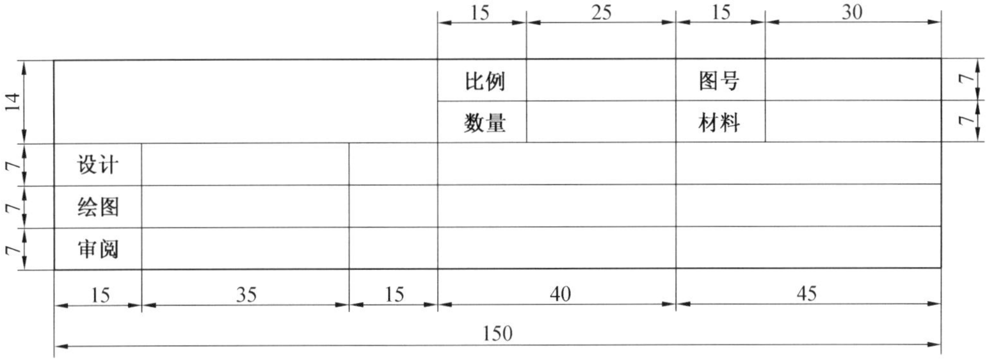

图 9.6　标题栏 1

上机练习 2　创建外部块

1. 将上机练习 1 中已经制作完成的螺钉块创建外部块，分别命名为螺钉 1. dwg，螺钉 2. dwg。

操作步骤如下：

首先，打开绘图文件。

通过命令行输入“WBLOCK”命令，AutoCAD 弹出“写块”对话框，对其进行设置，如图 9.7 所示。

图 9.7　“写块”对话框 1

在“写块”对话框中，“源”区域选项，选择“块”选项，在右边的下拉列表中选择已经完成创建的“螺钉 1”块作为源对象；“基点”和“对象”也随之确定，不需要再次选择；在“目标”区域中的“文件名称和路径”输入框中，输入文件名“螺钉 1”和相应的保存位置，单击“确定”按钮，完成第一个块的创建。

按照相同的方法将已有块螺钉 2 写入磁盘。

2. 将上机练习 1 中的轴承图形作为源,创建外部块,命名为“深沟球轴承. dwg”。

操作步骤如下:

(1)打开已经完成绘制的轴承图形文件;

(2)通过命令行输入“WBLOCK”, AutoCAD 弹出“写块”对话框,对其进行设置,如图 9.8 所示;

(3)在“写块”对话框“源”区域中,选择“对象”选项;

(4)单击“基点”区域中的“拾取点”按钮,指定图形的插入基点;

(5)单击“对象”区域中的“选择对象”按钮,用窗口方式选择轴承;

(6)在“目标”区域中的“文件名称和路径”输入框中,输入文件名“深沟球轴承”和相应的保存位置;

(7)单击“确定”按钮,完成创建。

图 9.8　“写块”对话框 2

上机练习 3　插 入 块

1. 打开绘图文件“第 9 章\图 9.9a. dwg”(图 9.9(a)),在图中相应位置插入上机练习 1 中建立的螺钉块,并对图形进行编辑,得到如图 9.9(b)所示结果。

操作步骤如下:

(1)打开图形文件。

(2)插入块。

单击下拉菜单“插入”→“块” 或单击“绘图”工具栏上插入块按钮,即可执行插入块 INSERT 命令,AutoCAD 弹出“插入块”对话框,进行相应设置,结果如图 9.10 所示。

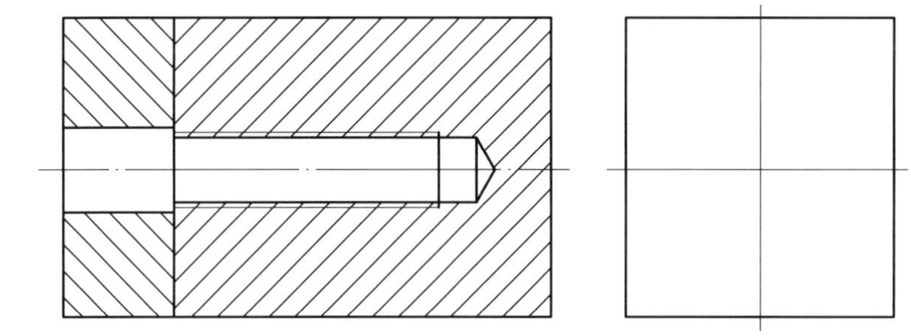

(a) 插入块前

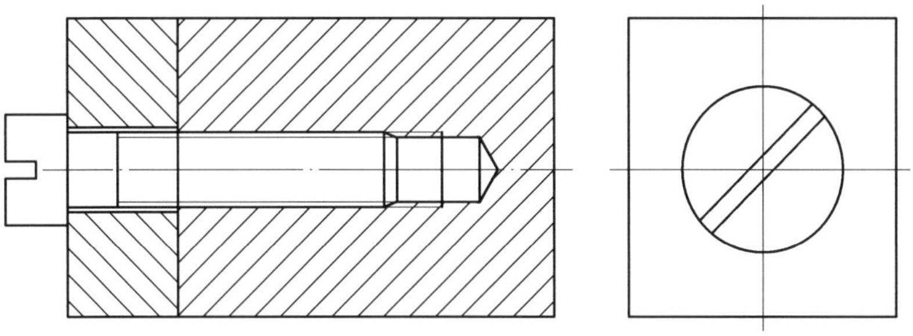

(b) 插入块后

图 9.9　插入螺钉块

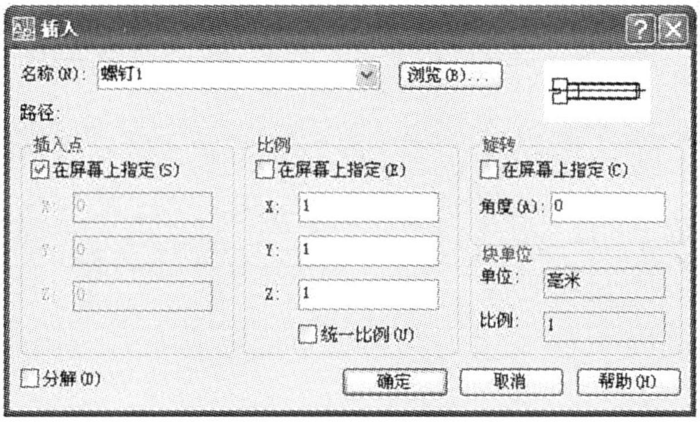

图 9.10　“插入块”对话框设置

在“名称”下拉菜单中，选择“螺钉 1”选项；单击“插入点”区域中的“在屏幕上指定”按钮，指定图形的插入基点；在“比例”区域中，分别将 X、Y、Z 方向的比例设置为 1，在“旋转”区域中，“角度”设置为 0；单击“确定”按钮，完成设置，AutoCAD 切换到绘图屏幕，并在命令行出现提示：

指定插入点或［基点(B)/比例(S)/X/Y/Z/旋转(R)］：

在此提示下，在左侧视图中，捕捉左端面与中心线交点作为插入点，即可将“螺钉 1”块插入，按照同样的方法在右侧视图中以两条中心线的交点为基点插入块“螺钉 2”，得到结果如图 9.11 所示。

(3)修剪。

单击下拉菜单“修改”→“修剪”或单击“修改”工具栏上的(修剪)按钮,AutoCAD 执行修剪命令,在命令提示行会显示:

选择剪切边……

选择对象或 <全部选择>:(此时,用鼠标选择图9.11 左侧视图中,圆圈圆心所在两条直线,并按回车确认)

选择对象:找到 1 个,总计 2 个(选择上下两条线后计算机提示选择两个对象)

选择对象:

选择要修剪的对象,或按住 Shift 键选择要延伸的对象,或

[栏选(F)/窗交(C)/投影(P)/边(E)/删除(R)/放弃(U)]:(选择两个圆之间的竖直线段)

最后,将螺钉内螺纹部分的粗实线改成细实线,即可得到如图 9.9(b)所示的结果。

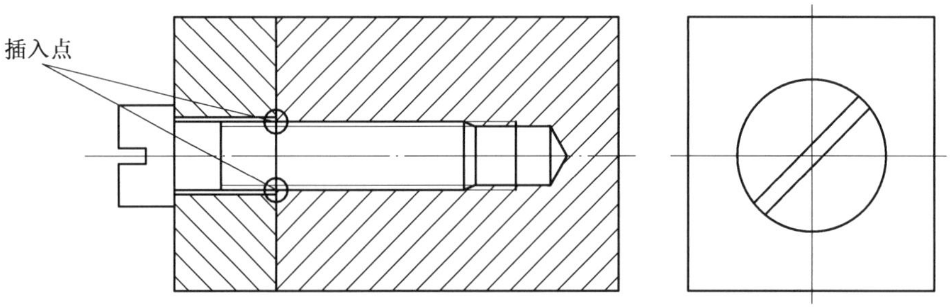

图 9.11　插入块

2. 定义如图 9.12(a)所示的表面粗糙度符号块,并将其插入到绘图文件“第 9 章\图 9.12. dwg”中,得到如图 9.12(b)所示的结果。

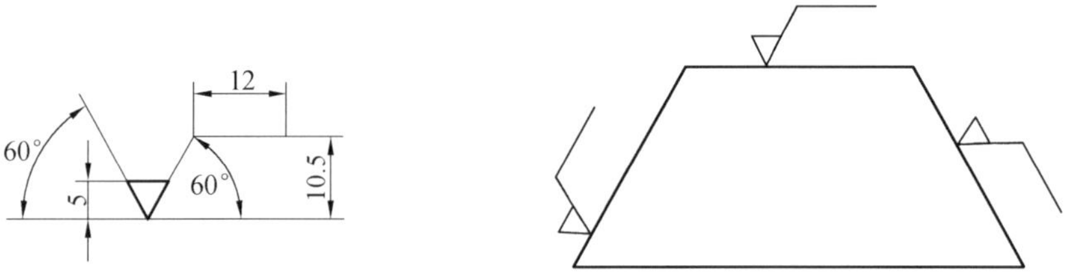

(a) 插入块前　　　(b) 插入块后

图 9.12　插入表面粗糙度 1

操作步骤如下:

(1)创建图层。

按照第 6 章介绍的方法创建图层(过程略)。

(2)绘制表面粗糙度符号。

在相应图层绘制如图 9.12(a)所示表面粗糙度符号。

(3)创建外部块。

通过命令行输入“WBLOCK”, AutoCAD 弹出“写块”对话框,对其进行设置,如图

9.13所示,“源”区域中,选择“对象”选项;“基点”区域中选择“拾取点”按钮。利用对象捕捉功能将表面粗糙度符号下端点作为基点,点击“确定”完成设置。

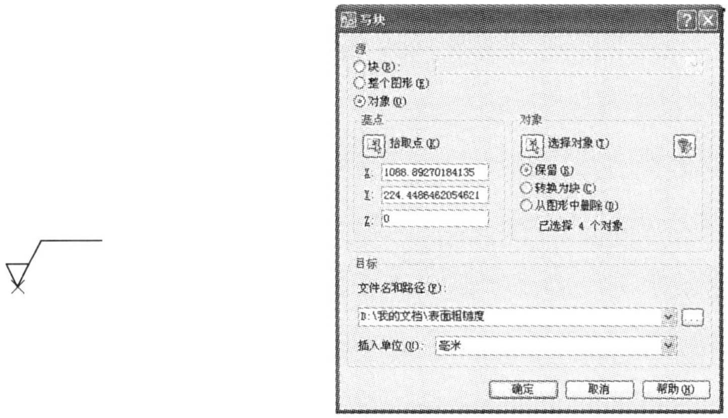

图 9.13　“写块”对话框 2

(4)插入块。

单击下拉菜单“插入”→“块”执行插入块命令,AutoCAD 弹出“插入块”对话框,对其进行相应设置,结果如图 9.14(a)所示,其中“旋转”区域中,“角度”一栏修改为“60”,得到如图 9.14(b)所示的结果。

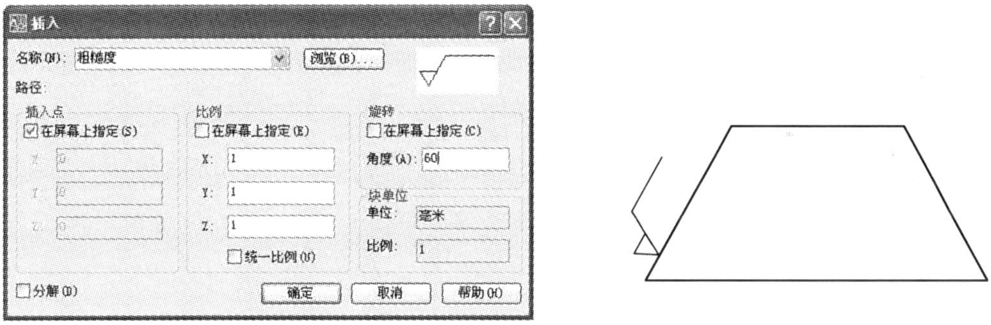

(a) 插入块设置　　(b) 插入块后

图 9.14　插入表面粗糙度 2

重复上述操作,分别在“角度”一栏中输入“0”和“-60”,即可得到如图 9.12(b)所示的最终结果。

3. 绘制如图 9.15(a)所示 A4 图纸图框,在图中相应位置插入上机练习 1 中建立的标题栏块,得到如图 9.15(b)所示的结果。

操作步骤如下:

(1)创建图层、绘制图形。

按照第 6 章介绍的方法创建图层(过程略),并在相应图层绘制 A4 图纸图框,结果如图 9.15(a)所示。

(2)插入块。

插入在上机练习 1 中建立的标题栏块。单击下拉菜单“插入”→“块”执行插入块命

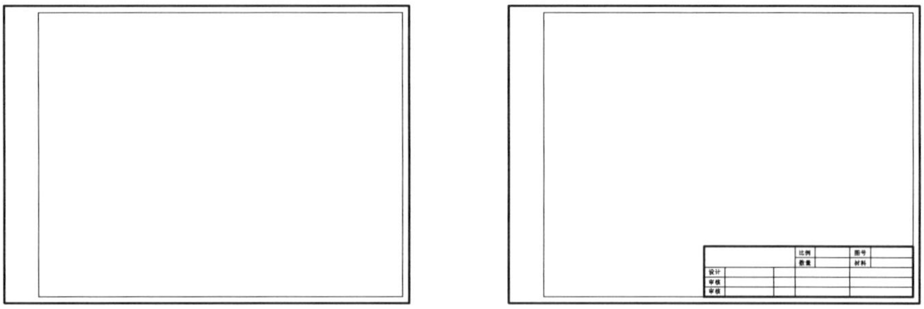

(a) 插入块前　　(b) 插入块后

图 9.15　插入标题栏

令，AutoCAD 弹出“插入块”对话框，对其进行相应设置，结果如图 9.16 所示。其中“插入点”区域选择“在屏幕上指定”，利用对象捕捉功能，将图框右下角点作为插入点。

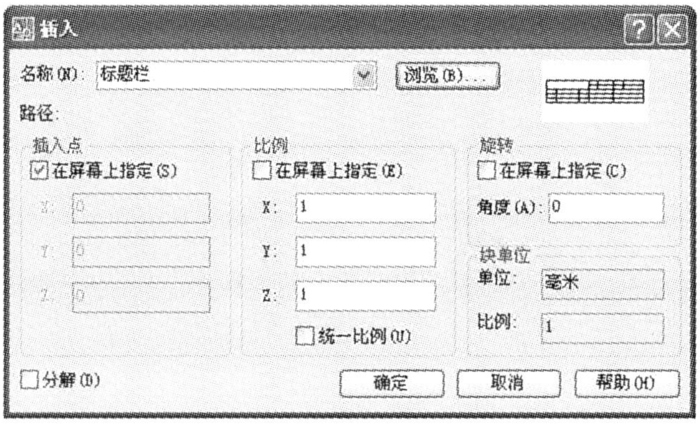

图 9.16　“插入块”对话框

4. 打开绘图文件“第 9 章\图 9.17. dwg”(图 9.17(a))，在图中相应位置插入上机练习 1 中建立的深沟球轴承块，并对图形进行编辑，得到如图 9.17(b)所示的结果。

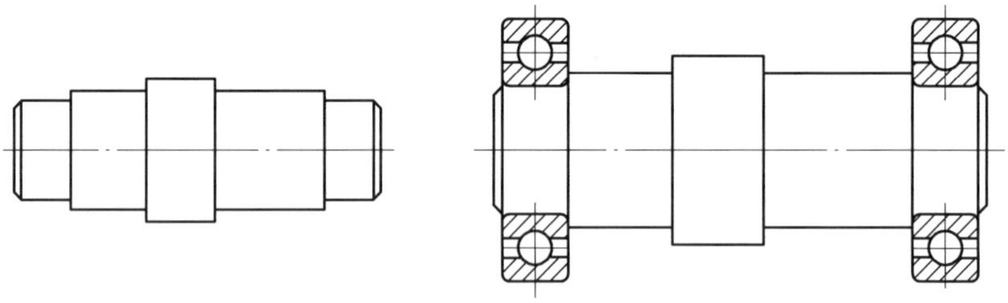

(a) 插入块前　　(b) 插入块后

图 9.17　插入深沟球轴承块

上机练习 4　属　性

1. 定义如图 9.18 所示的表面粗糙度符号块。

操作步骤如下：

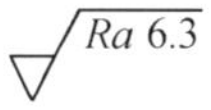

图 9.18　表面粗糙度符号

(1)绘制图形。

按照上机练习 3 中图 9.12(a)所示的尺寸要求,绘制表面粗糙度符号。

(2)定义文字样式。

单击下拉菜单“格式”→“文字样式”,执行修改文字样式命令,AutoCAD 弹出“文字样式”对话框,单击对话框右侧“新建”按钮,AutoCAD 弹出“新建文字样式”对话框,在 “样式名”文本框中,输入想要建立的文字样式的名称“汉字”,点击“确定”,设置结果如图 9.19 所示。点击“确定”按钮后,对“文字样式”对话框进行相应设置如图 9.20 所示,设置完成后单击“应用”按钮确认设置,最后单击“关闭”按钮退出文字样式对话框。

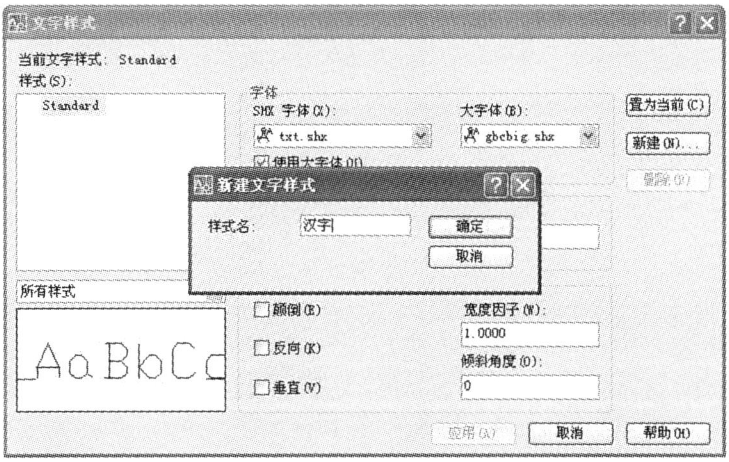

图 9.19　新建文字样式

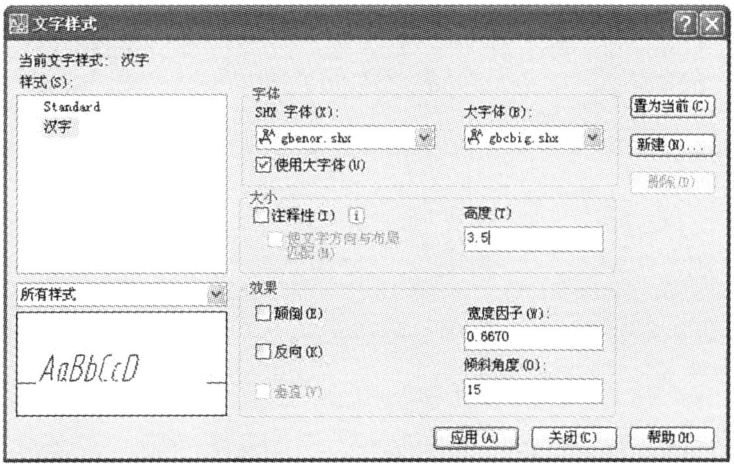

图 9.20　文字样式设置

(3)定义属性。

在文字图层内,单击下拉菜单“绘图”→“块”→“定义属性”,AutoCAD 弹出“属性定义”对话框,在该对话框中进行属性定义,如图 9.21 所示。

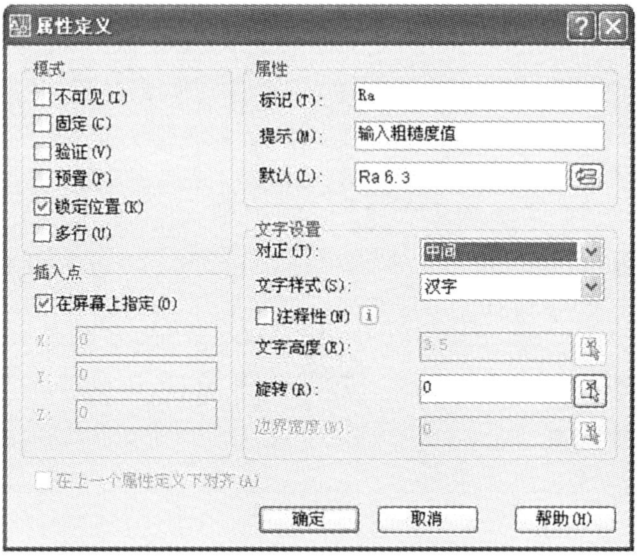

图 9.21　属性定义

在“属性”区域中，“标记”文本框中输入“Ra”，“提示”文本框中输入“输入粗糙度值”，在“默认”一栏中，将粗糙度默认值设置为“Ra 6.3”；“插入点”区域选择“在屏幕上指定”；“文字设置”区域中，选择已经建立的“汉字”文字样式，“对正方式”选择“中间”，完成设置后，单击“确定”按钮，对话框关闭，同时命令提示行提示：

指定起点：通过鼠标拾取粗糙度，横线正下方作为文字插入点，得到如图 9.22 所示的结果。

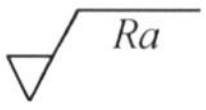

图 9.22　定义属性的表面粗糙度符号

(4)创建块。

单击下拉菜单“绘图”→“块”→“创建”，或单击“绘图”工具栏上的(创建块)按钮，AutoCAD弹出“块定义”对话框，进行相应设置，结果如图 9.23 所示。

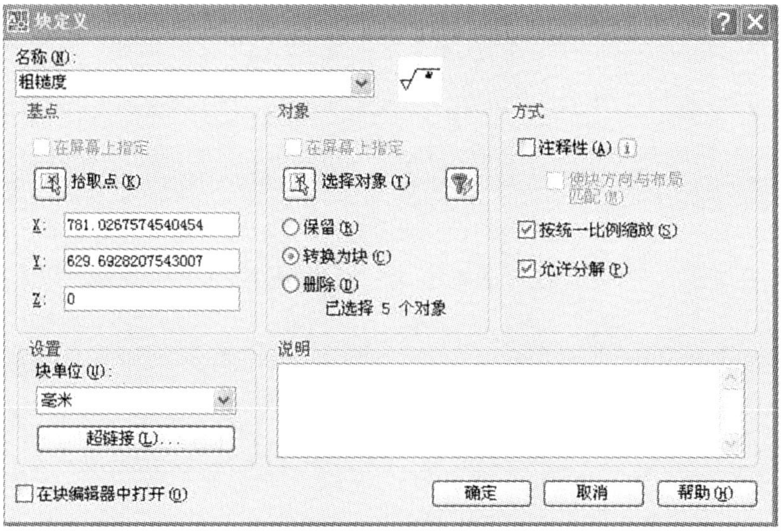

图 9.23　定义块

捕捉表面粗糙度符号的底部顶点为基点，便于以后插入块时的操作，点击“确定”完成设置，此时，AutoCAD 弹出“编辑属性”对话框，如图 9.24 所示。单击“确定”完成块定义，得到带有属性的块，如图 9.18 所示。

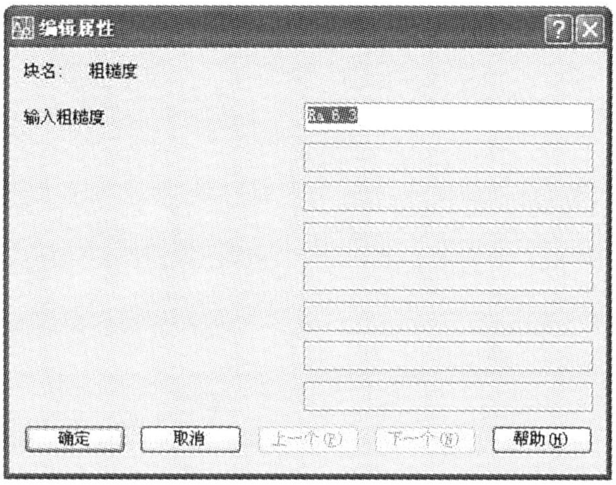

图 9.24　编辑属性

(5)保存块。

通过命令行输入“WBLOCK”执行“写块”命令，将图块保存到指定位置，如图 9.25 所示。

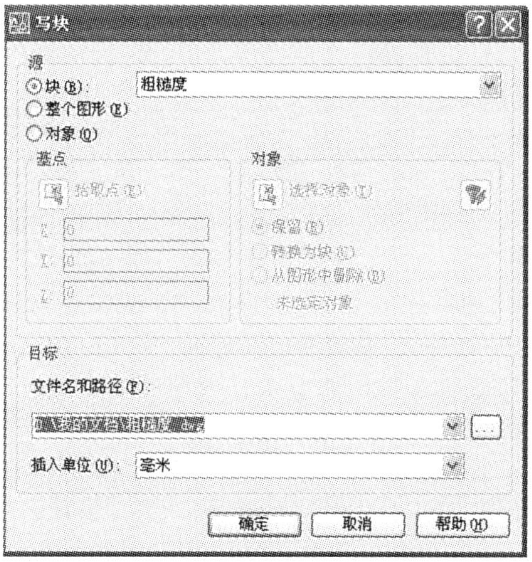

图 9.25　写块

2. 打开上机练习 1 中绘制的标题栏，将其中需要填写的文字内容定义为属性，并将标题栏定义成块，得到如图 9.26 所示的结果。

操作步骤如下：

(1)打开图形文件。

打开上机练习 1 中绘制的标题栏图形文件。

<table>
<tr><td colspan="3" rowspan="2">（图样名称）</td><td>比例</td><td>（比例）</td><td>图号</td><td>（图号）</td></tr>
<tr><td>数量</td><td>（数量）</td><td>材料</td><td>（材料）</td></tr>
<tr><td>设计</td><td>（设计）</td><td>（日期 1）</td><td colspan="2" rowspan="3">（校名）</td><td colspan="2" rowspan="3">（班级、学号）</td></tr>
<tr><td>绘图</td><td>（绘图）</td><td>（设计 2）</td></tr>
<tr><td>审阅</td><td>（审阅）</td><td>（设计 3）</td></tr>
</table>

图 9.26　标题栏 2

（2）定义“图样名称”属性。

在文字图层内，单击下拉菜单“绘图”→“块”→“定义属性”，AutoCAD 弹出“属性定义”对话框。

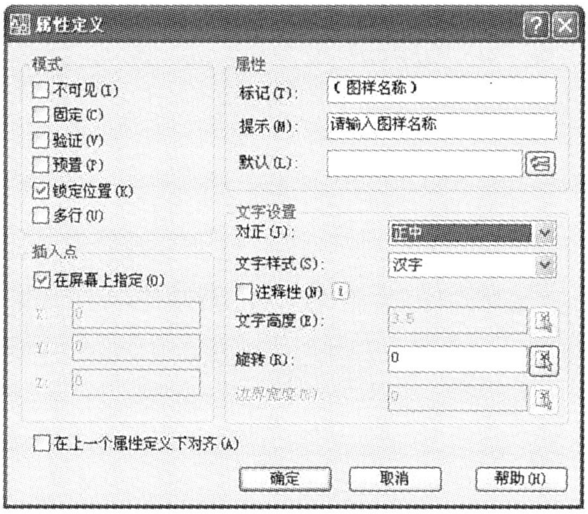

图 9.27　定义“图样名称”属性

在该对话框中进行属性定义，“标记”文本框中填入“（图样名称）”，“提示”文本框中填入“请输入图样名称”以便后续插入图块的操作，“默认”文本框中不填写，“文字设置”中选用“正中”，单击“确定”按钮，完成设置，如图 9.27 所示。

此时，AutoCAD 关闭对话框的同时在命令行出现提示：

指定起点：

在此提示下，在指定位置单击鼠标左键，完成“（图样名称）”的属性定义，相应的文字在图形中显示，如图 9.28 所示。

（3）定义其他属性。

利用下拉菜单“绘图”→“块”→“定义属性”命令，分别将标题栏中其他需要的文字定义属性，得到如图 9.26 所示的结果。

（4）创建外部块。

通过命令行输入“WBLOCK”执行写块命令，此时 AutoCAD 弹出“写块”对话框，对其进行设置，如图 9.29 所示。

(图样名称)			比例		图号	
			数量		材料	
设计						
绘图						
审阅						

图 9.28　定义“(图样名称)”属性的标题栏

图 9.29　“写块”设置

在“源”区域选择“对象”，将整个标题栏图形作为“源”，利用“对象捕捉”功能，捕捉标题栏右下角点作为块的插入“基点”，单击“确定”完成外部块创建。

上机练习 5　插入带属性的块

1. 绘制如图 9.30 所示图形，并插入带有属性的表面粗糙度符号块。

操作步骤如下：

(1)绘制图形。

按照如图 9.30 所示的尺寸，绘制图形。

(2)插入带属性的块。

单击下拉菜单“插入”→“块” 或单击“绘图”工具栏上的(插入块)按钮，即可执行插入块 INSERT 命令，AutoCAD 弹出“插入块”对话框，在“名称”区域，选择在上机练习 4 中建立的带有属性的表面粗糙度符号块，“插入点”通过“在屏幕上指定”的方式获得，设置完成结果如图 9.31 所示，单击“确定”按钮。

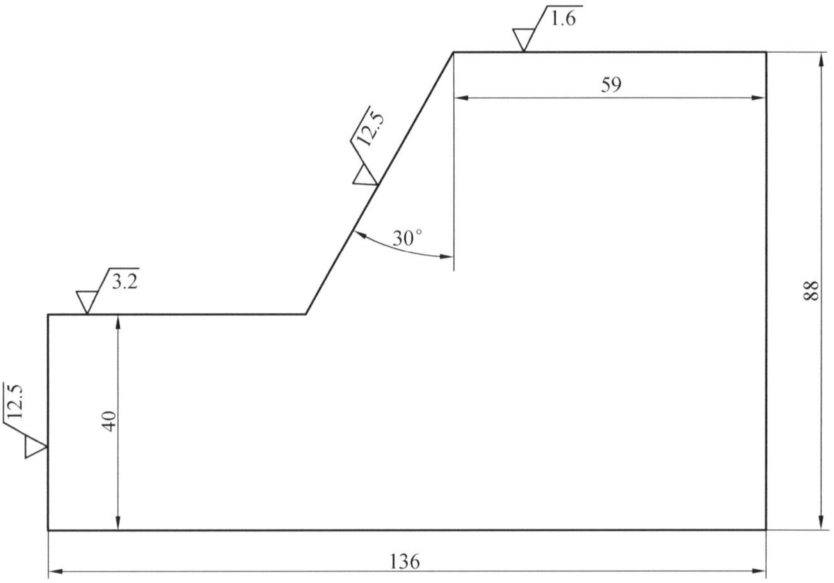

图 9.30　插入带属性的块

图 9.31　“插入块”设置 1

对话框关闭,AutoCAD 命令提示行出现提示:

命令:INSERT

指定插入点或［基点(B)/比例(S)/X/Y/Z/旋转(R)］:(指定插入点)

输入属性值

R <Ra 6.3>:(通过键盘输入 1.6)

完成第一个带有属性的块插入,重复上述命令,在 AutoCAD 弹出“插入块”对话框时,在“旋转”区域中“角度”文本框中输入“60”,其他设置同上,如图 9.31 所示,单击“确定”按钮。

对话框关闭,AutoCAD 命令提示行出现提示:

命令:INSERT

指定插入点或［基点(B)/比例(S)/X/Y/Z/旋转(R)］:(指定插入点)

输入属性值

R <Ra 6.3>:(通过键盘输入 12.5)

图 9.32　“插入块”设置 2

结果如图 9.33 所示。

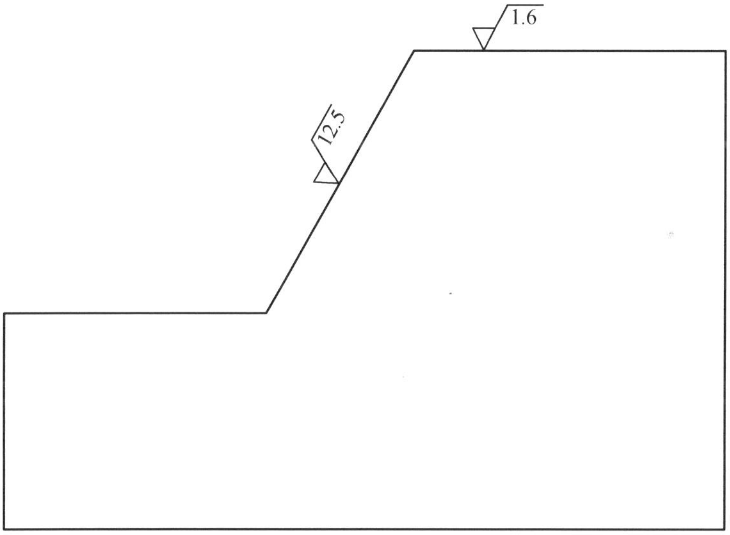

图 9.33　“插入块”设置 3

重复上述操作步骤，插入其他块，最终可得到如图 9.30 所示的结果。

2. 绘制 A4 图纸图框，在图中相应位置插入上机练习 4 中建立的标题栏块，得到如图 9.34 所示的结果，其中标题栏内容如图 9.35 所示。

操作步骤如下：

(1)绘制图形。

绘制 A4 图框如图 9.34 所示。

(2)插入带属性的块。

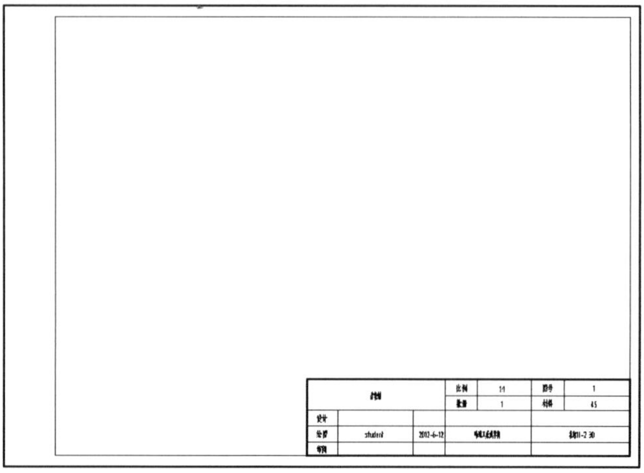

图 9.34　插入标题栏块

<table>
<tr><td colspan="3" rowspan="2">齿轮轴</td><td>比例</td><td>1:1</td><td>图号</td><td>1</td></tr>
<tr><td>数量</td><td>1</td><td>材料</td><td>45</td></tr>
<tr><td>设计</td><td></td><td></td><td colspan="2"></td><td colspan="2"></td></tr>
<tr><td>绘图</td><td>student</td><td>2012-6-12</td><td colspan="2">哈理工荣成学院</td><td colspan="2">机电 11-2-30</td></tr>
<tr><td>审阅</td><td></td><td></td><td colspan="2"></td><td colspan="2"></td></tr>
</table>

图 9.35　标题栏

单击下拉菜单“插入”→“块”或单击“绘图”工具栏上的按钮，执行插入块 INSERT 命令，AutoCAD 弹出“插入块”对话框，在“名称”区域，选择在上机练习 4 中建立的带有属性的标题栏块，“插入点”通过“在屏幕上指定”的方式获得，设置完成，结果如图 9.36 所示，单击“确定”按钮。

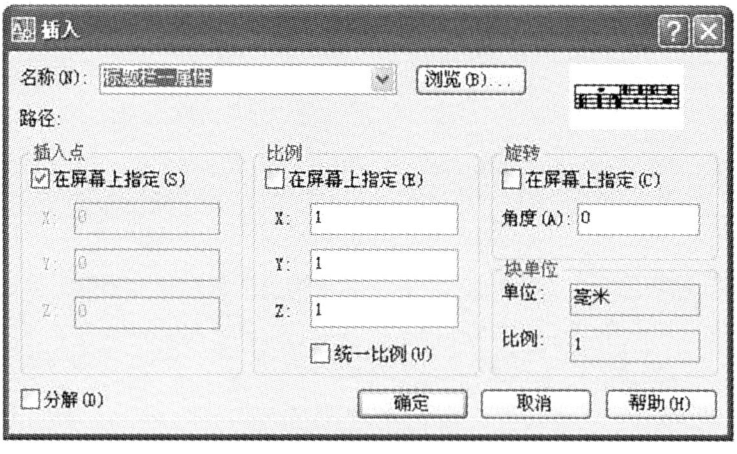

图 9.36　“插入块”设置 4

对话框关闭，AutoCAD 命令提示行出现提示：

命令：_ insert

指定插入点或［基点(B)/比例(S)/X/Y/Z/旋转(R)］:(指定插入点)
输入属性值
输入班级、学号:机电 11-2 -30
输入学校名称:哈理工荣成学院
输入审阅日期:
输入审阅者姓名:
输入绘图日期:2012-6-12
输入绘图者姓名:student
输入设计日期:
输入设计者姓名:
输入材料:45
请输入数量:1
请输入图号:1
请输入比例:1∶1
请输入图样名称:齿轮轴
最终得到如图 9.34 所示结果。

上机练习 6　编辑属性、填写标题栏

1. 修改如图 9.30 所示图形中的表面粗糙度数值,得到如图 9.37 所示的结果。

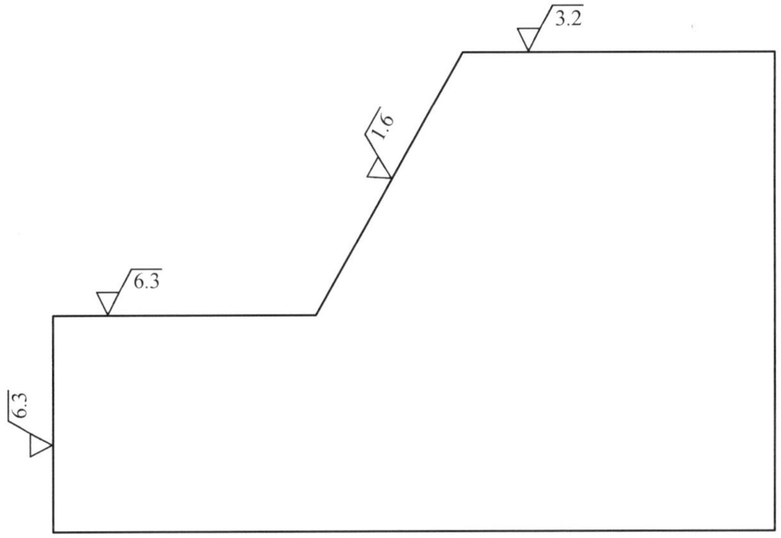

图 9.37　编辑属性

操作步骤如下:
(1)打开图形文件。
打开如图 9.29 所示的图形文件。

(2)编辑属性。

鼠标双击最左侧的表面粗糙度块,AutoCAD 弹出“增强属性编辑器”对话框,在“属性”文本框中,显示当前表面粗糙度数值为“12.5”,在最下面“值”文本框中,填入修改后的表面粗糙度数值“6.3”,此时,图形中的粗糙度数值相应地从“12.5”变成“6.3”。单击“确定”,完成第一个表面粗糙度数值的修改,得到如图 9.38 所示的结果。

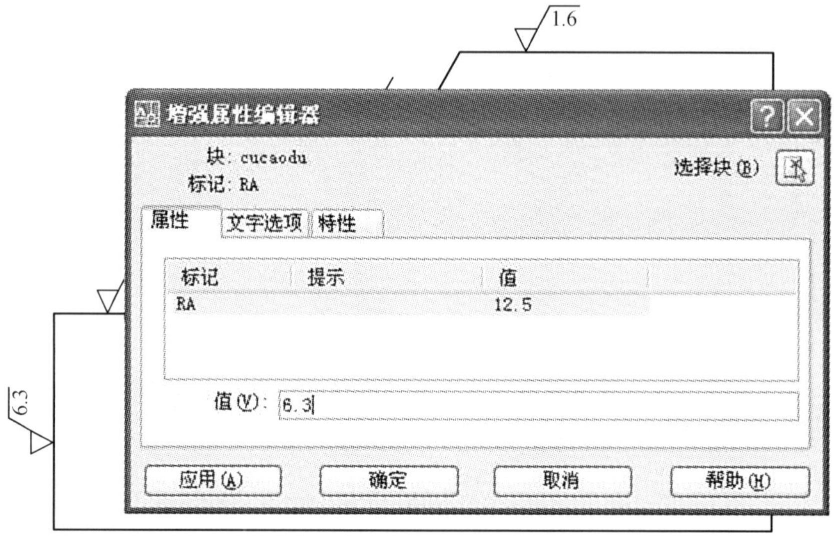

图 9.38　修改属性 1

按照同样的方法,双击其他需要修改的表面粗糙度符号块,修改粗糙度数值,即可得到如图 9.37 所示的结果。

2. 按照表 9.1 所示内容,修改如图 9.26 所示的图形中的标题栏内的文字,得到如图 9.39 所示的结果。

表 9.1　标题栏内容修改后结果

属性标记	属性值
材料	HT200
数量	1
图号	2
比例	1 : 2
图样名称	齿轮
绘图	李四
设计	张三
班级	3 班
学校	哈理工

齿轮轴			比例	1:2	图号	2
			数量	1	材料	HT200
设计	张三					
绘图	李四	2012-6-12	哈理工		3 班	
审阅						

图 9.39　修改标题栏属性

操作步骤如下：

(1)打开图形文件。

打开如图 9.26 所示的图形文件。

(2)编辑属性。

鼠标双击标题栏中“图样名称”一栏，AutoCAD 弹出“增强属性编辑器”对话框，如图 9.40 所示。在“属性”文本框中，显示当前标题栏图块中所有属性值，在“值”文本框中输入“齿轮”，图形中，标题栏内“图样名称”一栏的内容相应改变为“齿轮”，点击“应用”保存修改。得到如图 9.39 所示的结果。在“增强属性编辑器”对话框中“属性”一栏里点击下一个需要修改的内容“设计”，在“值”文本框中输入“张三”，即可修改相应的属性值，按照相同的操作方法，只需在“属性”中单击需要修改的属性，并在“值”文本框中填入修改后的属性值即可完成标题栏的属性修改。

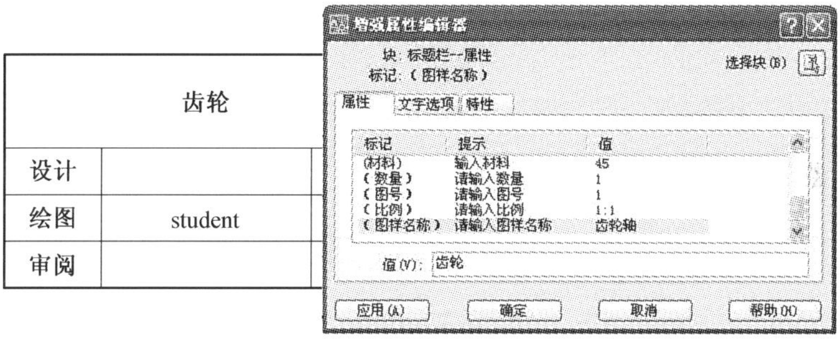

图 9.40　修改属性 2

上机练习 7　外部参照

1. 打开图形文件“第 9 章　外部参照”，如图 9.41(a)所示，以该图形为外部参照，插入轴承块。得到的结果如图 9.41(b)所示。

操作步骤如下：

(1)打开图形文件。

打开“第 9 章　外部参照”图形文件。

(2)插入块。

单击下拉菜单“插入”→“DWG 参照”执行外部参照命令，此时 AutoCAD 弹出“选择参照文件”对话框，如图 9.42 所示，此时找到轴承块存放的位置，并单击“打开”。随后

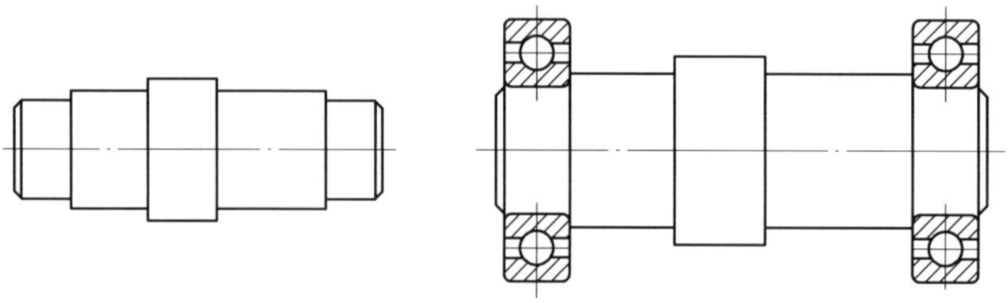

(a) 插入块前　　(b) 插入块后

图 9.41　通过外部参照插入轴承块

AutoCAD 弹出“外部参照”对话框，如图 9.43 所示，与“插入块”操作相似，通过“在屏幕上指定”的方式获得插入点，“比例”一栏可以按照需要数值填写。最后单击“确定”按钮完成设置。

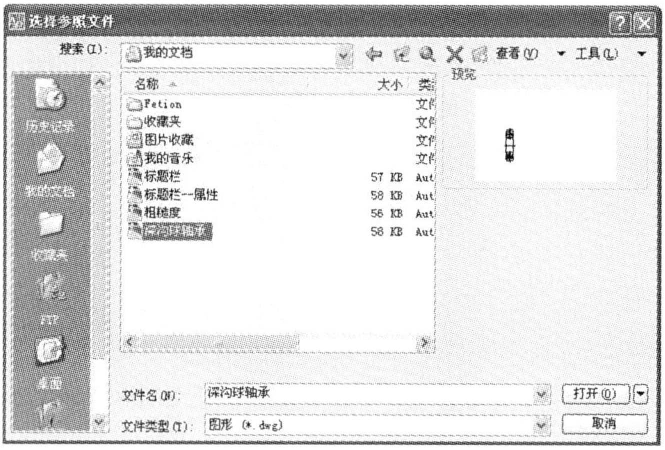

图 9.42　选择参照文件

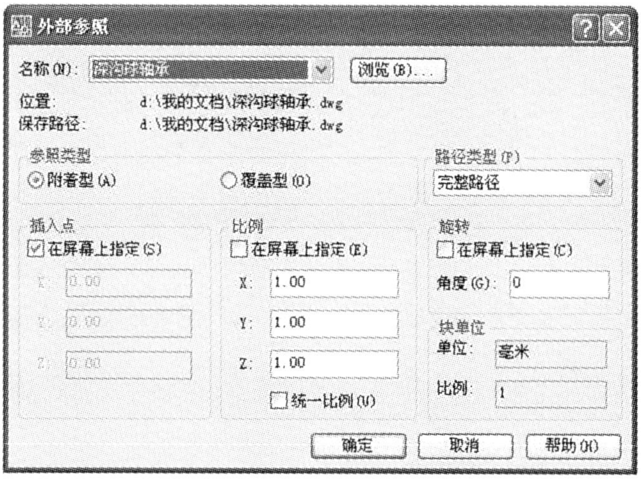

图 9.43　设置“外部参照”

AutoCAD 在命令行内提示：

命令:_ xattach

外部参照"深沟球轴承"已定义。

使用现有定义。

指定插入点或［比例(S)/X/Y/Z/旋转(R)/预览比例(PS)/PX/PY/PZ/预览旋转(PR)］:

通过对象捕捉的方式,获取插入点,轴承块即可插入在指定位置,按照同样的步骤进行操作,即可实现左右两个轴承的插入。得到如图 9.41(b)所示的结果。

2. 修改图 9.41(b)中参照的轴承图形剖面线的倾斜角度,使其与水平线倾斜 30°得到如图 9.44 所示结果。

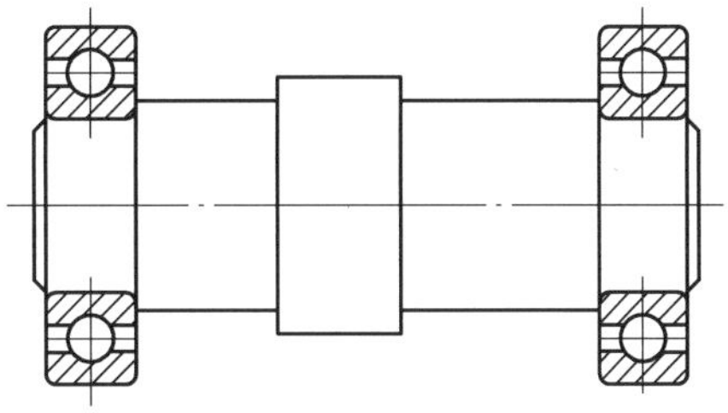

图 9.44　修改剖面线角度

操作步骤如下:

(1)打开图形文件。

打开"深沟球轴承"块的图形文件。

(2)修改剖面线倾斜角度。

在图形中,双击剖面线,AutoCAD 弹出如图 9.45 所示的"图案填充编辑器",在"角度"对话框中,选择"30",单击"确定",完成修改。

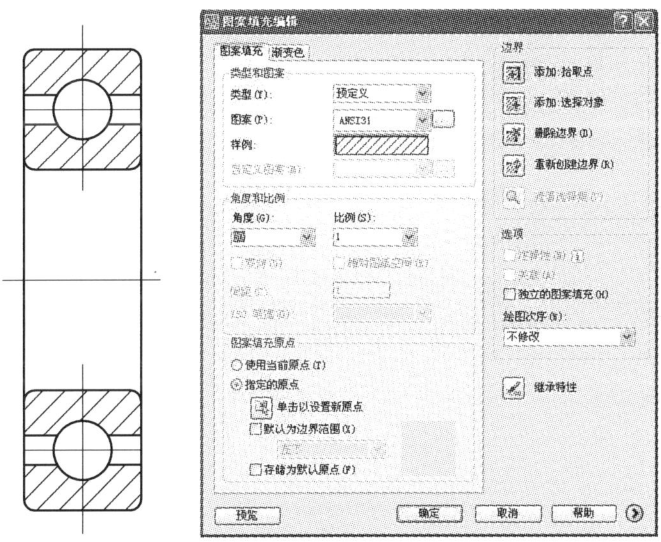

图 9.45　图案填充编辑

此时打开在上个练习中已经保存的如图 9.41(b)所示的图形文件,将得到如图 9.44 所示的结果,当图形中的参照发生变化时,图形也会随之改变。

第10章　尺　　寸

上机练习1　定义尺寸标注样式

定义尺寸样式,命名为“尺寸标注”。

操作步骤如下:

(1)定义文字样式。

按照第7章介绍的方法创建名称为“汉字”的文字样式。单击下拉菜单“格式”→“文字样式”,单击“新建”按钮, AutoCAD 弹出“新建文字样式”,对话框如图10.1所示,在“样式名”文本框中输入“汉字”,单击“确定”按钮,进入文字样式设置对话框,对相应的参数按照图10.2进行设置。

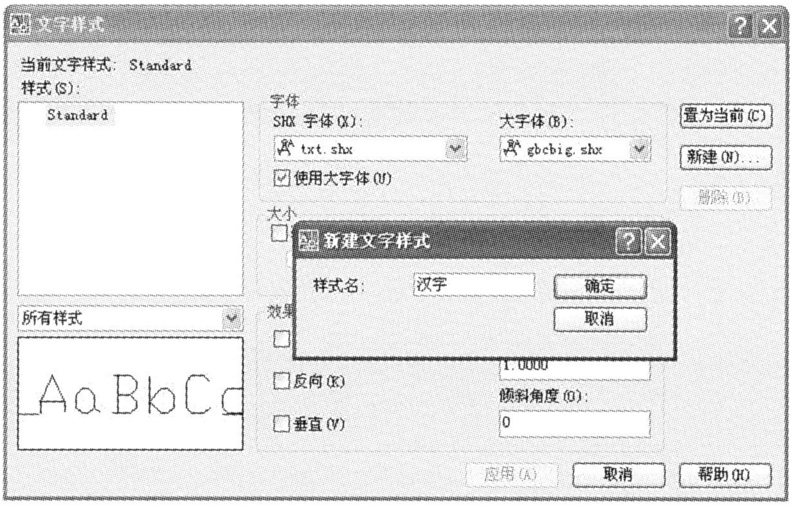

图10.1　新建文字样式

其中,字体 SHX 采用 gbenor. shx,大字体采用 gbcbig. shx,字高3.5,宽度因子为0.7,倾斜角度为15。

(2)定义标注样式。

单击下拉菜单“格式”→“标注样式”,或在下拉菜单“标注”中单击“标注样式”都可执行定义标注样式命令,此时 AutoCAD 弹出“标注样式管理器”对话框,如图10.3所示。

单击右上角的“新建”按钮,AutoCAD 弹出“创建标注样式”对话框,如图10.4所示,在“新样式名”中输入“尺寸标注”,其余选项选择默认值,单击右侧“继续”按钮。

图 10.2　设置文字样式

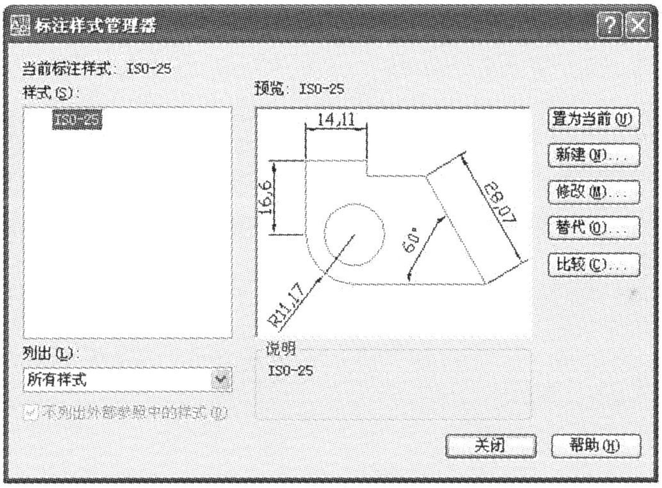

图 10.3　标注样式管理器 1

图 10.4　创建新标注样式

AutoCAD 弹出“新建标注样式”对话框，单击“线”选项卡，进行设置，如图 10.5 所示。

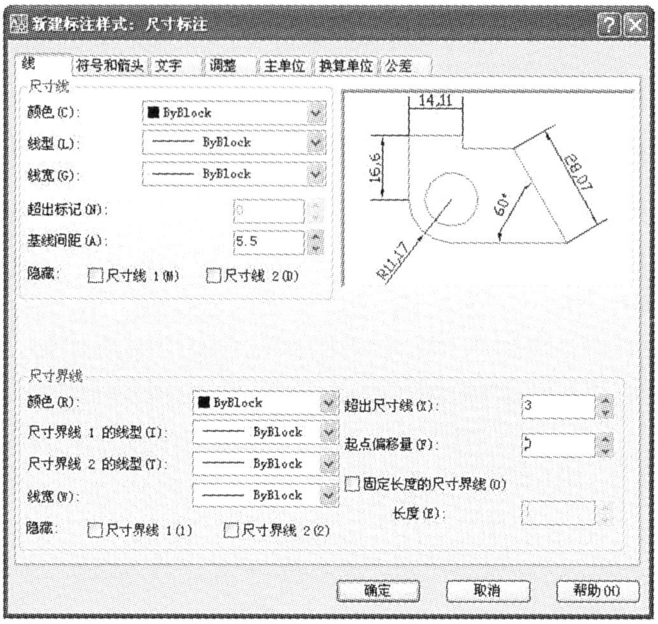

图 10.5　“线”选项卡

在“线”选项卡中，“基线间距”设置为“5.5”，“超出尺寸线”距离设置为“3”，“起点偏移量”设置为“0”，其余仍然按照默认值。

打开“符号和箭头”选项卡，如图 10.6 所示，将其中的“箭头大小”设置为“3”，“圆心标记”设置为“3”，其余采用默认值。

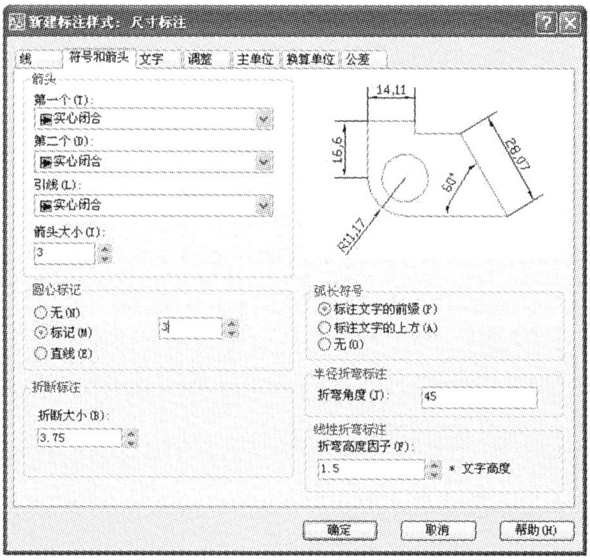

图 10.6　“符号和箭头”选项卡

打开“文字”选项卡，如图 10.7 所示，在“文字样式”一栏中选择已建立的“汉字”文字样式，在“文字位置”区域中，将“从尺寸线偏移”设置为“1”，其余采用默认值。

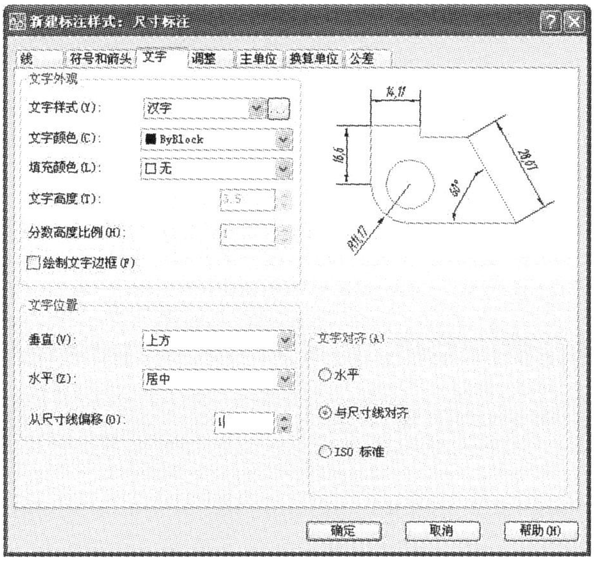

图 10.7　“文字”选项卡 1

打开“主单位”选项卡，如图 10.8 所示，在“线性标注”区域中，将“小数分隔符”设置为“句点”形式，其余采用默认值。

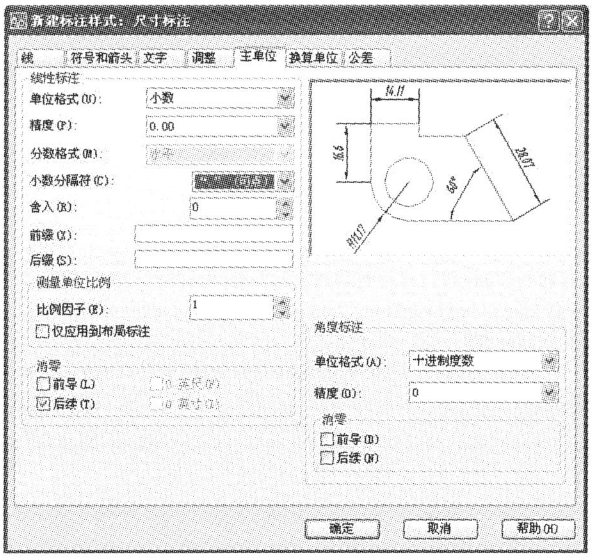

图 10.8　“主单位”选项卡

单击“确定”按钮，完成标注样式的确定，AutoCAD 返回到“标注样式管理器”，如图 10.9 所示。

从图 10.9 中可以看出，新建的“尺寸标注”已在样式列表中。但是这种尺寸标注样式却不符合国家标准对角度标注的要求，国家标准规定：标注角度尺寸时，尺寸数字一律

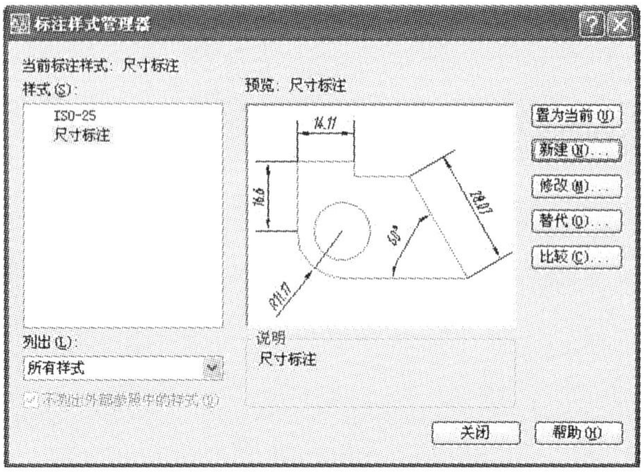

图 10.9　标注样式管理器 2

水平书写,且一般标注在尺寸线的中断处。因此,还需建立适合角度标注的标注样式。

操作如下:

完成上述标注样式创建之后,单击“新建”按钮,AutoCAD 弹出“创建标注样式”对话框,在“基础样式”下拉列表中选择刚刚建立的“尺寸标注”,在“用于”下拉列表中选择“角度”,结果如图 10.10 所示。

图 10.10　创建角度标注样式

单击“继续”AutoCAD 弹出“新建标注样式”对话框,单击“文字”选项卡,进行设置,在“文字对齐”区域中,选择“水平”,其他采用默认值,得到结果如图 10.11 所示。

单击“确定”按钮,完成标注样式的确定,AutoCAD 返回到“标注样式管理器”,如图 10.12 所示。

在“预览”框中可以看到已经建立的“角度标注”样式,单击“关闭”按钮,完成尺寸标注样式的定义。

最后,将图形文件保存到磁盘,以备后续操作使用。

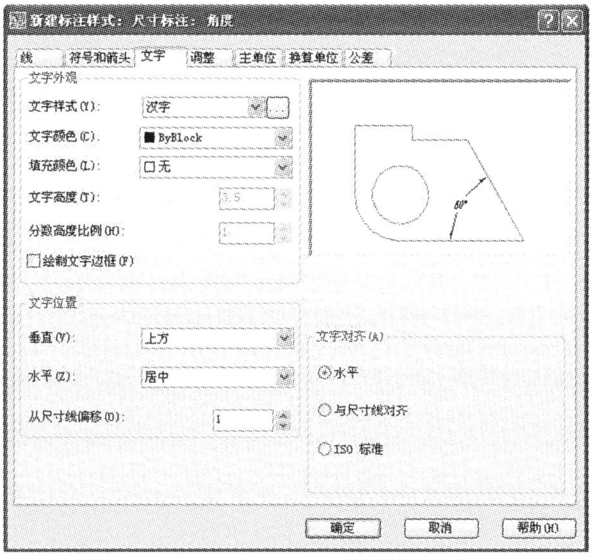

图 10.11　“文字”选项卡 2

图 10.12　标注样式管理器 3

上机练习 2　标注尺寸

1. 绘制如图 10.13 所示的图形，并对其进行尺寸标注。

操作步骤如下：

(1)绘制图形。

新建绘图文件，建立所需要的“粗实线、中心线、尺寸线”等图层，并在相应图层内，绘制如图 10.13 所示的图形。

(2)定义标注样式。

按照上机练习 1 的方法建立尺寸标注样式。

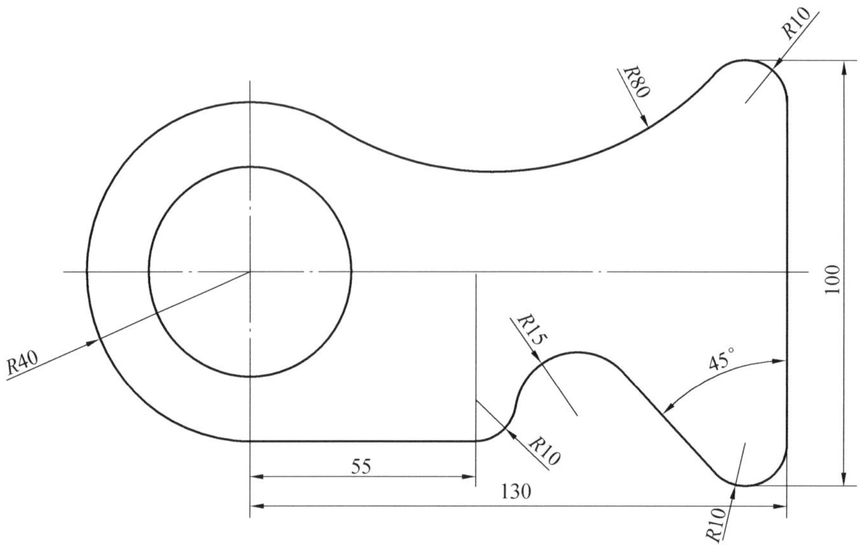

图 10.13　尺寸标注

(3)尺寸标注。

打开“标注”工具栏和“捕捉”功能,将“细实线”图层置为当前图层,将已经建立的“尺寸标注”样式置为当前标注样式。

①标注长度尺寸 55。

单击下拉菜单“标注”→“线性”或单击“标注”工具栏线性标注按钮,执行线性标注命令, AutoCAD 命令行出现提示:

指定第一条尺寸界线原点或 <选择对象>:(捕捉图 10.13 中左侧 *R*40 圆的圆心)

指定第二条尺寸界线原点:(捕捉图 10.13 中下方 *R*10 圆的圆心)

指定尺寸线位置或[多行文字(M)/文字(T)/角度(A)/水平(H)/垂直(V)/旋转(R)]:(拖动鼠标到合适的位置,单击鼠标)

标注文字 = 55

将得到如图 10.14 所示的尺寸标注结果。

②标注长度尺寸 130。

与标注“长度尺寸 55”操作方式类似,单击下拉菜单“标注”→“线性”执行线性标注命令,AutoCAD 命令行出现提示:

指定第一条尺寸界线原点或 <选择对象>:(捕捉图 10.13 中左侧 *R*40 圆的圆心)

指定第二条尺寸界线原点:(捕捉图 10.13 中最右侧竖线与中心线交点)

指定尺寸线位置或[多行文字(M)/文字(T)/角度(A)/水平(H)/垂直(V)/旋转(R)]:(拖动鼠标到合适的位置,单击鼠标)

标注文字 = 130

将得到如图 10.15 所示的尺寸标注结果。在标注“长度尺寸 130”的时候应注意与之

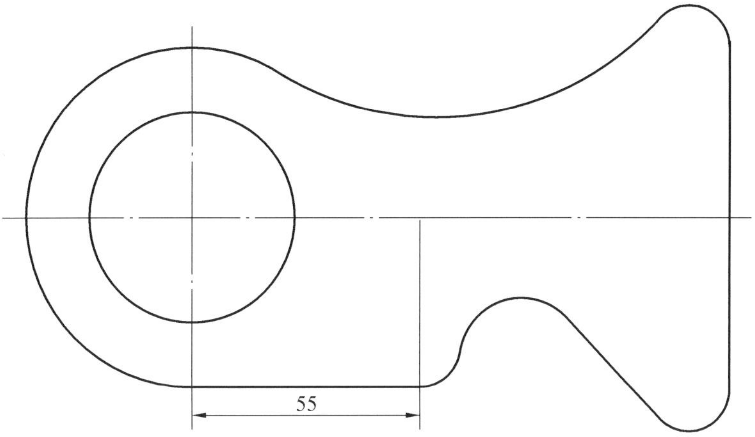

图10.14 标注尺寸55

前标注的“长度尺寸55”尺寸线之间的距离要进行合适的安排，不能过近或过远，应该按照国家标准的要求执行。

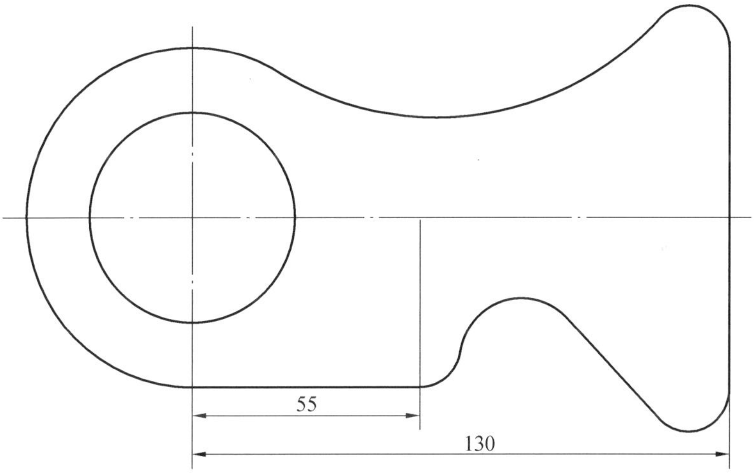

图10.15 标注尺寸130

③标注高度尺寸100。

与之前的两个尺寸操作方式依然类似，只是此次选取的点为竖直的高度尺寸，重复之前的步骤，单击下拉菜单“标注”→“线性”，执行线性标注命令，AutoCAD命令行出现提示：

指定第一条尺寸界线原点或 <选择对象>：(捕捉图10.13中右侧上方圆弧的切点)

指定第二条尺寸界线原点：(捕捉图10.13中右侧下方圆弧的切点)

指定尺寸线位置或[多行文字(M)/文字(T)/角度(A)/水平(H)/垂直(V)/旋转(R)]：(拖动鼠标到合适的位置，单击鼠标)

标注文字 = 100

将得到如图 10.16 所示的尺寸标注结果。

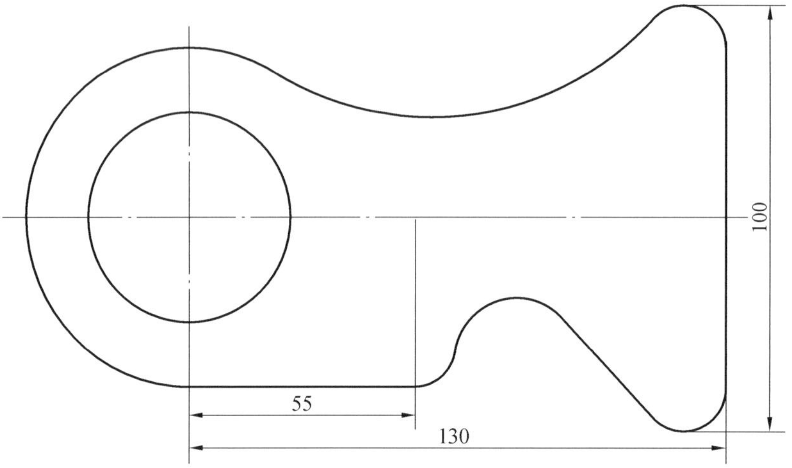

图 10.16　标注尺寸 100

④标注半径尺寸 *R*10。

单击下拉菜单“标注”→“半径”,执行 DIMRADIUS 命令,AutoCAD 命令行出现提示:

选择圆弧或圆:(选择图 10.13 中尺寸 55 右侧半径为 *R*10 的圆弧)

标注文字 = 10

指定尺寸线位置或[多行文字(M)/文字(T)/角度(A)]:(拖动鼠标到合适的位置,单击鼠标)

AutoCAD 图中将会显示已经标注的 *R*10 结果,如图 10.17 所示。

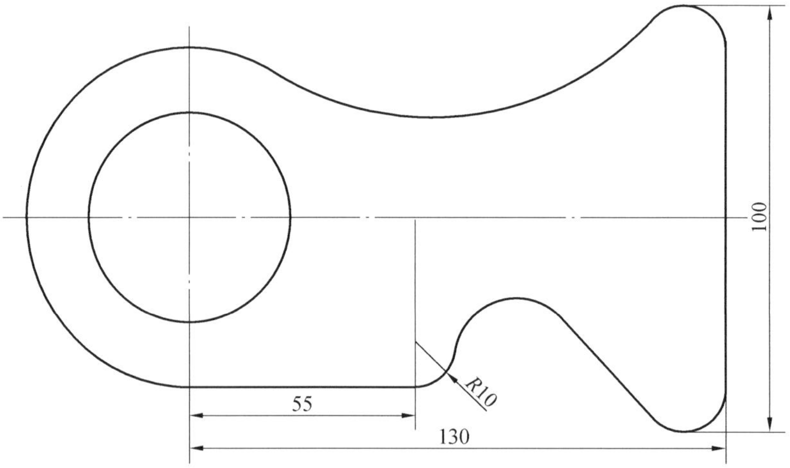

图 10.17　标注半径尺寸 *R*10

⑤标注半径尺寸 *R*15。

单击下拉菜单“标注”→“半径”,执行 DIMRADIUS 命令,AutoCAD 命令行出现提示:

选择圆弧或圆:(选择图 10.13 中 *R*15 的圆弧)

标注文字 = 15

指定尺寸线位置或[多行文字(M)/文字(T)/角度(A)]:(拖动鼠标到合适的位置,单击)

AutoCAD 图中将会显示已经标注的 *R*15,结果如图 10.18 所示。

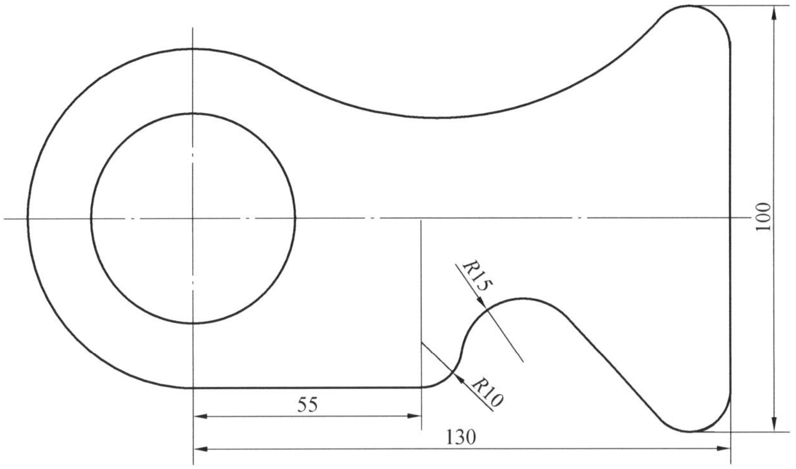

图 10.18　标注半径尺寸 *R*15

按照同样的操作方式,标注剩余的半径尺寸 *R*10、*R*80、*R*40 等,结果如图 10.19 所示。

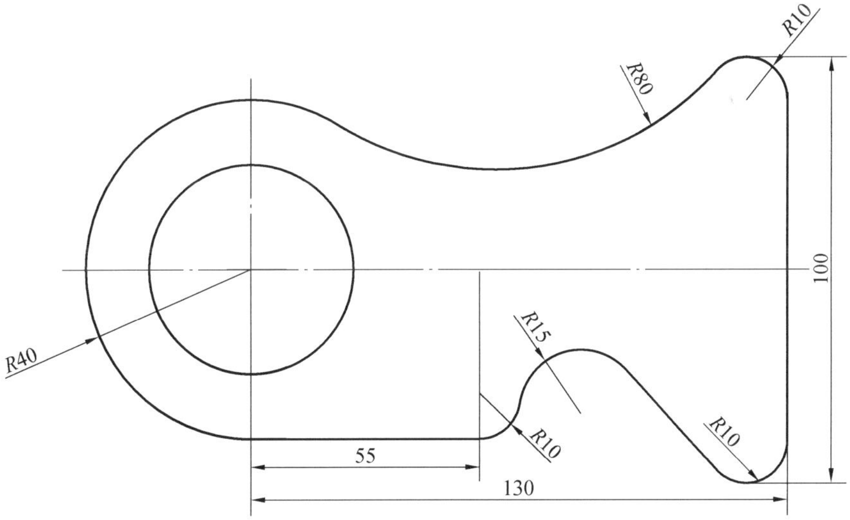

图 10.19　标注剩余半径尺寸

⑥标注直径尺寸 ϕ50。

为了获得图 10.13 所示的直径标注样式,需要在已经定义的尺寸样式基础上定义直径标注子样式,具体操作如下:

单击下拉菜单“格式”→“标注样式”或在下拉菜单“标注”中单击“标注样式”都可执行定义标注样式命令,此时 AutoCAD 弹出“标注样式管理器”对话框,如图 10.20 所示,单击“新建”按钮，AutoCAD 弹出“创建标注样式”对话框，在“基础样式”下拉列表中选择刚刚建立的“尺寸标注”，在“用于”下拉列表中选择“直径”，结果如图 10.21 所示。

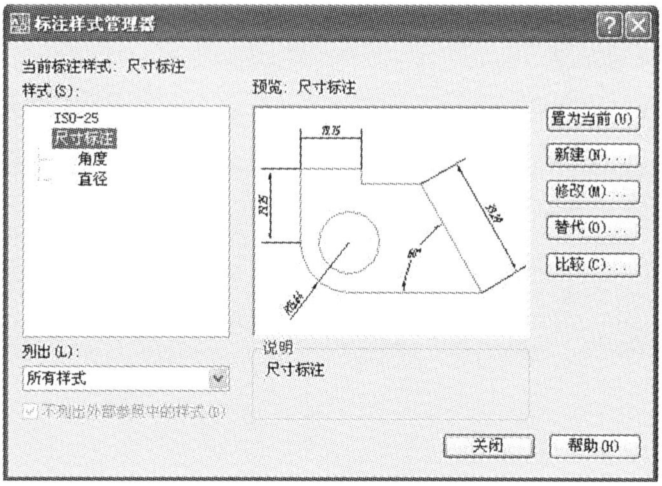

图 10.20　标注样式管理器 4

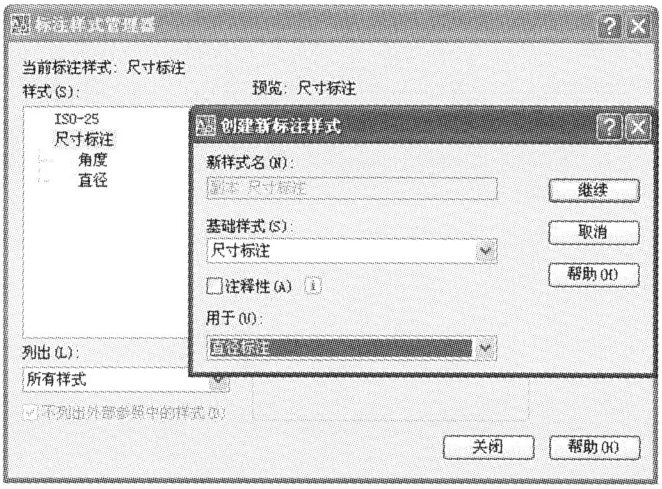

图 10.21　创建标注样式 1

单击“继续”按钮，AutoCAD 弹出“新建标注样式”对话框，单击“文字”选项卡进行设置，在“文字对齐”区域中，选择“水平”，其他采用默认值，得到结果如图 10.22 所示。

单击“确定”按钮，完成标注样式的确定，AutoCAD 返回到“标注样式管理器”，如图 10.23 所示。

单击下拉菜单“标注”→“直径”，执行 DIMDIAMETER 命令，AutoCAD 命令行出现提示：

选择圆弧或圆：(选择图 10.13 中左端圆作为标注对象)

标注文字 = 50

指定尺寸线位置或[多行文字(M)/文字(T)/角度(A)]：(拖动鼠标到合适的位置，单击)

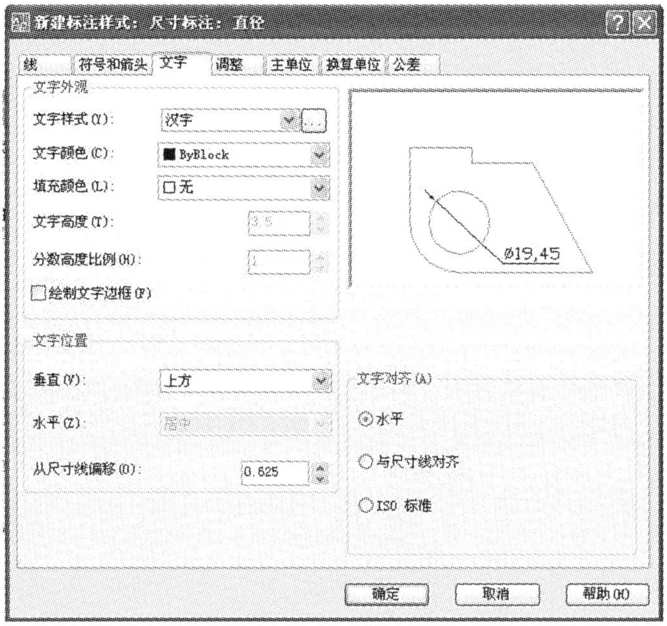

图 10.22　创建标注样式 2

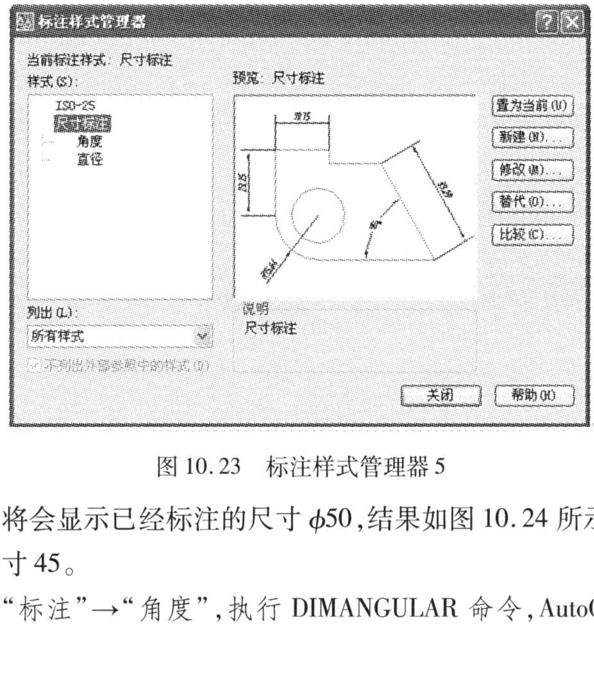

图 10.23　标注样式管理器 5

AutoCAD 图中将会显示已经标注的尺寸 ϕ50，结果如图 10.24 所示。

⑦标注角度尺寸 45。

单击下拉菜单“标注”→“角度”，执行 DIMANGULAR 命令，AutoCAD 命令行出现提示：

选择圆弧、圆、直线或 <指定顶点>：（单击图 10.13 中与 R15 相切的斜线段）

选择第二条直线：（单击图 10.13 中与 R10 相切的直线段）

指定标注弧线位置或［多行文字(M)/文字(T)/角度(A)/象限点(Q)］：（拖动鼠标到合适的位置，单击鼠标）

标注文字 = 45

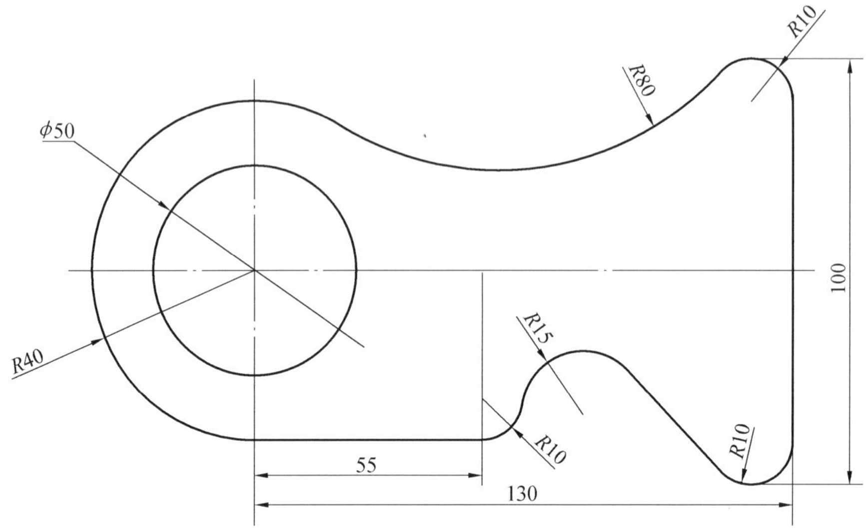

图 10.24　标注直径尺寸 1

AutoCAD 图中将会显示已经标注的尺寸 45°，所有尺寸标注完毕，结果如图 10.13 所示。

2. 绘制如图 10.25 所示的图形，并用标注样式“尺寸标注”对其进行标注，如图10.25 所示。

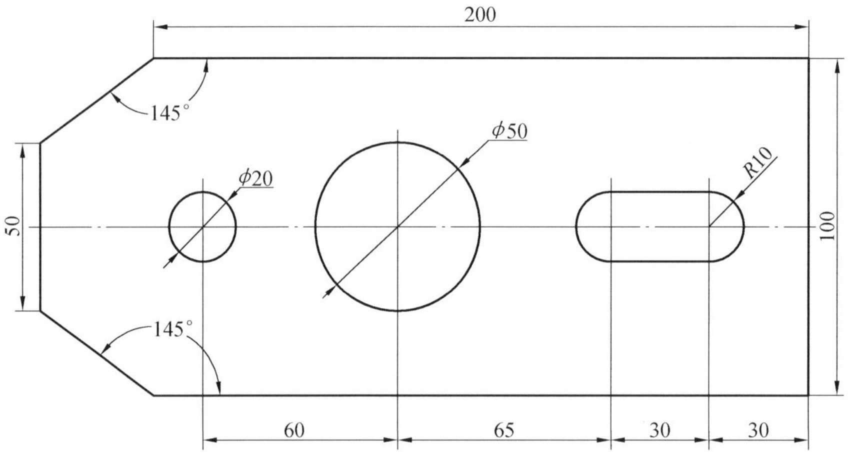

图 10.25　尺寸标注练习 1

3. 绘制如图 10.26 所示的图形，并用标注样式“尺寸标注”对其进行标注，如图10.26 所示。

4. 绘制如图 10.27 所示的图形，并用标注样式“尺寸标注”对其进行标注，如图10.27 所示。

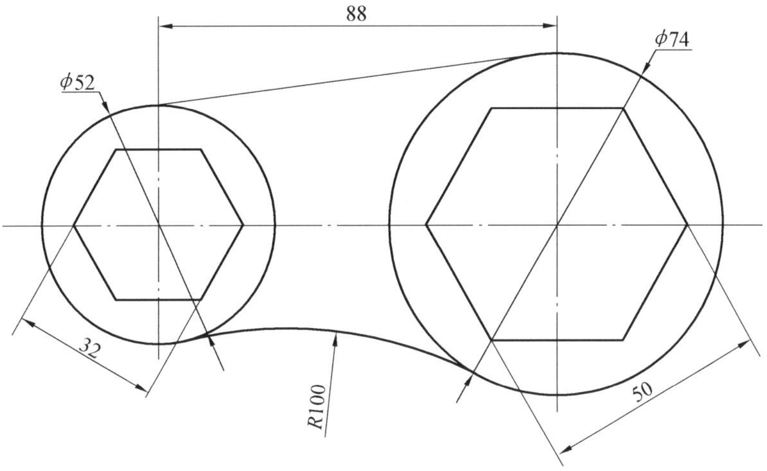

图 10.26　尺寸标注练习 2

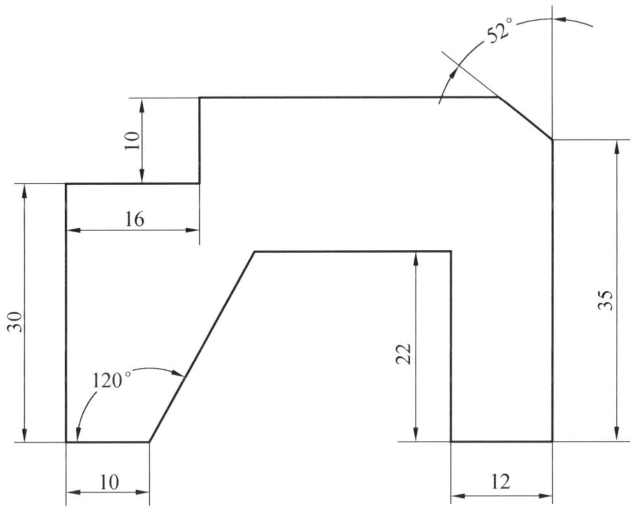

图 10.27　尺寸标注练习 3

上机练习 3　引线标注

1. 绘制如图 10.27 所示的图形，并用标注样式“尺寸标注”对其进行标注如图 10.27 所示。

操作步骤如下：

(1) 绘制图形。

在相应图层内，绘制如图 10.28 所示的图形。

(2) 定义标注样式。

按照上机练习 1 的方法建立尺寸标注样式。

(3)尺寸标注。

①标注水平尺寸 1.2、6.5、10.5、5.5。

单击下拉菜单“标注”→“线性”或单击“标注”工具栏线性标注按钮,执行线性标注命令,AutoCAD 命令行出现提示:

指定第一条尺寸界线原点或 <选择对象>:(捕捉图 10.29 中宽度为 1.2 的槽中,用圆标出左端点位置)

指定第二条尺寸界线原点:(捕捉另外一个端点位置)

指定尺寸线位置或

[多行文字(M)/文字(T)/角度(A)/水平(H)/垂直(V)/旋转(R)]:(拖动鼠标到合适的位置,单击鼠标)

标注文字 = 1.2

单击下拉菜单“标注”→“基线”或单击“标注”工具栏上的按钮,执行 DIMBASELINE 命令,AutoCAD 命令行出现提示:

指定第二条尺寸界线原点或[放弃(U)/选择(S)] <选择>:(捕捉图 10.29 中左端面与中心线交点)

标注文字 = 6.5

指定第二条尺寸界线原点或[放弃(U)/选择(S)] <选择>:S(通过键盘输入 S)

选择基准标注:(捕捉图 10.29 中左端面与中心线交点)

指定第二条尺寸界线原点或[放弃(U)/选择(S)] <选择>:(捕捉图 10.28 中右端面与中心线交点)

标注文字 = 10.5

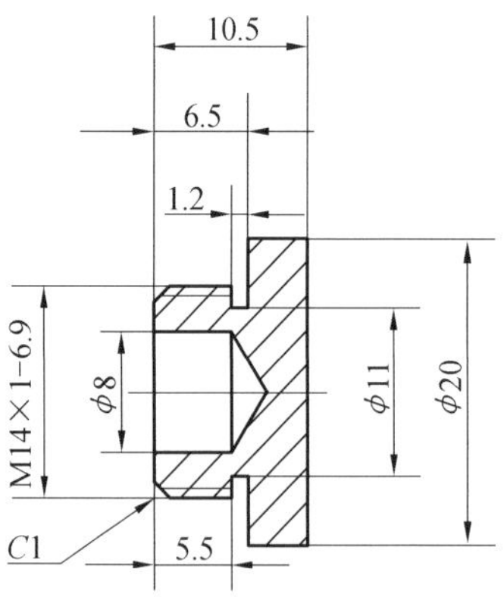

图 10.28　标注尺寸 1

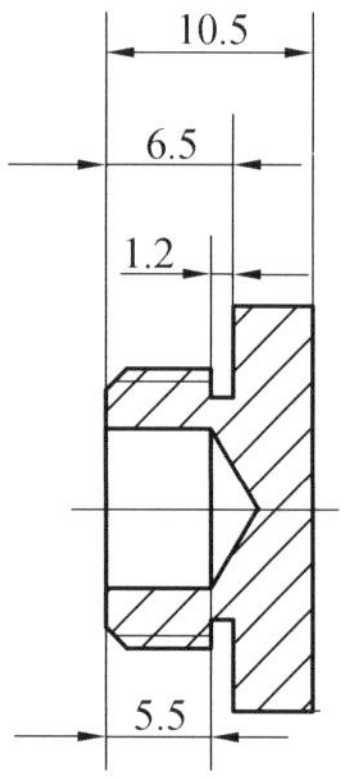

图 10.29　标注水平尺寸 2

利用“线性”和“基线”标注两个命令,已将 1.2、6.5、10.5 三个尺寸标出,水平尺寸 5.5采用“线性”命令即可直接标出,结果如图 10.29 所示。

②标注直径尺寸 ϕ8、ϕ11、ϕ20。

单击下拉菜单“标注”→“线性”或单击“标注”工具栏上的（线性标注）按钮，执行线性标注命令，AutoCAD 命令行出现提示：

指定第一条尺寸界线原点或 <选择对象>：（捕捉图 10.28 中 $\phi 8$ 内圆柱面与左端面的一个交点位置）

指定第二条尺寸界线原点：（捕捉另外一个交点位置）

指定尺寸线位置或［多行文字（M）/文字（T）/角度（A）/水平（H）/垂直（V）/旋转（R）］：M（通过键盘输入 M，编辑多行文字）

此时 AutoCAD 弹出如图 10.30 所示的文本编辑器工具栏，点击符号图标，AutoCAD 弹出符号列表选择直径，点击“确定”按钮。

AutoCAD 命令行出现提示：

指定尺寸线位置或［多行文字（M）/文字（T）/角度（A）/水平（H）/垂直（V）/旋转（R）］：（拖动鼠标到合适的位置，单击鼠标）

标注文字 = 8

利用同样的方法完成其他三个直径尺寸的标注，结果如图 10.31 所示。

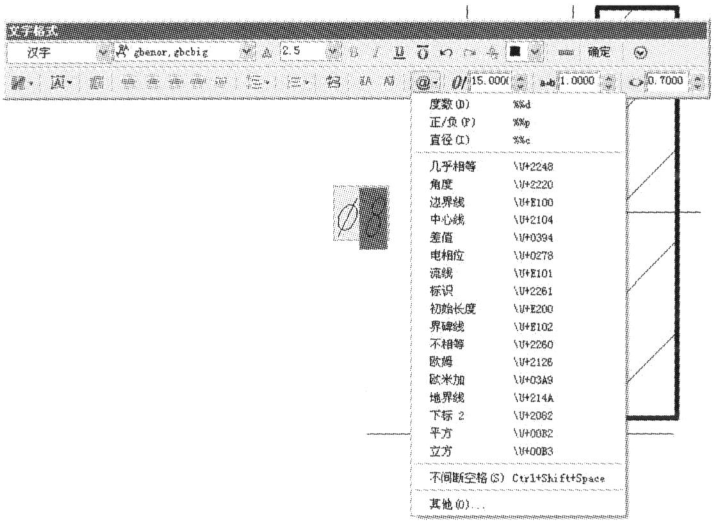

图 10.30　编辑标注文字 1

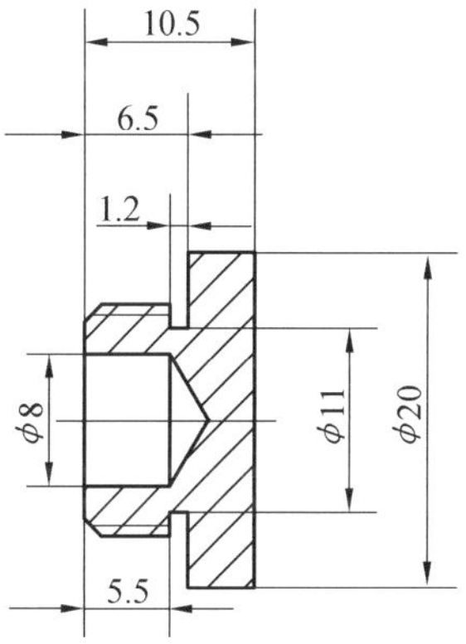

图 10.31　标注直径尺寸 2

③标注螺纹尺寸 M14×1-6g。

单击下拉菜单“标注”→“线性”或单击“标注”工具栏上的（线性标注）按钮，执行线性标注命令，AutoCAD 命令行出现提示：

指定第一条尺寸界线原点或 <选择对象>：（捕捉图 10.28 中外螺纹的上端点位置）

指定第二条尺寸界线原点：（捕捉另外一个端点位置）

指定尺寸线位置或［多行文字（M）/文字（T）/角度（A）/水平（H）/垂直（V）/旋转（R）］：M（通过键盘输入 M，编辑多行文字）

此时 AutoCAD 弹出如图 10.32 所示的文本编辑器，通过键盘输入需要填写的文字内容“M14×1-6g”后点击确定。AutoCAD 命令行出现提示：

指定尺寸线位置或[多行文字(M)/文字(T)/角度(A)/水平(H)/垂直(V)/旋转(R)]:(拖动鼠标到合适的位置,单击鼠标)

标注文字 = 14

标注结果如图 10.33 所示。

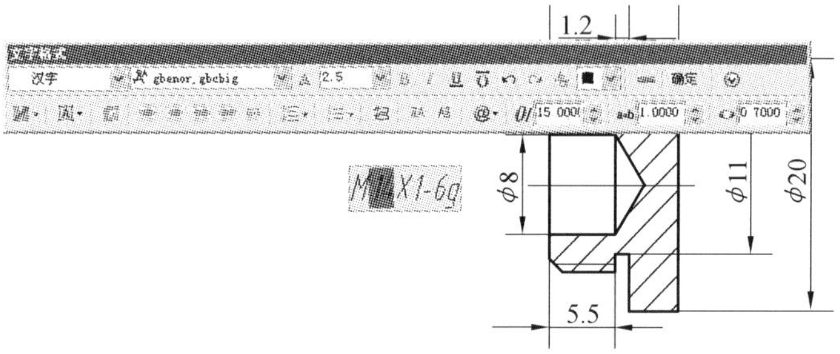

图 10.32　编辑标注文字 2

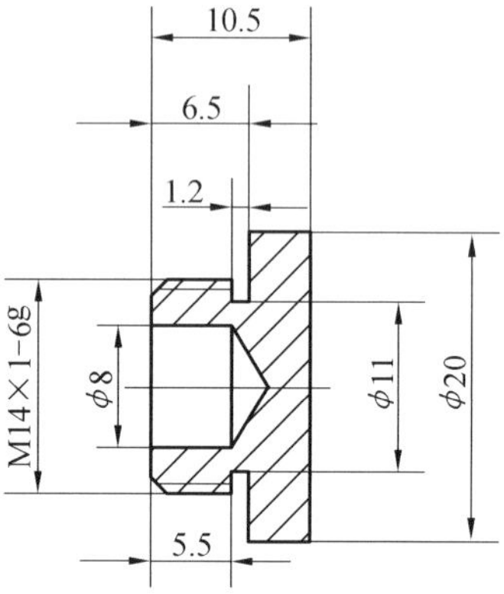

图 10.33　标注螺纹尺寸

(3)利用引线标注倒角尺寸。

①设置引线样式。

单击下拉菜单“格式”→“多重引线样式”,AutoCAD 弹出“多重引线样式管理器”对话框,单击对话框中的“新建”按钮,在弹出的“创建新多重引线样式”对话框的“新样式名”文本框中输入“新样式”,结果如图 10.34 所示。

图 10.34　创建多重引线

单击“继续”按钮,AutoCAD 弹出“新建多重引线样式”对话框,点击“引线格式”选项卡,进行相关设置,如图 10.35 所示。

单击“引线结构”按钮,在“基线设置”文本框中,取消“设置基线距离”选项,其余采用默认值,如图 10.36 所示。

单击“内容”按钮,在“文字选项”文本框中,在“文字样式”一栏选择已经建立的“汉字”样式,在“引线连接”文本框中均选择“第一行加下划线”,其余采用默认值,如图10.37 所示。

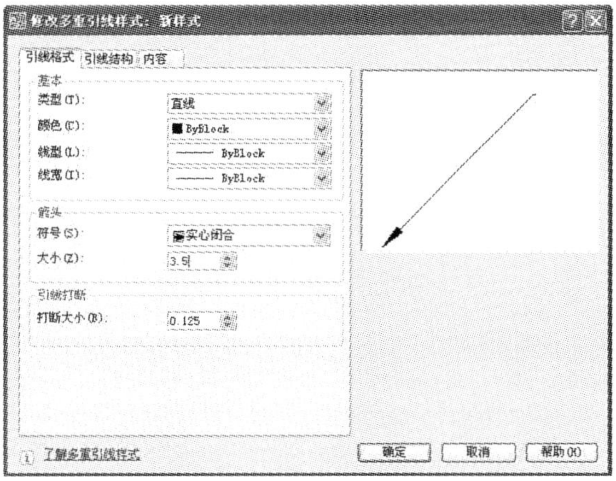

图 10.35　设置引线格式

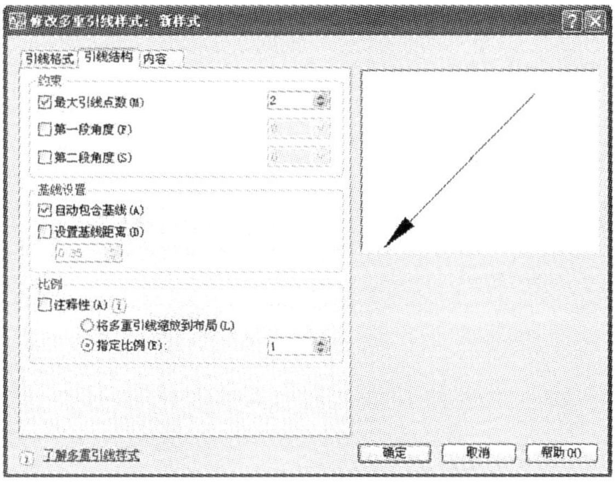

图 10.36　设置引线结构

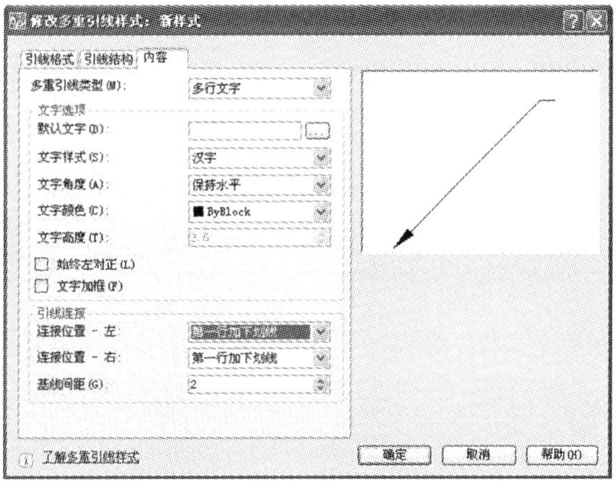

图 10.37　设置内容

②引线标注。

单击下拉菜单“标注”→“多重引线”，执行 MLEADER 命令，AutoCAD 命令行出现提示：

指定引线箭头的位置或［引线基线优先(L)/内容优先(C)/选项(O)］<选项>:(通过鼠标拾取零件倒角上的点作为起点)

指定引线基线的位置:(指定第二点)

指定基线距离 <0.0000>:(单击回车)

此时 AutoCAD 弹出“文字格式”工具栏,通过键盘输入“C1”,如图 10.38 所示。

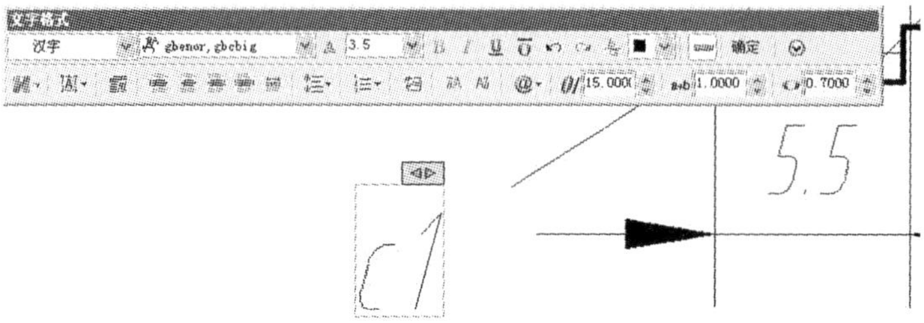

图 10.38　编辑文字内容

最后,点击“确定”即可完成所有尺寸的标注,得到如图 10.28 所示的结果。

2. 绘制如图 10.39 所示的图形,并用标注样式“尺寸标注”对其进行标注,如图10.39 所示。

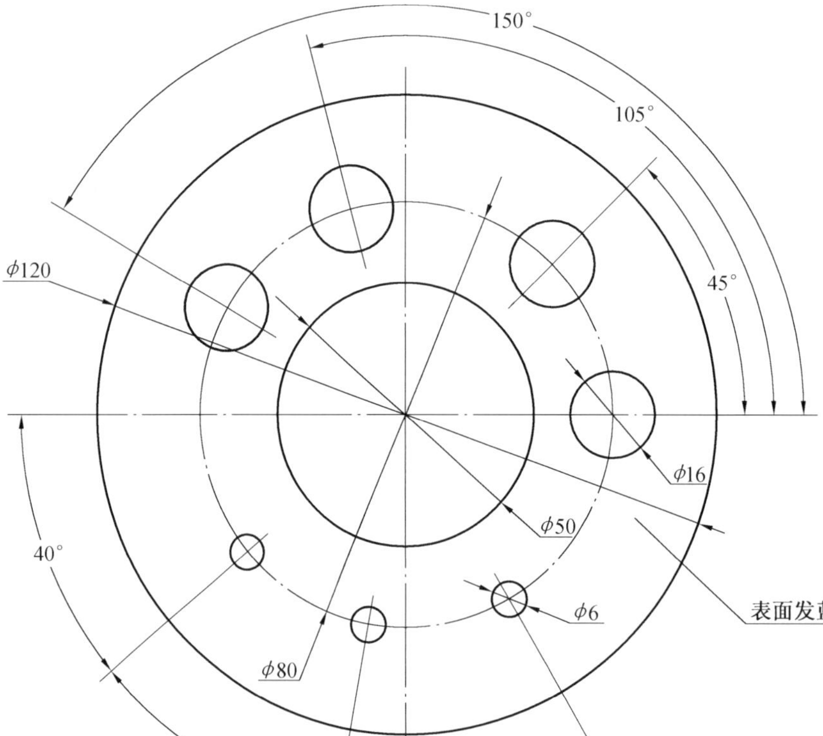

图 10.39　引线标注练习

上机练习4　标注尺寸及尺寸公差

1. 绘制如图10.13(b)所示的图形,为其标注主要尺寸及公差,结果如图10.40所示。

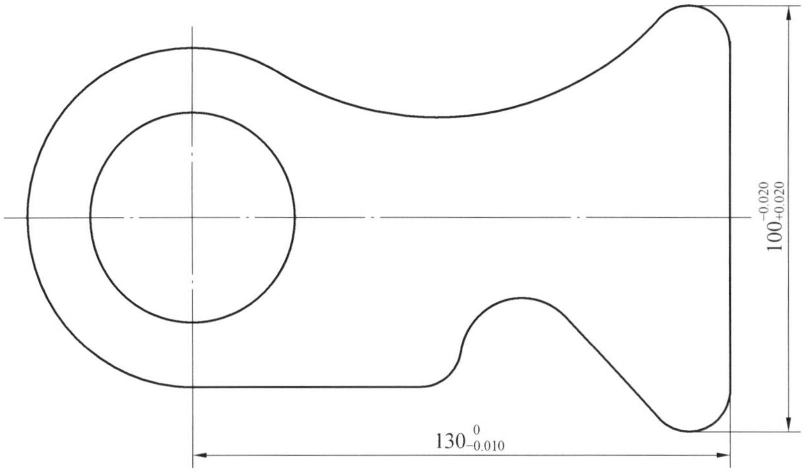

图10.40　标注主要尺寸及公差

操作步骤如下:

(1)绘制图形。

在相应图层内,绘制如图10.40所示的图形。

(2)定义标注样式。

按照上机练习1的方法建立尺寸标注样式。

(3)标注主要尺寸及公差。

①标注水平尺寸130及其公差。

单击下拉菜单"标注"→"线性",执行线性标注命令,AutoCAD命令行出现提示:

指定第一条尺寸界线原点或 <选择对象>:(捕捉图10.40中大圆圆心位置)

指定第二条尺寸界线原点:(捕捉图形右侧端面与中心线交点)

指定尺寸线位置或[多行文字(M)/文字(T)/角度(A)/水平(H)/垂直(V)/旋转(R)]:M(输入M后单击回车)

AutoCAD弹出文字编辑器,输入"0^-0.010",且在"0"之前输入一个空格,以保证数字对齐,如图10.41所示。

用鼠标选中"0^-0.010",单击文字编辑器上的堆叠按钮,文字格式发生相应变化,结果如图10.42所示。

点击"确定"按钮可完成文字输入,AutoCAD命令行出现提示:

指定尺寸线位置或[多行文字(M)/文字(T)/角度(A)/水平(H)/垂直(V)/旋转(R)]:(选择合适的位置)

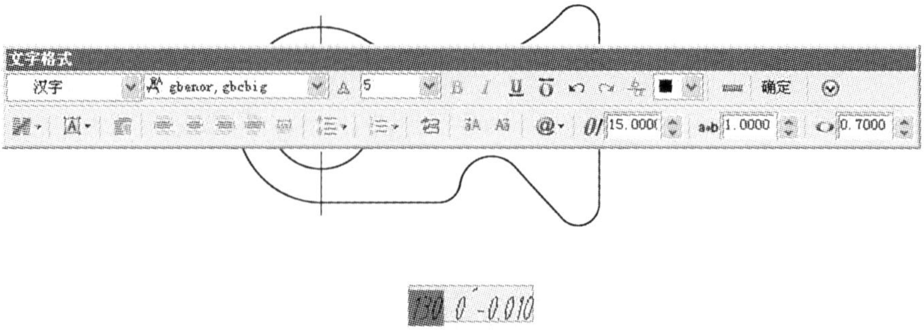

图 10.41　输入公差

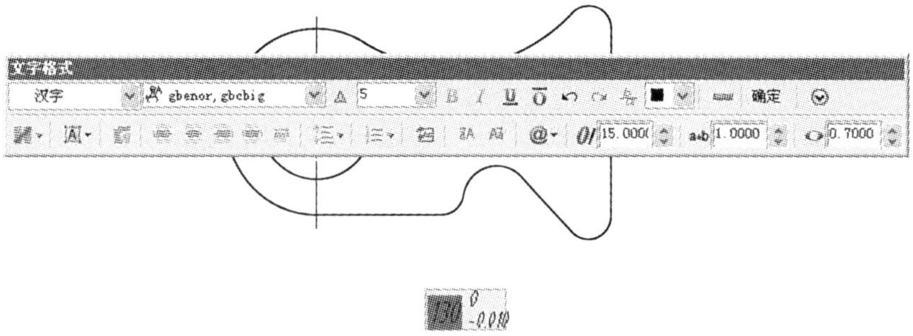

图 10.42　公差格式

标注文字 = 100

得到结果如图 10.43 所示。

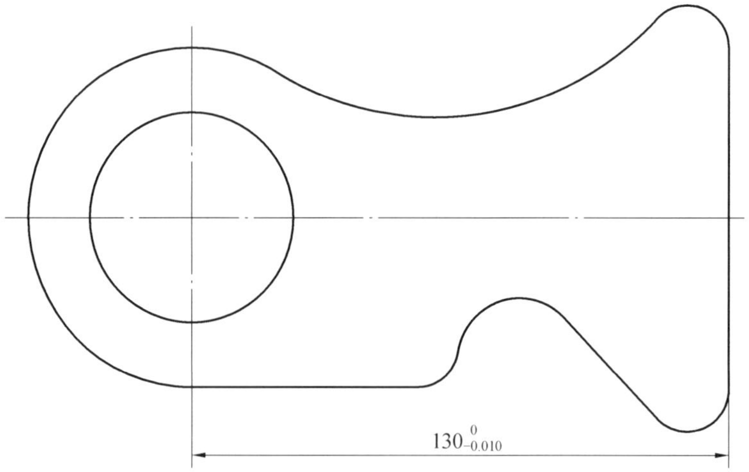

图 10.43　标注水平尺寸及其公差

②标注垂直尺寸 100 及其公差。

用类似的方法为图形标注垂直尺寸，并通过多行文字输入公差文字，此处只需输入“+0.020^-0.020”即可，最终可得到如图 10.40 所示的图形。

2. 绘制如图 10.44 所示的图形，为其标注主要尺寸及公差，结果如图 10.44 所示。

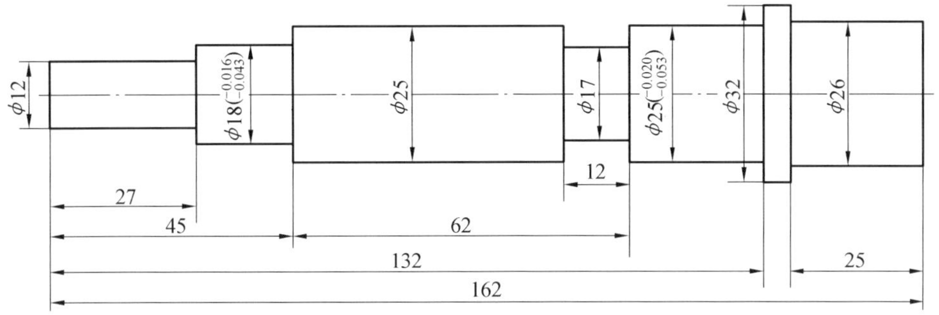

图 10.44　标注水平尺寸及其公差

上机练习 5　标注尺寸公差及形位公差

绘制如图 10.45 所示的图形，为其标注主要尺寸及形位公差结果如图 10.45 所示。

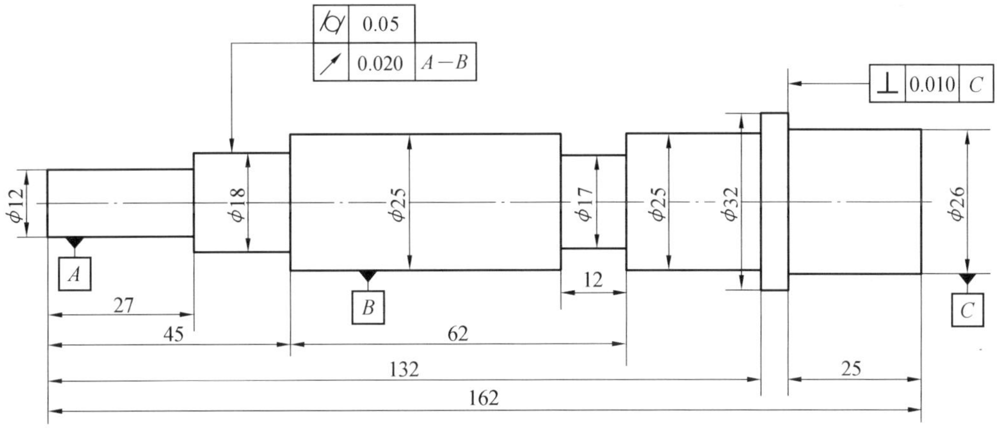

图 10.45　标注尺寸及形位公差

操作步骤如下：

(1)绘制图形。

在相应图层内，绘制如图 10.45 所示图形。

(2)定义标注样式。

按照上机练习 1 的方法建立尺寸标注样式。

(3)标注尺寸。

以尺寸 φ12 为例，操作如下：

单击下拉菜单“标注”→“线性”，执行线性标注命令，AutoCAD 命令行出现提示：

指定第一条尺寸界线原点或 <选择对象>：(捕捉图 10.45 中轴的左上角点)

指定第二条尺寸界线原点：(捕捉图 10.45 中轴的左下角点)

指定尺寸线位置或[多行文字(M)/文字(T)/角度(A)/水平(H)/垂直(V)/旋转(R)]：T(输入 T 后单击回车)

输入标注文字 <12>:%%C12

指定尺寸线位置或[多行文字(M)/文字(T)/角度(A)/水平(H)/垂直(V)/旋转(R)]:

标注文字 = 12

得到标注结果如图 10.46 所示。其他尺寸采用同样的方法便可以获得,此外,用“打断”命令将中心线打断可以更清晰地显示尺寸文字。

用同样的方法,完成剩余尺寸的标注,得到结果如图 10.46 所示。

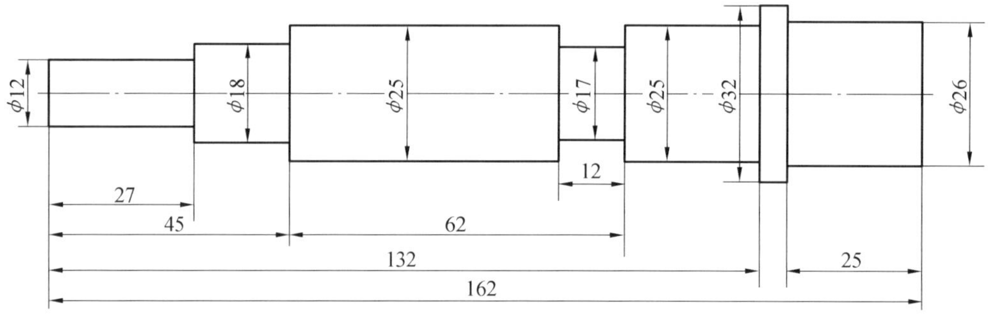

图 10.46　标注直径尺寸 3

(4)标注圆柱度和圆跳动。

单击下拉菜单“标注”→“公差”或单击“标注”工具栏的形位公差按钮,执行 TOLERANCE 命令,AutoCAD 弹出如图 10.47 所示的“形位公差”对话框,对其进行相应的设置。

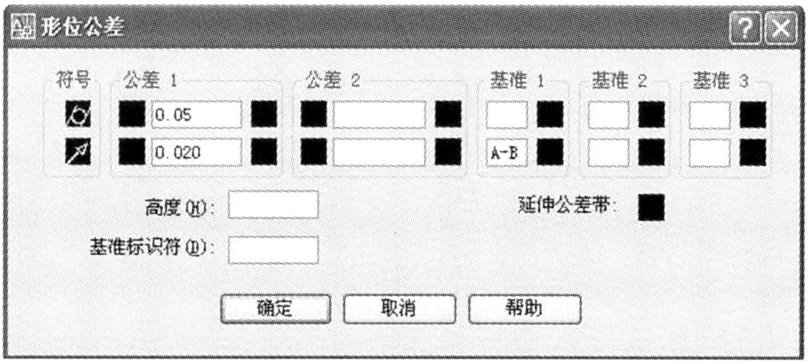

图 10.47　“形位公差”对话框

单击“确定”按钮设置,AutoCAD 命令行出现提示:

输入公差位置:

在合适的位置确定公差表格,用“多重引线”绘制相应引线,结果如图 10.48 所示。

(5)标注垂直度公差。

用类似的方法,单击下拉菜单“标注”→“公差”,执行 TOLERANCE 标注命令,AutoCAD 弹出如图 10.47 所示的“形位公差”对话框,对其进行相应的设置,如图 10.49 所示。

确定公差框格位置,并用“多重引线”绘制相应引线,得到如图 10.50 所示的结果。

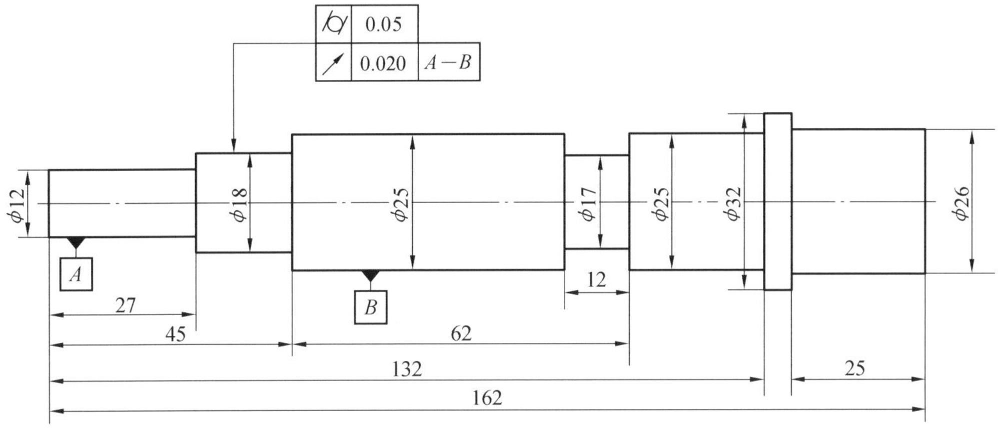

图 10.48　标注形位公差

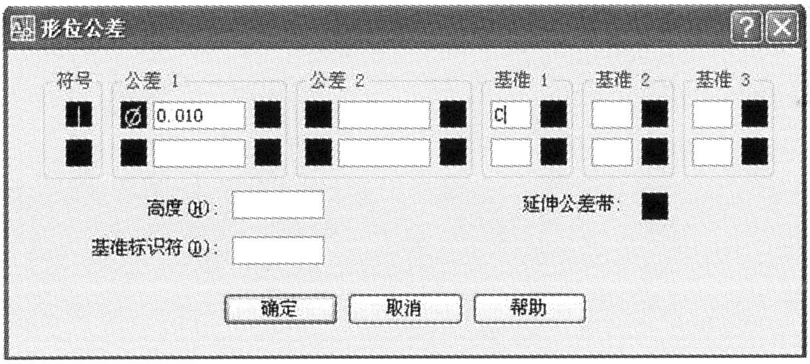

图 10.49　“形位公差”对话框

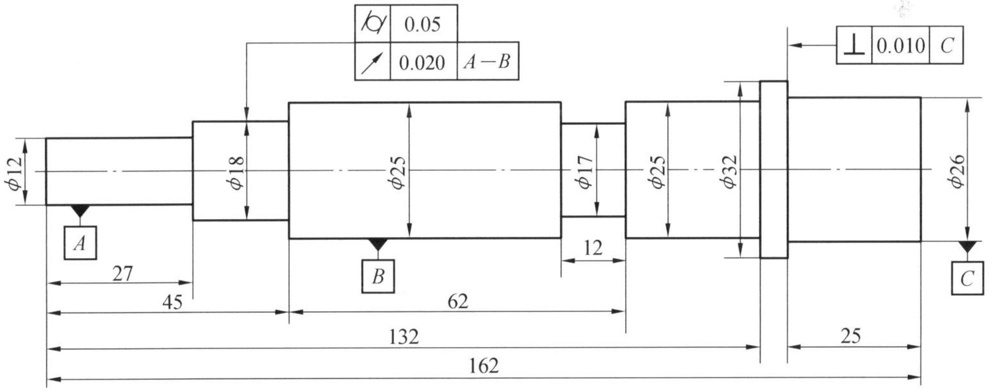

图 10.50　标注垂直度公差

上机练习 6　编辑尺寸、尺寸公差及形位公差

1. 绘制如图 10.51 所示的图形，将尺寸 100 改为 105，55 改为 $55^{+0.020}_{-0.010}$，130 改为 135 并添加相应公差，结果如图 10.52 所示。

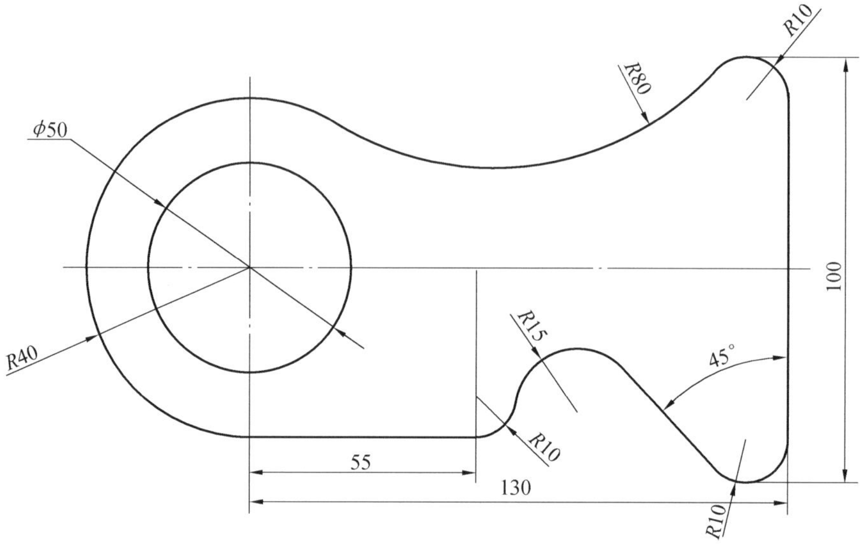

图 10.51　修改尺寸前 1

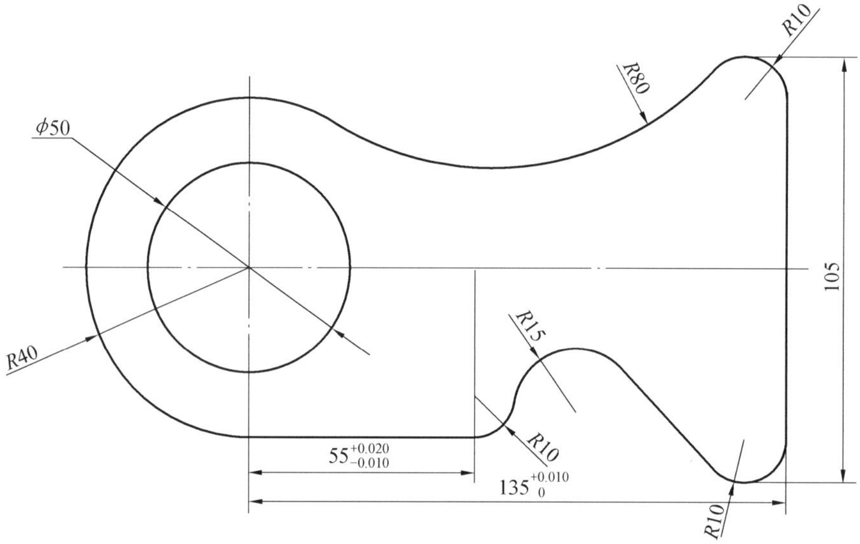

图 10.52　修改尺寸后 1

操作步骤如下：

(1)绘制图形。

在相应图层内，绘制如图 10.51 所示的图形。

(2)定义标注样式。

按照上机练习 1 的方法建立尺寸标注样式。

(3)将尺寸 100 改为 105。

鼠标双击图中尺寸对象 100，AutoCAD 弹出的“特性”选项板，在“文字”一栏中，找到“文字”替代，输入 105，如图 10.53 所示。

随后，鼠标在任意空白位置单击左键，进行确认，得到结果如图 10.54 所示。

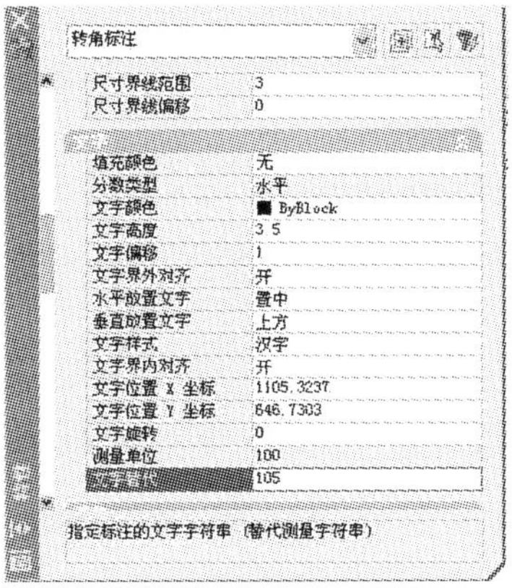

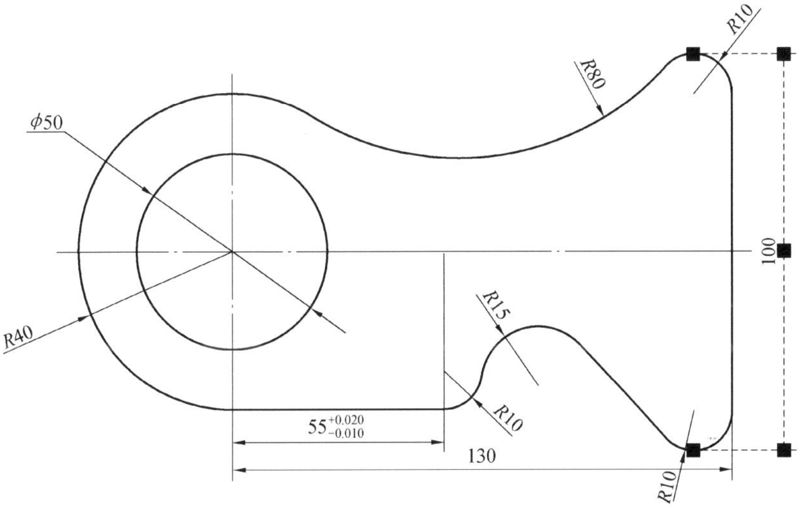

图 10.53　修改尺寸 100

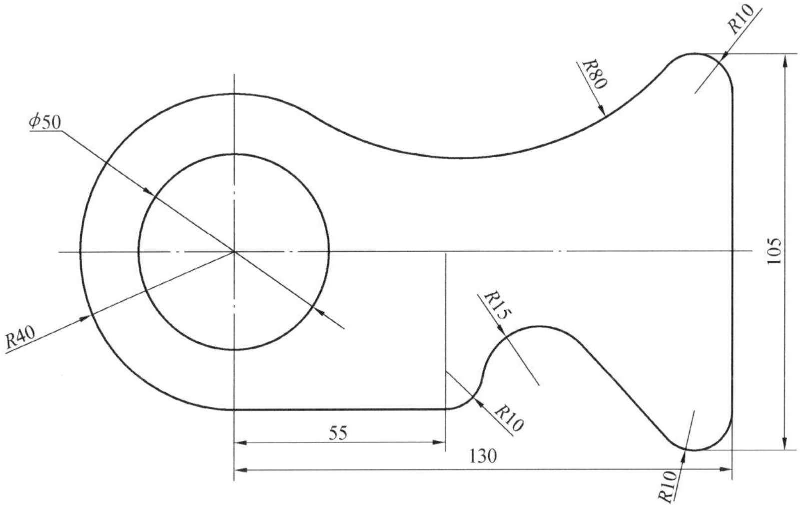

图 10.54　修改尺寸 100 后结果

(4)为尺寸 55 添加公差。

鼠标双击图中尺寸对象 55，AutoCAD 弹出的“特性”选项板，在“公差”一栏中，将“显示公差”一项选择“极限偏差”，在“公差下偏差”中填入上偏差数值 0.02，在“公差下偏差”中填入 0.01，“公差精度”修改为 0.000，如图 10.55 所示。

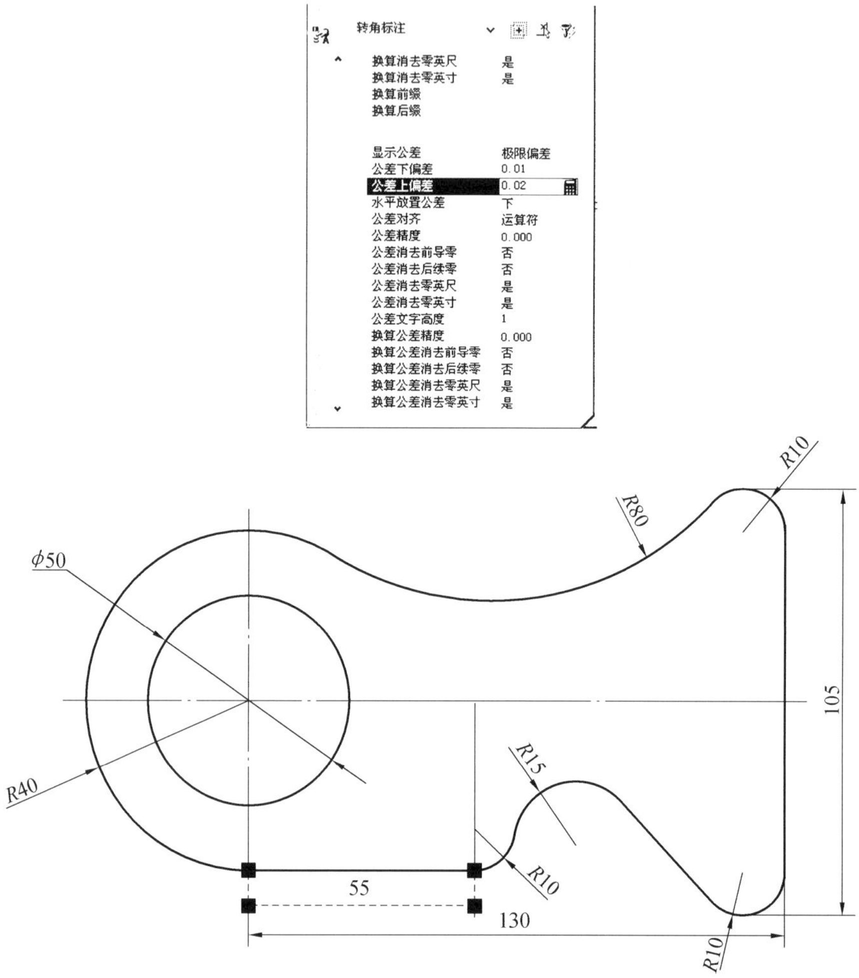

图 10.55　添加公差 1

随后，鼠标在任意空白位置单击左键，进行确认，得到结果如图 10.56 所示。

注意：①当用上述方法添加公差时，基本尺寸必须是不经修改的，如果使用文字替代，将不能进行公差标注，需要用下面介绍的方法进行公差标注；

②填写公差时，不需要带“正负号”，直接输入数字即可；

③当输入公差值为“0”时，公差值可能会变为“0.000”，此时需要用下面介绍的方法进行公差标注。

(5)将尺寸 130 修改为 135 并添加公差。

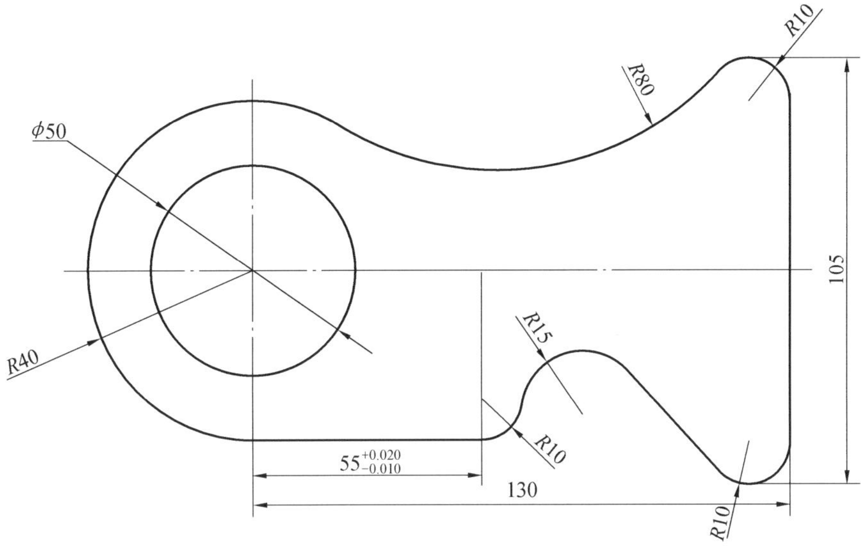

图 10.56　添加公差后结果

将尺寸 130 修改为 135 时，同样可以按照前面介绍的方法通过“特性”选项板进行修改，但是修改之后不能为其添加公差，因此，此处采用编辑文字的方式进行修改。

单击下拉菜单“修改”→“对象”→“文字”→“编辑”或单击“文字”工具栏上的编辑文字按钮 A/，执行 DDEDIT 命令，AutoCAD 命令行出现提示：

选择注释对象或［放弃(U)］：

选择尺寸 130，AutoCAD 弹出多行文字编辑器，如图 10.57 所示。

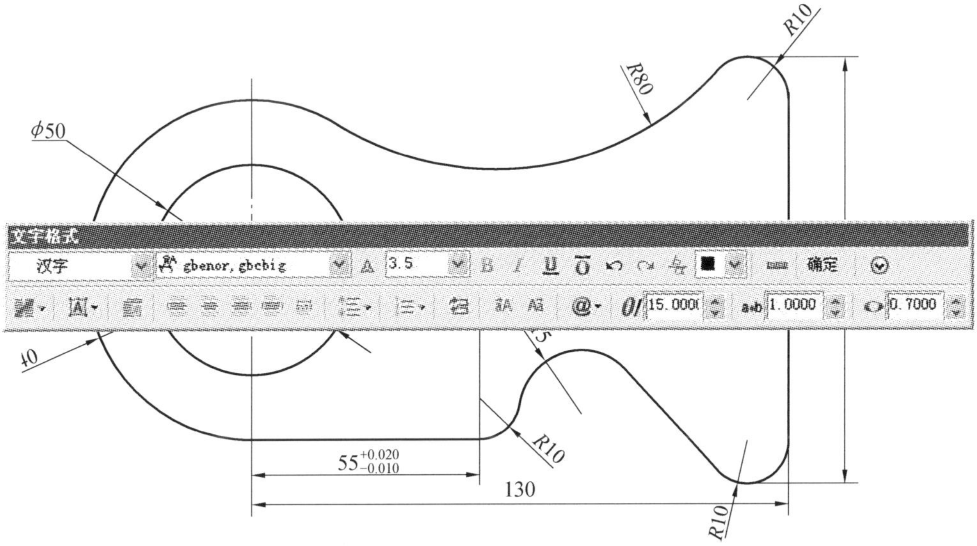

图 10.57　修改尺寸

输入公差值,如图 10.58 所示。

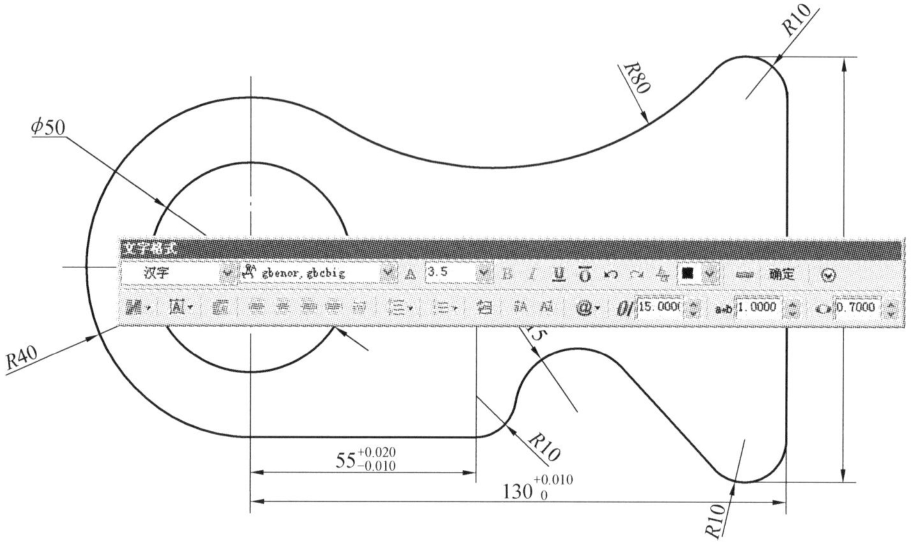

图 10.58　添加公差 2

在文字编辑器中,通过数字堆叠的方式,完成公差的添加,最后点击“确定”按钮即可得到新的尺寸及相应公差值。

2. 绘制如图 10.59 所示的图形,对相应尺寸进行修改,并添加公差,如图 10.60 所示。

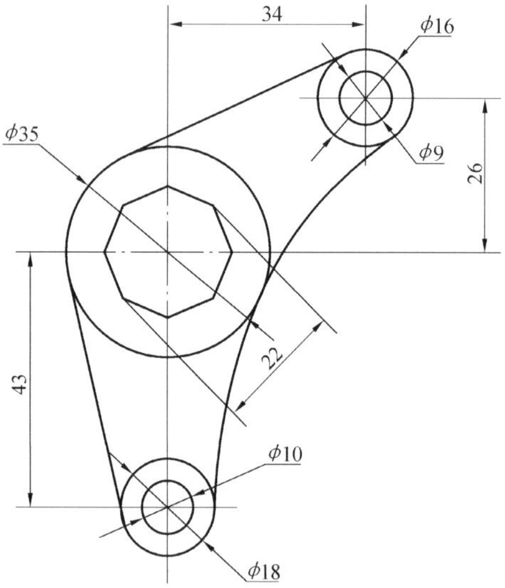

图 10.59　修改尺寸前 2

3. 绘制如图 10.61 所示的图形,对相应尺寸进行修改,并添加公差,如图 10.62 所示。

4. 绘制如图 10.63 所示的图形,并标注尺寸。

5. 绘制如图 10.64 所示的图形,为其标注主要尺寸及公差。

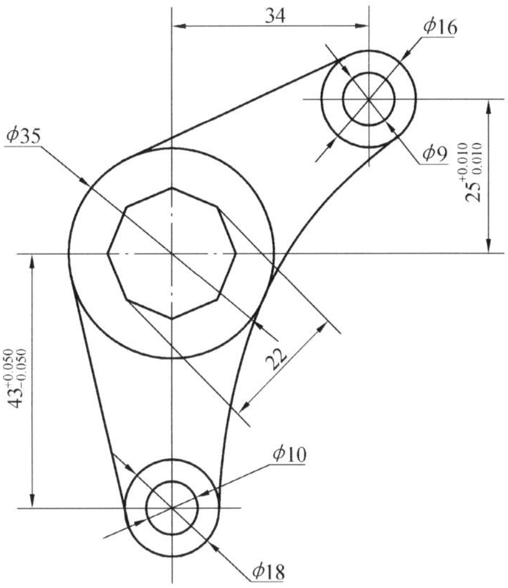

图 10.60　修改尺寸后 2

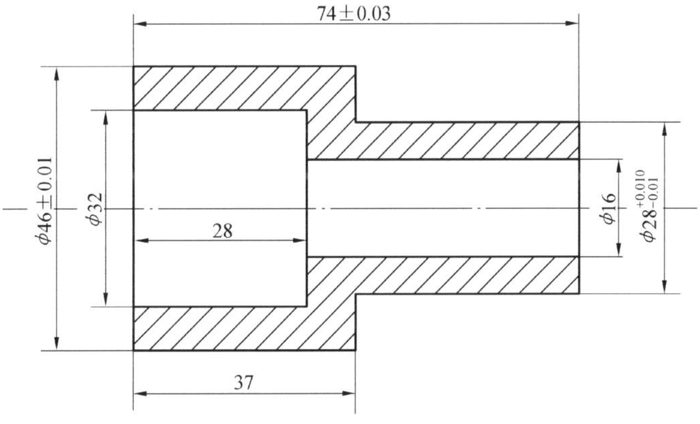

图 10.61　修改尺寸前 3

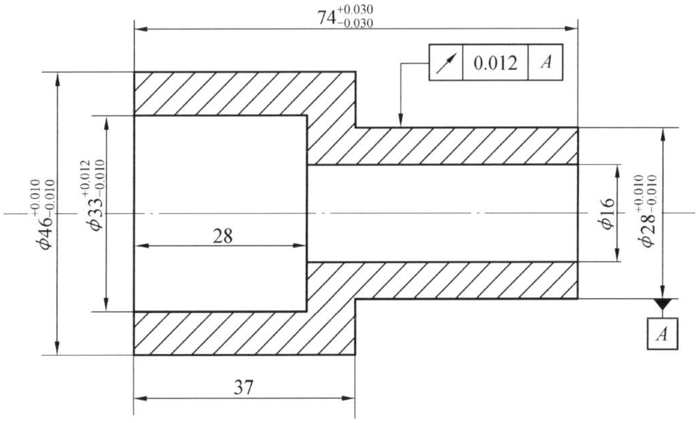

图 10.62　修改尺寸后 3

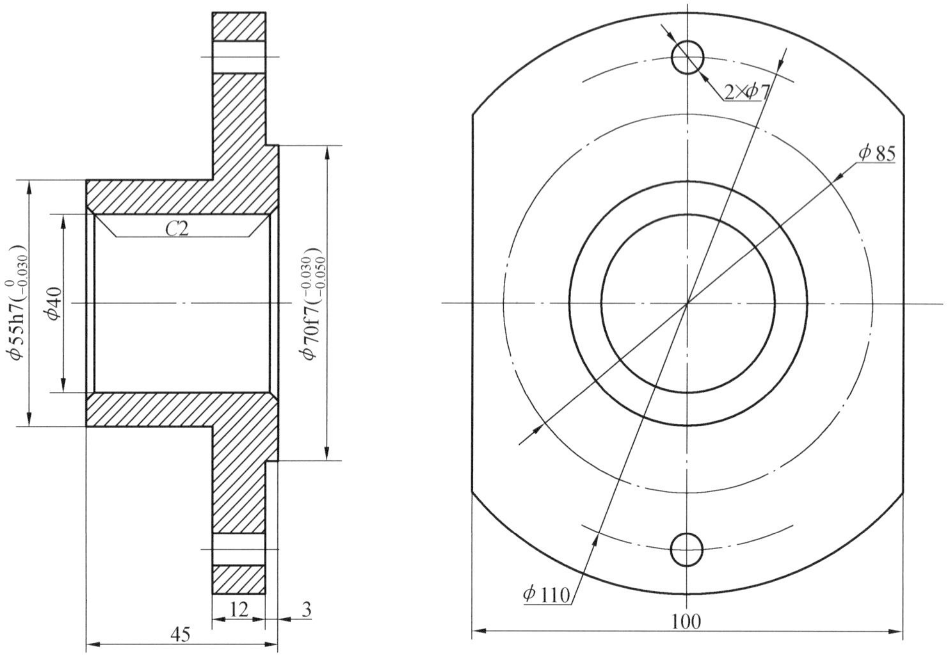

图 10.63　尺寸标注练习 4

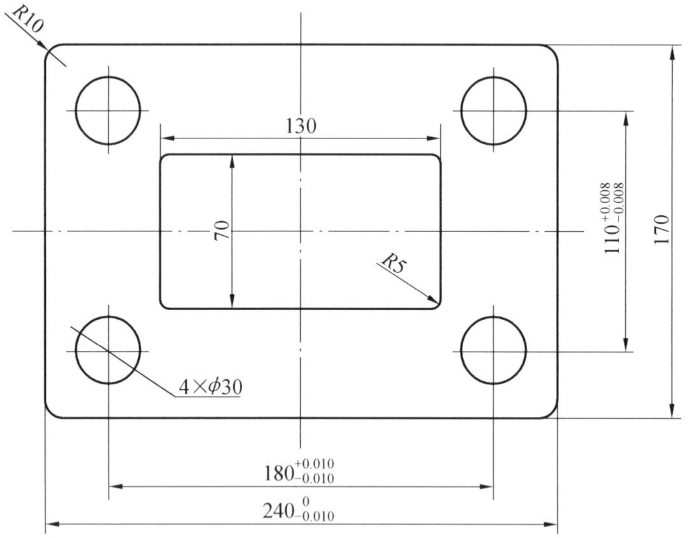

图 10.64　尺寸标注练习 5

第 11 章　查询图形对象信息

上机练习 1　查询距离

1. 打开第 10 章图 10.62 所示的绘图文件如图 11.1 所示，查询图中小圆圆心之间水平和竖直距离，查询内部矩形尺寸。

操作步骤如下：

(1) 查询图 11.1 中两个水平圆圆心之间的距离。

打开已完成绘制的图 10.62，单击菜单项"工具" →"查询" →"距离"，或者单击"查询"工具栏上的(距离)按钮，即可执行距离查询命令，此时，AutoCAD 命令行出现提示：

命令：'_ dist

指定第一点：(此时用鼠标点击左侧圆心数字 1 的位置)

指定第二点：(此时用鼠标点击右侧圆心数字 2 的位置)

距离 = 180.0000，XY 平面中的倾角 = 0，与 XY 平面的夹角 = 0

X 增量 = 180.0000，Y 增量 = 0.0000，Z 增量 = 0.0000

可以看出，图中左、右两个圆的圆心之间的距离为 180。

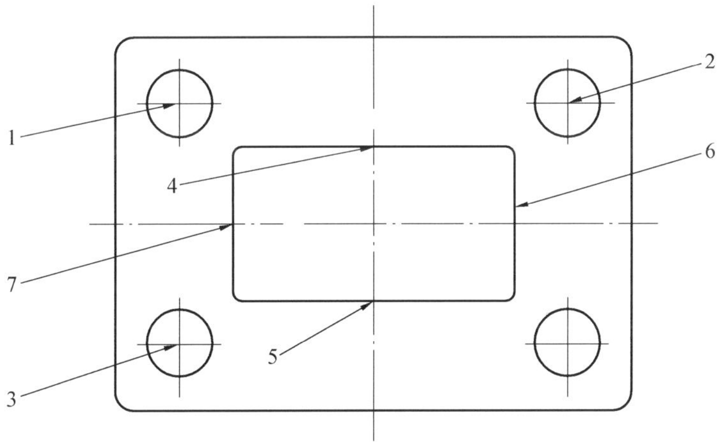

图 11.1　查询距离

(2) 查询图 11.1 中两个竖直圆圆心之间的距离。

操作步骤同上，单击菜单项"工具" →"查询" →"距离"，此时，AutoCAD 命令行出现提示：

命令：'_ dist

指定第一点:(此时用鼠标点击左侧圆心数字 1 的位置)

指定第二点:(此时用鼠标点击左侧圆心数字 3 的位置)

距离 = 110.000 0,XY 平面中的倾角 = 270, 与 XY 平面的夹角 = 0

X 增量 = 0.000 0,Y 增量 = -110.000 0,Z 增量 = 0.000 0

(3)查询图 11.1 中内部矩形尺寸。

操作步骤同上,单击菜单项“工具” →“查询” →“距离”,此时,AutoCAD 命令行出现提示:

命令:'_ dist

指定第一点:(单击图中点 4)

指定第二点:(单击图中点 5)

距离 = 70.000 0,XY 平面中的倾角 = 270,与 XY 平面的夹角 = 0

X 增量 = 0.000 0, Y 增量 = -70.000 0,Z 增量 = 0.000 0

由此可以得到矩形的长度为 70。

重复操作单击菜单项“工具” →“查询” →“距离”,此时,AutoCAD 命令行出现提示:

命令:'_ dist

指定第一点:(单击图中点 6)

指定第二点:(单击图中点 7)

距离 = 130.000 0,XY 平面中的倾角 = 0, 与 XY 平面的夹角 = 0

X 增量 = 130.000 0, Y 增量 = 0.000 0, Z 增量 = 0.000 0

由此可以得到矩形的长度为 130。

2. 打开第 10 章图 10.48 的绘图文件如图 11.2 所示,查询此轴的总长度,及每个轴段的长度距离。

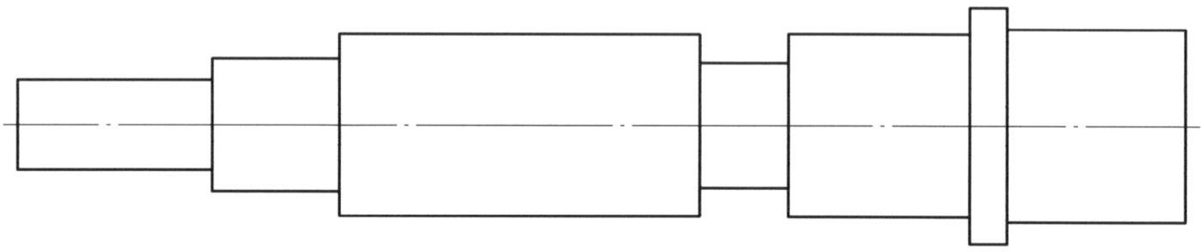

图 11.2　查询距离练习图 1

上机练习 2　查询面积

1. 打开第 10 章图 10.40 所示的绘图文件如图 11.3 所示,查询其外轮廓所构成封闭区域与由内部各轮廓所构成的封闭区域的面积差。

操作步骤如下:

打开绘图文件。

(1)合并。

为了计算面积,首先要将最外围的多边形合并成一条多段线。

单击菜单项“修改”→“对象”→“多段线”,或单击“修改Ⅱ”工具栏上的(编辑多段线)按钮,执行编辑多段线的命令,AutoCAD命令行出现提示:

命令:_ pedit

选择多段线或［多条(M)］:(此时单击图形外侧线段中任意一条线段)

选定的对象不是多段线

是否将其转换为多段线？<Y>(按回车键)

输入选项［闭合(C)/合并(J)/宽度(W)/编辑顶点(E)/拟合(F)/样条曲线(S)/非曲线化(D)/线型生成(L)/放弃(U)］:J(输入J选择合并命令)

选择对象:(此时单击图形中剩余的其他线段)

输入选项［闭合(C)/合并(J)/宽度(W)/编辑顶点(E)/拟合(F)/样条曲线(S)/非曲线化(D)/线型生成(L)/放弃(U)］:(按回车键结束命令)

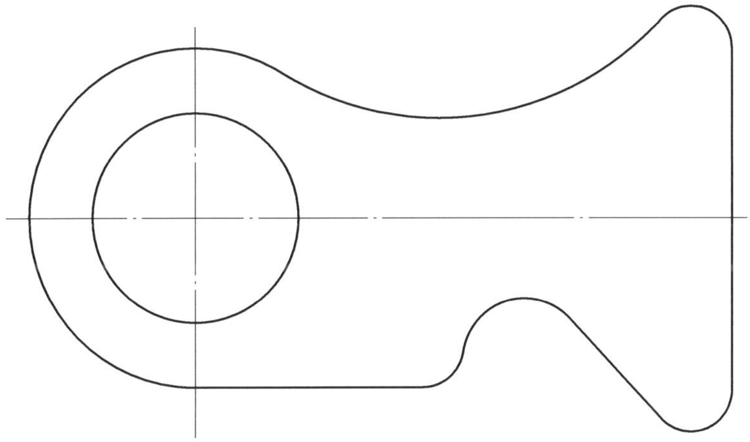

图11.3　查询距离练习图2

(2)计算面积。

单击菜单项“工具”→“查询”→“面积”,或者单击“查询”工具栏上的(区域)按钮,即可执行距离面积命令,此时,AutoCAD命令行出现提示:

命令:_ area

指定第一个角点或［对象(O)/加(A)/减(S)］:A(输入A执行加命令)

指定第一个角点或［对象(O)/减(S)］:O(输入O选择对象)

(“加”模式)选择对象:(此时选择位于最外围的多边形)

面积 = 11 704.876 9,长度 = 507.610 6

总面积 = 11 704.876 9

(“加”模式)选择对象:(单击回车键)

指定第一个角点或［对象(O)/减(S)］:S(输入S进行减命令)

指定第一个角点或［对象(O)/加(A)］:O(输入O选择对象)

(“减”模式) 选择对象:(选择中间的小圆)

面积 = 1 963.495 4,圆周长 = 157.079 6

总面积 = 9 741.381 5

可以看出实际的总面积为 9 741.381 5。在计算面积的过程中,还可以得出其他各封闭图形的面积、周长。

2. 打开第 10 章图 11.1 的绘图文件,查询其外轮廓所构成封闭区域与由内部各轮廓所构成的封闭区域的面积差。

上机练习 3　列表显示

1. 打开第 10 章图 10.62 所示的绘图文件如图 11.1 所示,试显示其内部的小圆和内部矩形的数据信息。

操作步骤如下:

(1) 显示图形内部小圆数据。

打开已完成绘制的图形文件,单击菜单项“工具”→“查询”→“列表信息”,或者单击“查询”工具栏上的(列表)按钮,即可执行列表信息查询命令,此时,AutoCAD 命令行出现提示:

命令:_ list

选择对象:(鼠标单击小圆)找到 1 个

选择对象:(单击回车键)

AutoCAD 会同时在命令行和文本屏幕显示如图 11.4 所示的数据信息。

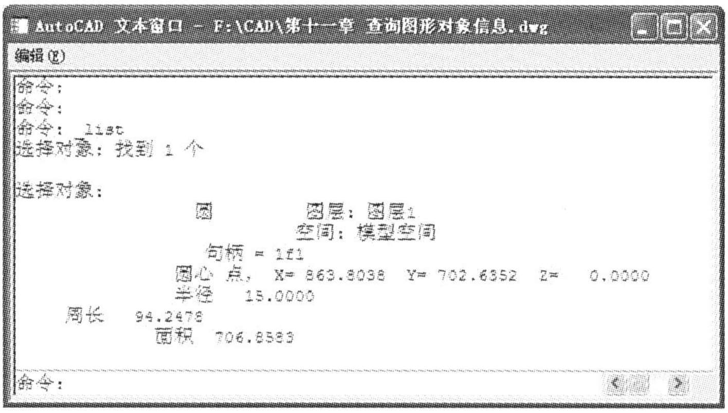

图 11.4　显示小圆数据信息

(2) 显示图形内部矩形数据。

操作步骤同上,单击菜单项“工具”→“查询”→“列表信息”,或者单击“查询”工具栏上的(列表)按钮,即可执行列表信息查询命令,此时,AutoCAD 命令行出现提示:

命令:_ list

选择对象:(鼠标单击内部矩形)找到 1 个

选择对象:(单击回车键)

AutoCAD 会同时在命令行和文本屏幕显示如图 11.5 所示的数据信息。

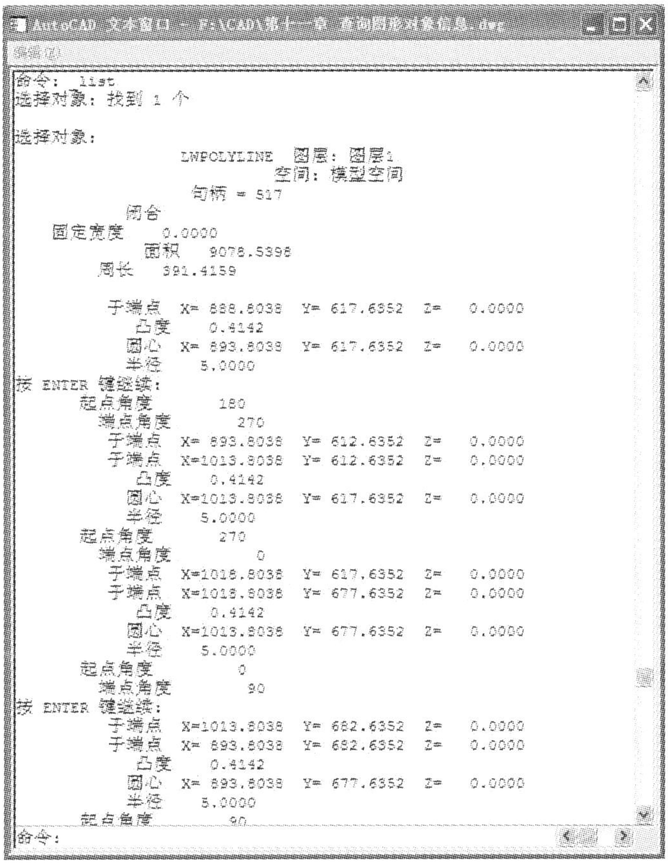

AutoCAD 文本窗口 - F:\CAD\第十一章 查询图形对象信息.dwg

编辑(E)

```
命令: list
选择对象: 找到 1 个

选择对象:
                    LWPOLYLINE  图层: 图层1
                                空间: 模型空间
                    句柄 = 517
            闭合
    固定宽度    0.0000
              面积   9078.5398
          周长   391.4159

            于端点  X= 888.8038  Y= 617.6352  Z=   0.0000
               凸度    0.4142
               圆心  X= 893.8038  Y= 617.6352  Z=   0.0000
               半径    5.0000
按 ENTER 键继续:
        起点角度         180
          端点角度          270
            于端点  X= 893.8038  Y= 612.6352  Z=   0.0000
            于端点  X=1013.8038  Y= 612.6352  Z=   0.0000
               凸度    0.4142
               圆心  X=1013.8038  Y= 617.6352  Z=   0.0000
               半径    5.0000
        起点角度         270
          端点角度            0
            于端点  X=1018.8038  Y= 617.6352  Z=   0.0000
            于端点  X=1018.8038  Y= 677.6352  Z=   0.0000
               凸度    0.4142
               圆心  X=1013.8038  Y= 677.6352  Z=   0.0000
               半径    5.0000
        起点角度           0
          端点角度           90
按 ENTER 键继续:
            于端点  X=1013.8038  Y= 682.6352  Z=   0.0000
            于端点  X= 893.8038  Y= 682.6352  Z=   0.0000
               凸度    0.4142
               圆心  X= 893.8038  Y= 677.6352  Z=   0.0000
               半径    5.0000
        起点角度          90
命令:
```

图 11.5　显示内部矩形数据信息

2. 打开第 10 章图 10.25 所示的绘图文件如图 11.6 所示,试用 LIST 命令显示其各图形对象的数据信息。

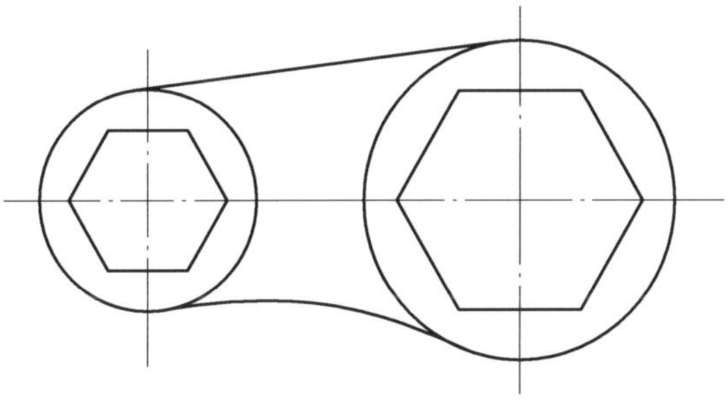

图 11.6　练习图

上机练习 4　状态显示

1. 打开第 10 章图 10.62 所示的绘图文件如图 11.1 所示,试显示其状态信息。

操作步骤如下:

打开已完成绘制的图形文件,单击菜单项“工具”→“查询”→“状态”,即可执行状态查询命令,此时,AutoCAD 文本屏幕显示如图 11.7 所示的数据信息。

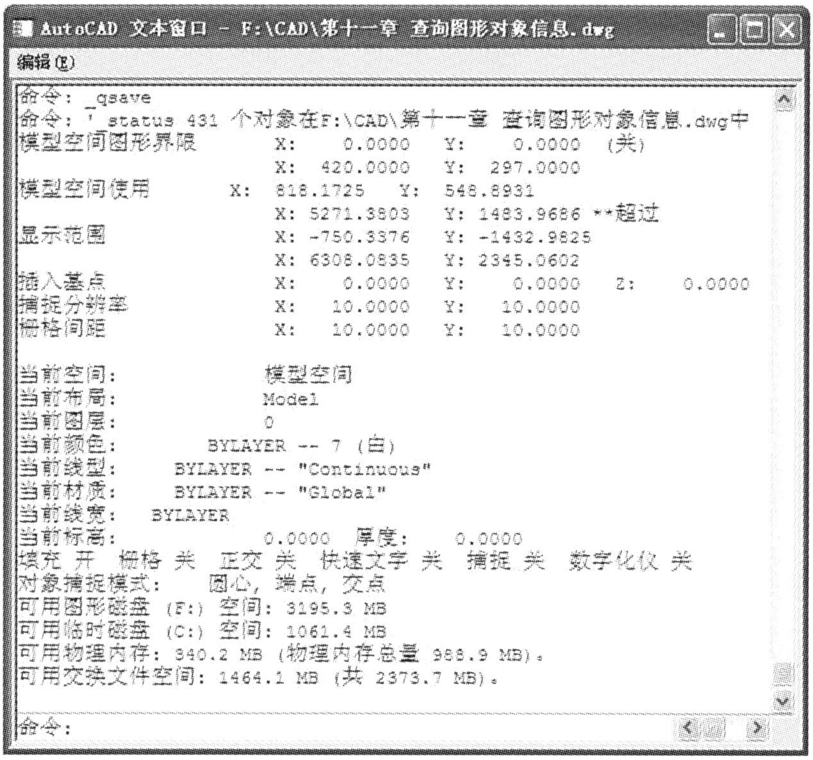

图 11.7　显示状态

2. 打开第 10 章图 10.63 所示的绘图文件如图 11.8 所示,试用 STATUS 命令显示其状态信息。

上机练习 5　查询时间

1. 打开第 10 章图 10.62 所示的绘图文件如图 11.9 所示,试显示其状态信息。

操作步骤如下:

打开已完成绘制的图形文件,单击菜单项“工具”→“查询”→“时间”,即可执行状态查询命令,此时,AutoCAD 切换到文本窗口显示,此时文件的对应时间信息显示如图 11.8 所示。

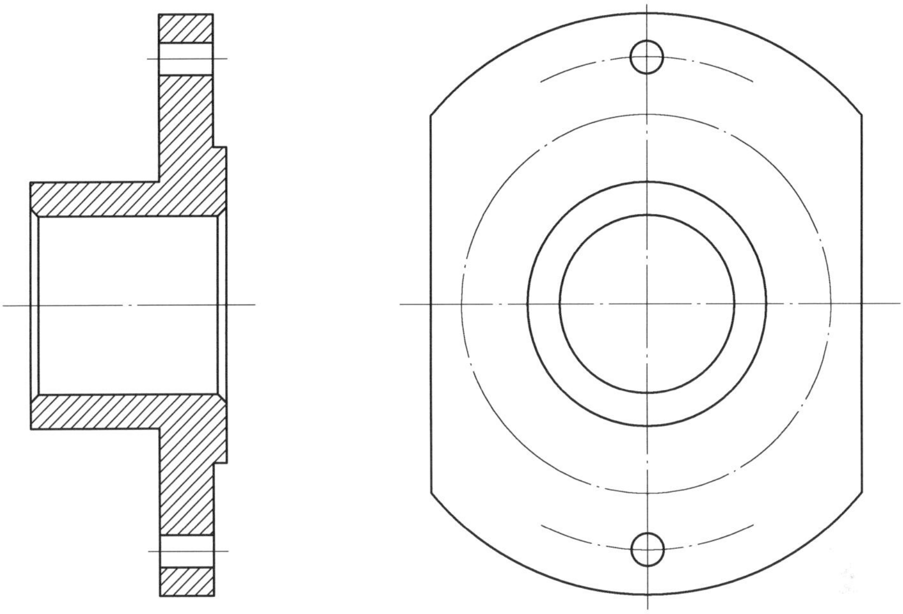

图 11.8　查询状态练习

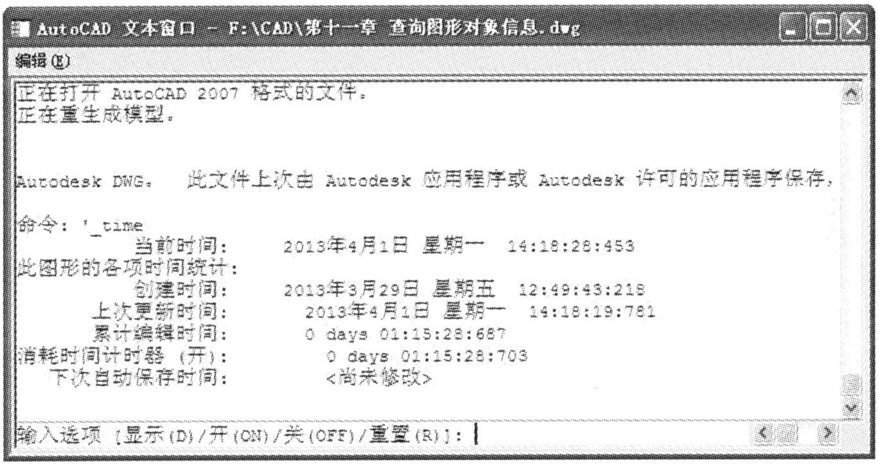

图 11.9　查询时间

从图中可以看到图形的创建时间、上次更新的时间等信息。

2. 对于前几章绘制的图形,试用 TIME 查询时间的命令查询其绘图时间等信息。

第 12 章　绘图环境设置、高级绘图工具

为了提高系统图形的整体设计效率，并有效管理整个系统的所有图形设计文件，AutoCAD 2008经过不断探索和完善，推出了大量图形设计辅助工具，包括：设计中心、工具选项板、图样集管理器等工具。利用设计中心和工具选项板，用户可以建立自己的个性化图库，也可以利用别人提供的强大资源快速准确地进行图形设计。本章的要点就是熟悉AutoCAD 2008提供的设计中心、工具选项板等功能。

上机练习 1　使用设计中心

1. 打开设计中心

菜单项："工具"→"选项板"→"设计中心"。

工具栏：标准→"设计中心"。

组合键：Ctrl+2。

命令行：adcenter。

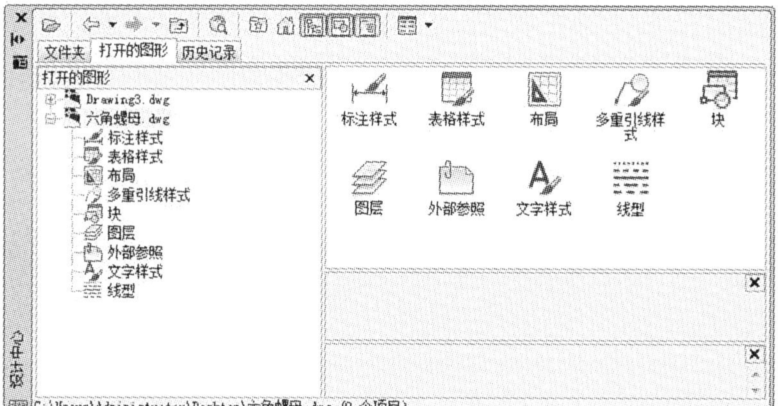

图 12.1　"设计中心"(打开的图形)选项卡

2. 插入自定义的内容类型

用 AutoCAD 设计中心可以通过把选定的内容从控制板拖到 AutoCAD 绘图区域将线型、标注样式、文字样式、布局和自定义内容添加到打开的图形中。根据生成自定义内容的应用程序的不同，AutoCAD 提示也有所不同。下面简述块的插入过程：

首先创建一个六角螺母(过程略)，并创建为块保存，如图 12.2 所示。

然后，再新建一个文件。用组合键 Ctrl+2 打开"设计中心"，在树状路径图中找到做好的六角螺母图。

图 12.2　创建新“块”

在右边的选项框中单击“块”,找到替换好的“六角螺母”块。拖至当前新建文件的绘图窗口中,即完成块的插入,如图 12.3 所示。

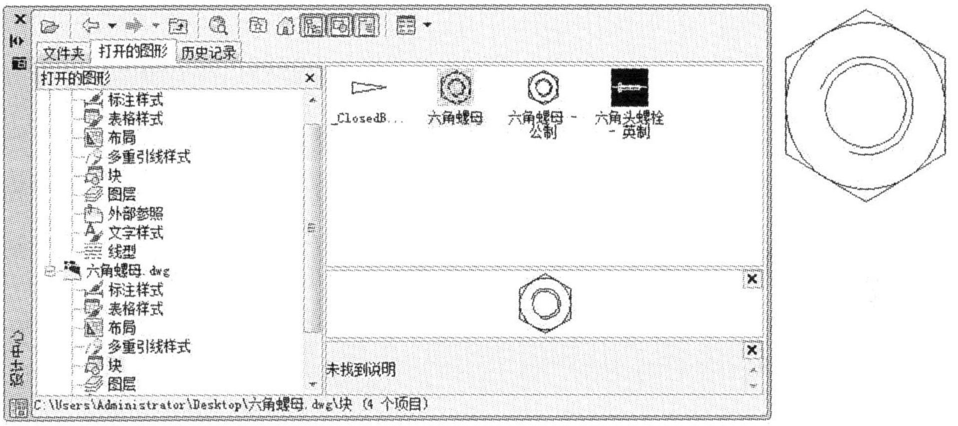

图 12.3　在内容区显示块图标

3. 在图形之间复制图层

利用 AutoCAD 设计中心,可以通过拖放操作在所有图形之间复制图层。例如,如果一个图形中包含了项目所需的所有标准图层,则可以创建一个新图形,通过 AutoCAD 设计中心将预定义图层拖动到新图形。这样不仅节省了时间,还保证了图形之间的一致性。

在拖放图层到 AutoCAD 设计中心之前,要保证复制图层名称的唯一性。

将图层拖动到打开的图形的步骤如下:

(1)确认包含要复制的图层的图形已经打开并置为当前。

(2)在控制板或对话框中选择一个除 0 层以外的或多个要复制的图层。

(3)将图层拖放到打开的图形中,然后松开定点设备按钮,选定的图层将复制到打开的图形中,如图 12.4 所示。

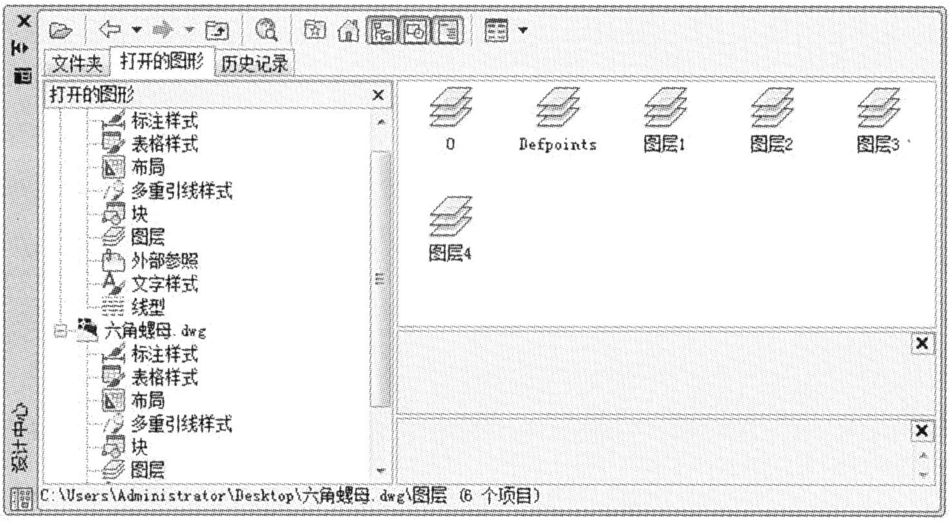

图 12.4　显示图层信息

上机练习 2　工具选项板

1. 打开工具选项板

菜单项:"工具"→"选项板"→"工具选项板",如图 12.5 所示。

工具栏:标准→"工具选项板" ,如图 12.6 所示。

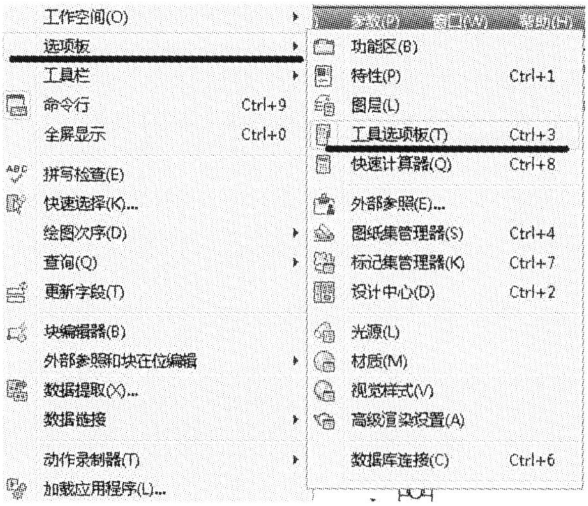

图 12.5　菜单栏下的工具选项板

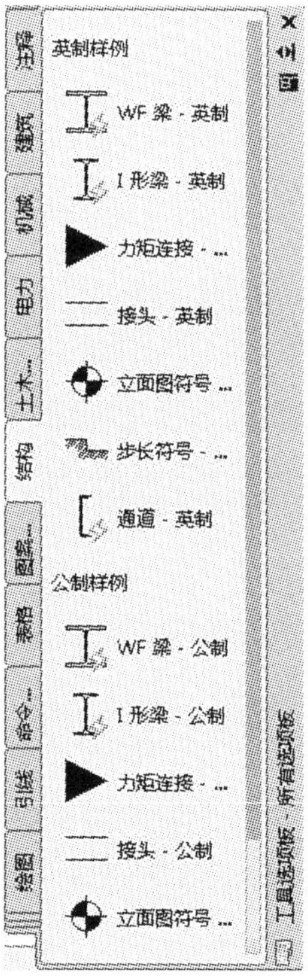

图 12.6　"工具选项板"窗口

组合键：Ctrl+3。

命令行：toolpalettes。

2. 利用工具选项板填充图案

有两种通过工具选项板填充图案的方法。一种是单击工具选项板上的某个图案，此时 AutoCAD 会提示：

指定插入点：

此时在绘图窗口任意位置拾取一点，即可实现图案的填充。

另一种方法是通过拖放的方式填充图案，即将工具选项板上的某个图案直接拖至绘图窗口指定位置，即可完成填充。

3. 定制工具选项板

(1)添加工具选项板选项卡。

打开工具选项板，在工具选项板中单击鼠标右键，从快捷菜单中选择“新建工具选项板”菜单项，然后在选项卡的名称框中输入名称(如“绘图工具”)，完成新工具选项卡的创建。

(2)为新创建的工具选项卡添加工具。

首先新建或打开要添加到工具选项板的图形文件，如图 12.7 所示(新绘制一个六角螺母并以“六角螺母”为名保存)。

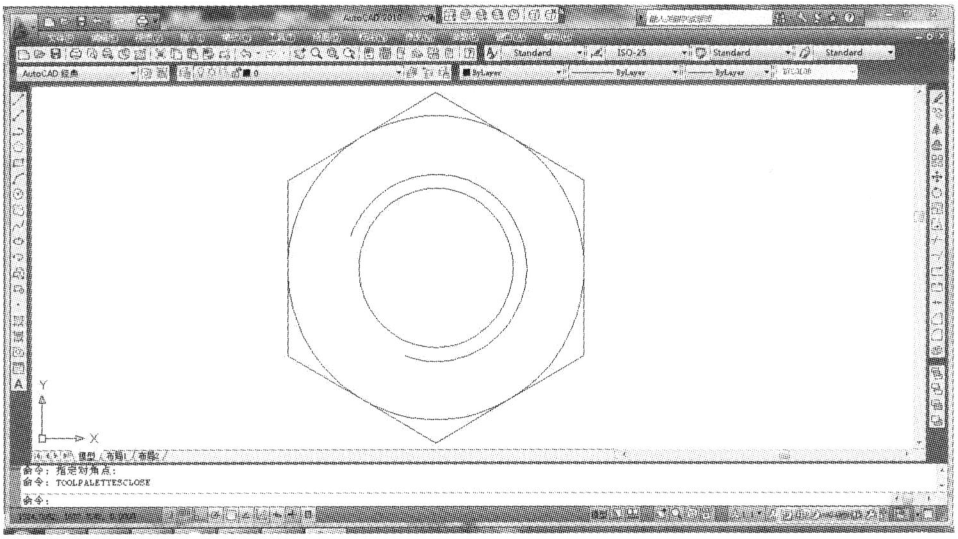

图 12.7　绘制“六角螺母”

再另外新建一个图形文件，在新建的图形文件中执行如下操作：

打开“工具选项板”，再同时打开“设计中心”窗口。在“设计中心”中点击“打开的图形”→选择“六角螺母. dwg”→在左边的树状图中单击鼠标右键，选择“创建工具选项板”，选中“工具选项板”中出现“新建选项板”标签→单击鼠标右键→选择“重命名”，并将新建标签更名为需要的名称，如“常用零件”，如图 12.8 所示。

另外，新建工具选项板也可以有其他方式，如：可以在图形文件中选中文件，用鼠标直接拖拽到工具选项卡中。

图 12.8　“设计中心”创建工具选项板

上机练习 3　设置绘图环境

1. 绘图单位设置

启动 AutoCAD 2008，此时将自动创建一个新文件，打开“格式”菜单，选择“单位”命令，系统将打开“图形单位”对话框。我们可通过“长度”组合框中的“类型”下拉列表选择单位格式，其中，选择“工程”和“建筑”的单位将采用英制。单击“精度”下拉列表，可选择绘图精度。在“角度”组合框的“类型”下拉列表中可以选择角度的单位。可供选择的角度单位有：“十进制度数”“度/分/秒”“弧度”等。同样，单击“精度”下拉列表可选择角度精度。“顺时针”复选框可以确定是否以顺时针方式测量角度。当您修改单位的时候，下面的“输出样例”部分将显示此种单位的示例，如图 12.9 所示。

单击“方向”按钮，系统将弹出“方向控制”对话框，您可通过该对话框定义角度的方向，如图 12.10 所示。

图 12.9　“图形单位”对话框

图 12.10　“方向控制”对话框

2. 图形界限

实际绘图时,用 LIMITS 命令随时改变“绘图纸”的大小。LIMITS 命令的功能是:设置绘图区的界限,控制绘图边界的限制功能。

命令执行方式:

格式>图形界限

命令:LIMITS↙

命令输入后提示:

重新设置模型空间界限:

指定左下角点或［开(ON)/关(OFF)］<0.000 0,0.000 0>(输入图纸左下角坐标或 ON、OFF 后):

指定右上角点 <420.000 0,297.000 0>:↙

注意:

①指定左下角。

默认方式。指定图纸的左下角和右上角的坐标值。

②开(ON)。

输入 ON 后回车,打开图形界限检查功能。此时如果输入的图形点必须在界限以内,那么超出图形界限的点将被拒绝接受,当拒绝时会有“＊＊超出图形界限”的提示。

③关(OFF)。

关闭图形界限检查,是 AutoCAD 的默认方式。

3. 绘图环境设置

对当前的绘图环境并不是很满意时,请打开“工具”菜单,选择“选项”命令来定制 AutoCAD,使其符合自己的要求。

在弹出的“选项”对话框中,选择“文件”选项卡设置文件路径,可通过该选项卡查看或调整种种文件的路径。在“搜索路径、文件名和文件位置”列表中找到要修改的分类,然后单击要修改的分类旁边的加号框展开显示路径。选择要修改的路径后,单击“浏览”按钮,然后在“浏览文件夹”对话框中选择所需的路径或文件,单击“确定”按钮。选择要修改的路径,单击“添加”按钮就可以为该项目增加备用的搜索路径。系统将按照路径的先后次序进行搜索。若选择了多条搜索路径,则可以选择其中一条路径,然后单击“上移”或“下移”按钮提高或降低此路径的搜索优先级别,如图 12.11 所示。

“显示”选项卡用于设置是否显示 AutoCAD 屏幕菜单、是否显示滚动条、是否在启动时最小化 AutoCAD 窗口、AutoCAD 图形窗口和文本窗口的颜色和字体等,如图 12.12 所示。

单击“颜色”按钮,在对话框上部的图例中单击要修改颜色的元素,在“窗口元素”框中将显示该元素的名称,“颜色”框中将显示该元素的当前颜色。然后在“颜色”下拉列表中选择一种新颜色,单击“应用关闭”按钮退出,如图 12.13 所示。

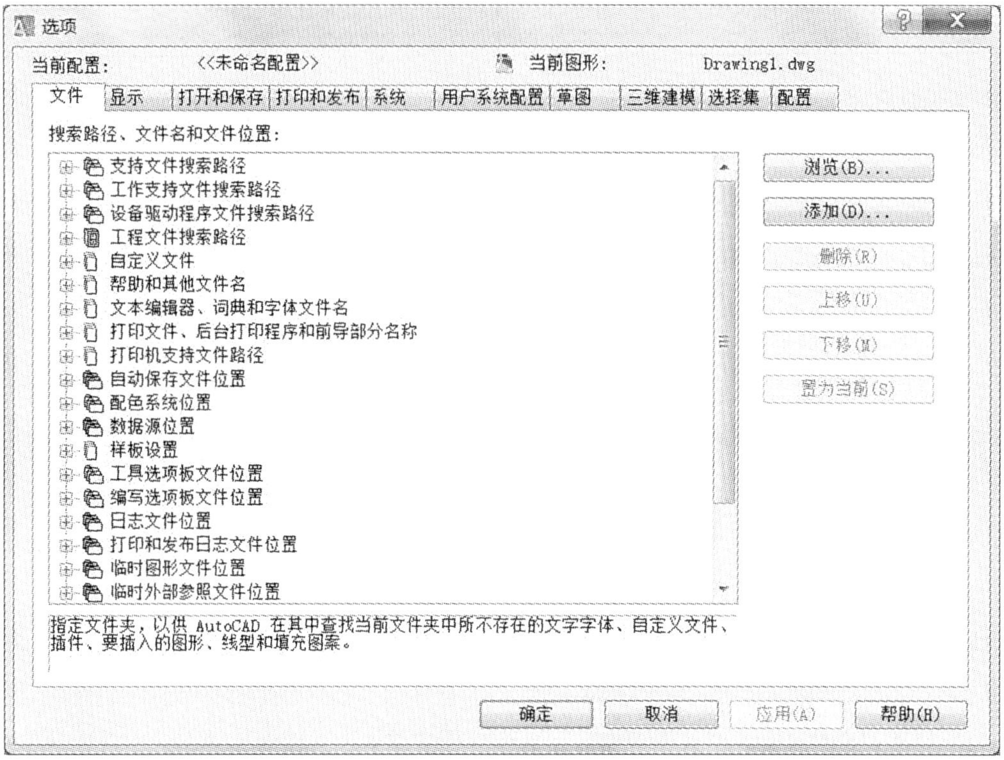

图 12.11 “绘图环境”选项板

图 12.12 “显示”选项卡

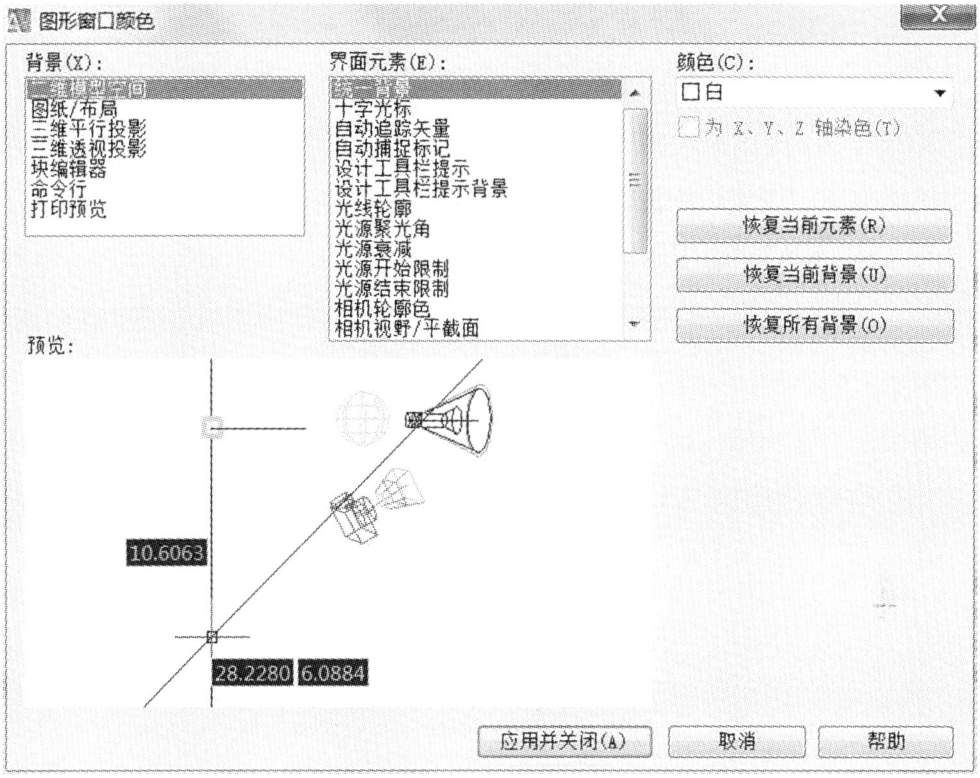

图 12.13　“颜色”对话框

单击“字体”按钮将显示“命令行窗口字体”对话框,我们可以在其中设置命令行文字的字体、字号和样式,如图 12.14 所示。

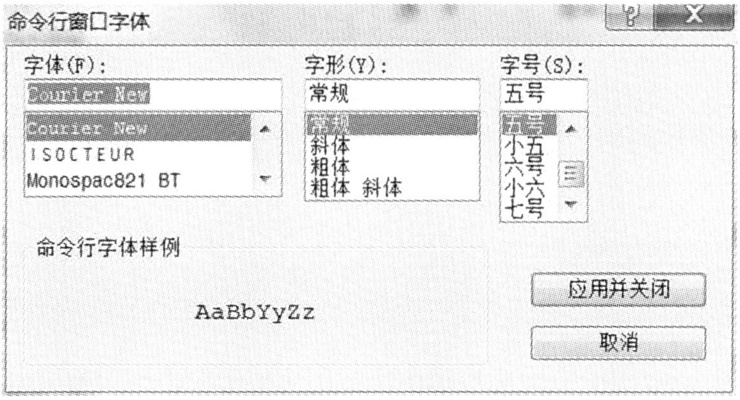

图 12.14　“命令行窗口字体”对话框

通过修改“十字光标大小”框中光标与屏幕大小的百分比,可调整十字光标的尺寸。

“显示精度”和“显示性能”区域用于设置着色对象的平滑度、每个曲面轮廓线数等。所有这些设置均会影响系统的刷新时间与速度,并进而影响操作的流畅性。

“打开和保存”选项卡用于控制打开和保存相关的设置。对文件的存储类型、安全性、新技术的应用作了重大的改进，如图 12.15 所示。

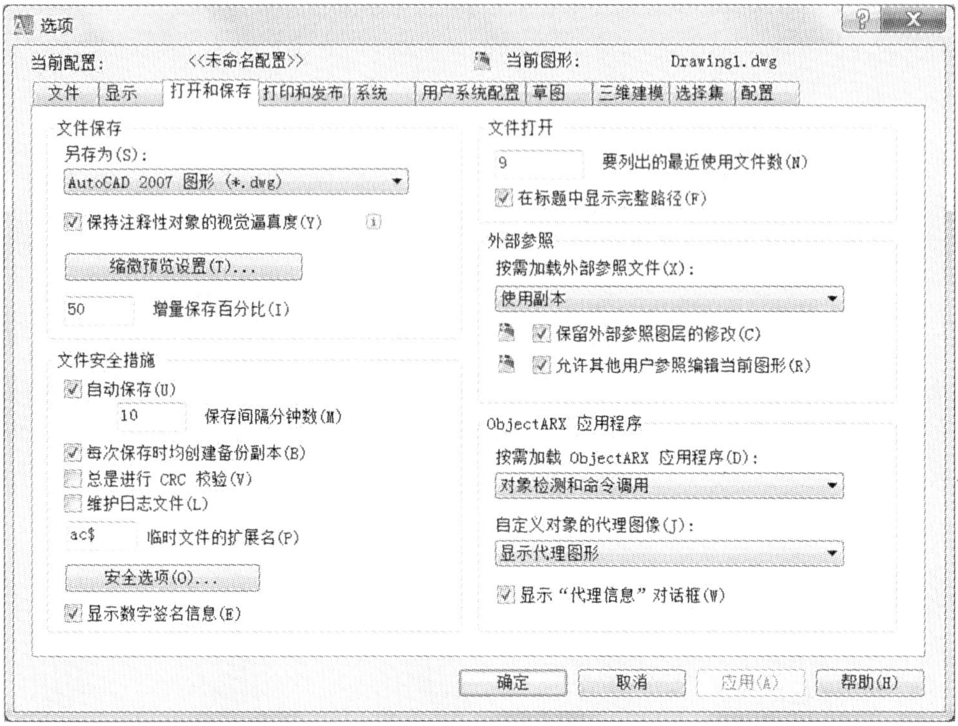

图 12.15　“打开和保存”选项卡

“打印”选项卡控制打印输入的选项。可以从“新图形的缺省打印设置”中选择一个设置作为打印图形时的缺省设备。单击“添加或配置打印机”按钮将打开 AutoCAD 目录下的“R16.0\chs\Plotters”文件夹，该文件夹中包含 AutoCAD 安装的打印机配置文件，另外有一个添加打印机向导，可以用它来为 AutoCAD 添加打印机。“基本打印机选项”区域控制基本的打印设置。可以在“系统打印机后台打印警告”下拉列表中选择发出警告的方式，在“OLE 打印质量”下拉列表中选择打印 OLE 对象的质量。“新图形的缺省打印样式”中可以指定对象的颜色、抖动、灰度、画笔指定、屏幕显示、线型、线度、端点样式、连接样式和填充样式等，如图 12.16 所示。

“系统”选项卡用来控制 AutoCAD 的系统设置。“当前三维图形显示”区域中包含控制三维图形显示系统的相关选择。列表框中列出了当前有效的三维图形显示系统。缺省是“GSHEIDI10”，如图 12.17 所示。

单击“性能设置”按钮，显示“自适应降级和性能调节”对话框，在其中可以对当前的三维图形显示系统进行配置，设置完成后点击“确定”按钮返回“系统”选项中，如图12.18 所示。

“用户系统配置”选项卡用于设置优化 AutoCAD 工作方式的一些选项。“AutoCAD 设计中心”中的“源内容单位”设置为没有指定单位时，将被插入图形中的对象的单位。“目标图形单位”设置为没有指定单位时，将被插入当前图形中对象的单位，如图 12.19 所示。

图 12.16　“打印”选项卡

图 12.17　“系统”选项卡

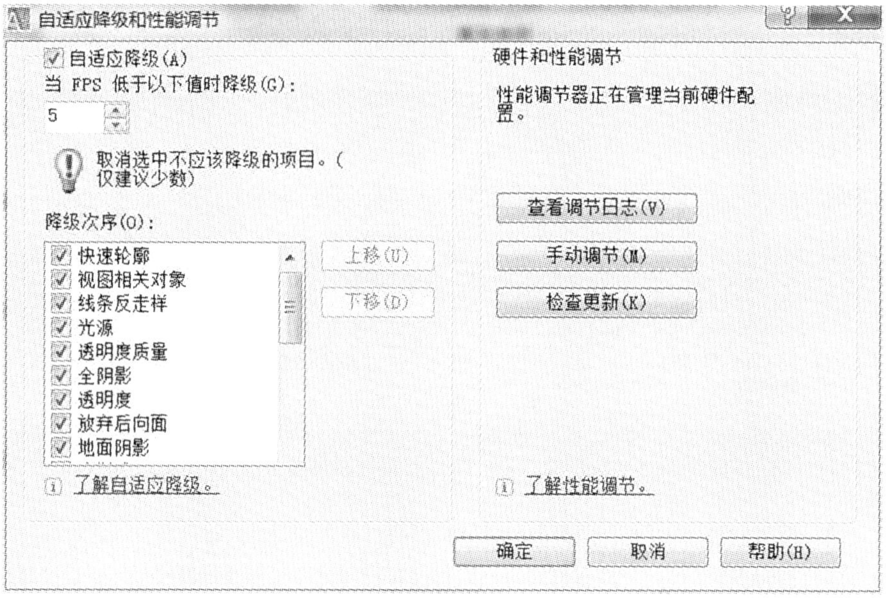

图 12.18　“自适应降级和性能调节”对话框

图 12.19　“用户系统配置”选项卡

单击“线宽设置”按钮将弹出“线宽设置”对话框。用此对话框可以设置线宽的显示特性和缺省选项,同时还可以设置当前线宽,如图 12.20 所示。

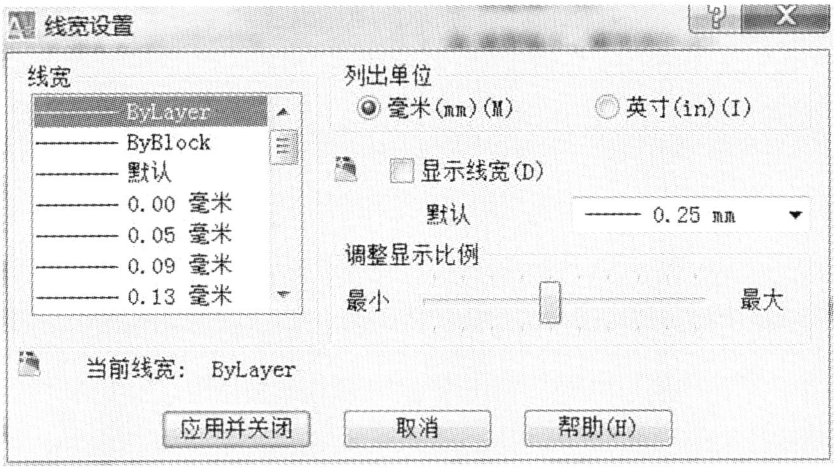

图 12.20　“线宽设置”对话框

“选项”对话框中的“草图”选项卡中包含了多个设置 AutoCAD 辅助绘图工具的选项。“自动追踪设置”控制自动追踪的相关设置。它有“显示极轴追踪矢量、显示全屏追踪矢量、显示自动追踪工具栏提示”三个选项，如图 12.21 所示。

图 12.21　“草图”选项卡

4. 坐标系设置

绘图时通过坐标系在图形中确定点的位置。可以设置和使用自己的可移动的坐标系，从而更好地在等轴测或正交三维视图中绘图。

AutoCAD 图形中各点的位置是用笛卡儿右手坐标系来确定的。笛卡儿坐标系有三个轴，即 X 轴、Y 轴和 Z 轴。绘制新图形时，AutoCAD 缺省将用户图形置于世界坐标系中。世界坐标系的 X 轴为水平方向；Y 轴为垂直方向；Z 轴垂直于 XY 平面。

图形中的任何一点都是用相对于原点(0,0,0)的距离和方向来表示的。世界坐标系的重要之处在于它总是要在绘图中用到，并且它不能被改变，其他任何坐标系都可以相对于它建立起来。

其余的坐标系称为用户坐标系，可以用命令创建。虽然世界坐标系是固定的，但可以从任何角度来观察或转动而不用改变为另外的坐标系。

极坐标系是用距离值和角度值定位一个点。也就是说，使用极坐标系输入的任意一点均是相对于原点(0,0,0)的距离和角度表示的。

在二维空间中，绝对直角坐标是将点看成从原点(0,0)出发的，沿 X 轴与 Y 轴的位移。绝对极坐标也是将点看成是对原点(0,0)的位移，不同之处在于输入的是该点与原点的距离及与极轴的角度。

在 AutoCAD 中，极坐标表示方法为“距离<角度”。例如：“100<45”表示距离为 100 个图形单位，角度为 45°处的一点。使用相对坐标，需要通过输入相对于当前点的位移或者距离和角度的方法来输入新点。

AutoCAD 规定在所有相对坐标的前面添加一个@ 号，用于表示与绝对坐标的区别。“@ 30,15”表示距当前点沿 X 轴正方向 30 个单位、沿 Y 轴正方向 15 个单位的新点。“@ 100<72”表示距当前点的距离为 100 个单位，与 X 轴夹角为 72°的点。

提示：同时按住“Shift”键和“2”键可以输入符号@ 。

坐标显示的作用是追踪作图时的光标位置，AutoCAD 在窗口底部状态栏中显示当前光标的位置坐标。可以按“F6”键或“Ctrl+D”，在坐标的开、关模式间切换。

用户坐标系是可移动的坐标系。使用用户坐标系，可以将复杂的三维问题变成简单的二维问题。用户坐标系也可以通过平移和旋转来生成，从而指定新的 XY 平面和新的原点。用户坐标系图标通常显示在坐标原点或者当前视区的左下角处，表示用户坐标系的位置和方向。如果用户坐标系图标显示在坐标原点，那么在图标中有一个加号。如果用户坐标系图标显示在视口的左下角，也就是说没有位于坐标原点上，那么用户坐标系图标中没有加号显示。当用户处于世界坐标系中时，用户坐标系图标 Y 轴箭头就会有一个“W”，表明当前视图正处于世界坐标系中。

第 13 章　绘制三维图形

上机练习 1　用户坐标系

把图 13.1(a)所示的坐标系分别变换为图 13.1(b) ~13.1(d)所示,将图 13.1(b)中坐标系原点移动到 *B* 点;图 13.1(c)中坐标系原点移动到 *F* 点,并绕 *X* 轴旋转 90°;将图 13.1(d)坐标系以 *C* 点为原点移动到 *CDE* 平面上。

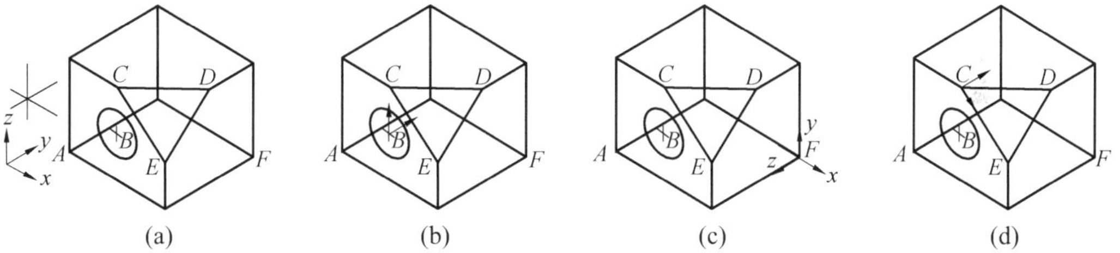

图 13.1　坐标变换图例

操作步骤如下:

首先调出 UCS 工具栏,在已打开的工具栏上右击,选择 UCS,系统弹出如图 13.2 所示的工具栏。

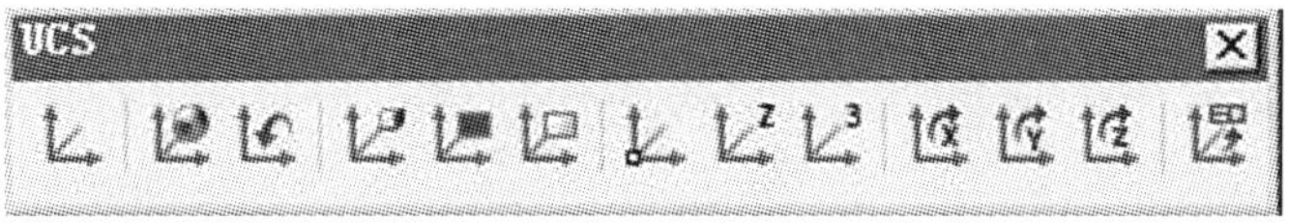

图 13.2　UCS 工具栏

命令:_ ucs

当前 UCS 名称: * 没有名称 *

指定 UCS 的原点或 [面(F)/命名(NA)/对象(OB)/上一个(P)/视图(V)/世界(W)/X/Y/Z/Z 轴(ZA)] <世界>:_ O

指定新原点 <0,0,0>:

结果如图 13.1(b)所示。

命令:_ ucs

当前 UCS 名称: * 没有名称 *

指定 UCS 的原点或 [面(F)/命名(NA)/对象(OB)/上一个(P)/视图(V)/世界(W)/X/Y/Z/Z (ZA)] <世界>:_ O

指定新原点 <0,0,0>:

命令:_ ucs

当前 UCS 名称: * 没有名称 *

指定 UCS 的原点或 [面(F)/命名(NA)/对象(OB)/上一个(P)/视图(V)/世界(W)/X/Y/Z/Z 轴(ZA)] <世界>:_ X

指定绕 X 轴的旋转角度 <90>:

结果如图 13.1(c)所示。

命令:_ ucs

指定 UCS 的原点或 [面(F)/命名(NA)/对象(OB)/上一个(P)/视图(V)/世界(W)/X/Y/Z/Z 轴(ZA)] <世界>:_ 3

指定新原点 <0,0,0>:

在正 X 轴范围上指定点 <-211.6976,350.3684,388.5921>:

在 UCS XY 平面的正 Y 轴范围上指定点 <-212.0618,351.1403,388.5921>:

结果如图 13.1(d)所示。

管理用户坐标系。在同一个图形文件中可以创建并保存多个用户坐标系,以便需要时快速恢复至某个用户坐标系,避免重复新建的麻烦,如果某个用户坐标系不再需要,也可以将其删除。

执行如上面所说的 UCS 命令以后,选择命令行提示中的“命名”选项,将出现提示信息“输入选项[恢复(R)/保存(S)/删除(D)/?]:”其中各选项的含义介绍如下。

【恢复(R)】:恢复已保存的 UCS,使其成为当前 UCS。但恢复已保存的 UCS 并不会重新建立在保存 UCS 时生效的观察方向。

【保存(S)】:将当前 UCS 按指定名称保存。该名称可使用字母、数字、空格和未被 Windows 和 AutoCAD 用作其他用途的任何特殊字符,最多可包含 255 个字符。

【删除(D)】:从已保存的用户坐标系列中删除指定的 UCS。

【?】:列出所有用户定义的坐标系的名称,并列出每个保存的 UCS 相对于当前 UCS 的原点以及 *X*、*Y* 和 *Z* 轴。如果当前 UCS 未命名,那么它将被列为 WORLD 或 UNNAMED,这取决于它是否与 WCS 相同,如果不相同则被列为 UNNAMED。

上机练习 2　设置视点

设置视点就是确定观察位置在 *XY* 面上的角度以及与 *XY* 平面之间的夹角。通过设置视点,用户可以从任意位置进行模型的察看。

(1)启用“视点预置”命令来设置视点。

操作步骤如下:

“视图”→“三维视图”→“视点预置”菜单命令,按回车键,系统弹出如图 13.3 所示的“视点预置”对话框。

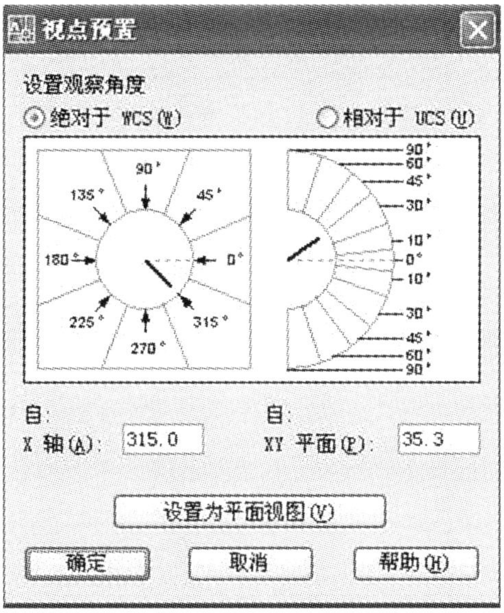

图 13.3　“视点预置”对话框

设置视点位置。在“视点预置”对话框中有两个刻度盘,左边刻度盘用来设置视线在 *XY* 平面内的投影与 *X* 轴的夹角,用户也可以直接在“X 轴”数值框中输入该值;右边刻度盘用来设置视线与 *XY* 面的夹角,同理也可以直接在“XY 平面”数值框中输入该值。

参数设置完成后,单击“确定”按钮即可对模型进行观察。

(2)启用“视点”命令来设置视点。

选择→“视图”→“三维视图”→“视点”菜单命令,模型空间自动显示罗盘和三轴架,如图 13.4 所示。

移动鼠标,当鼠标落于坐标球的不同位置时,三轴架将以不同状态显示,此时三轴架的显示直接反映了三维坐标轴的状态。

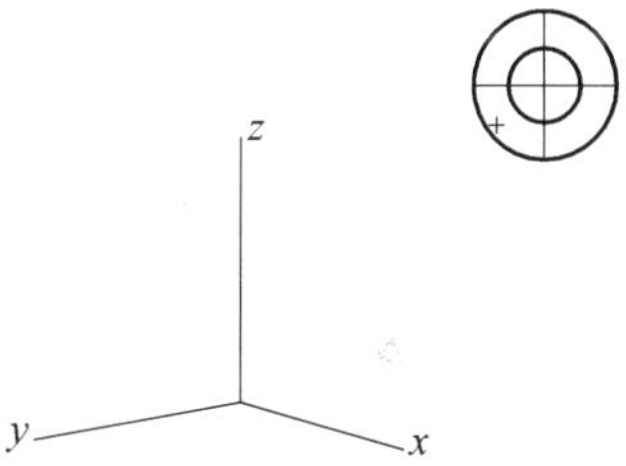

图 13.4　罗盘和三轴架

当三轴架的状态达到所要求的效果后,单击鼠标左键即可对模型进行观察。

上机练习 3　基本模型练习

绘制长方体。

启用“长方体”命令后,命令行提示如下:

命令:_ box

指定长方体的角点或[中心点(C)]<0,0,0>:

指定角点或[立方体(C)/长度(L)]:

其中的参数:

【角点】:定义长方体的一个角点。

【中心点(C)】:定义长方体的中心点,并根据该中心点和一个角点来绘制长方体。

【立方体(C)】:绘制立方体,选择该项命令后即可根据提示输入立方体的边长。

【长度(L)】:选择该命令后,系统依次提示用户输入长方体的长、宽、高。

绘制长方体的默认方法是直接通过长方体两个角点及指定 Z 轴上的点进行绘制,如图 13.5 所示。如果没有已有的定位点,这种方式不能精确绘图,因此常通过指定长、宽、高的值进行绘制。

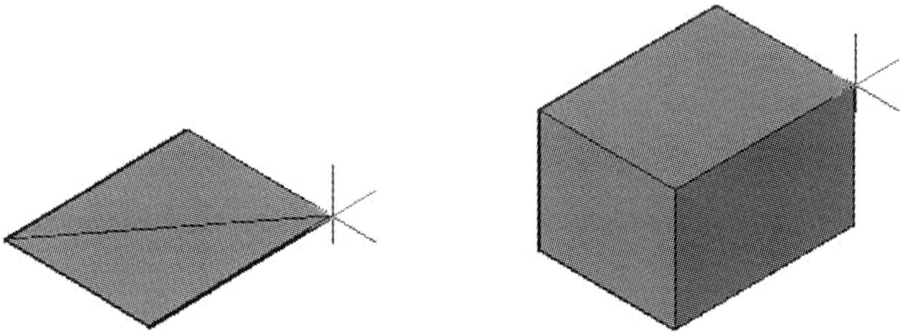

图 13.5　绘制长方体图例

上机练习 4　绘制楔形体

启用“楔形体”命令有三种方法。

启用“楔形体”命令后,命令行提示:

命令:_ wedge

指定楔形体的第一个角点或[中心点(C)]<0,0,0>:

指定角点或[立方体(C)/长度(L)]:

其中的参数:

【第一个角点】:定义楔形体的第一个角点。

【中心点(C)】:指定楔形体的中心点。

【立方体(C)】:绘制立方体时选择此项。

【长度(L)】:输入楔形体的长度,根据命令行提示,再输入宽度和高度。

楔形体实际相当于将长方体从两个对角线处剖切后的实体,绘制的高度是指从第一个角点(起点)开始向上的高度。楔形体如图 13.6 所示。

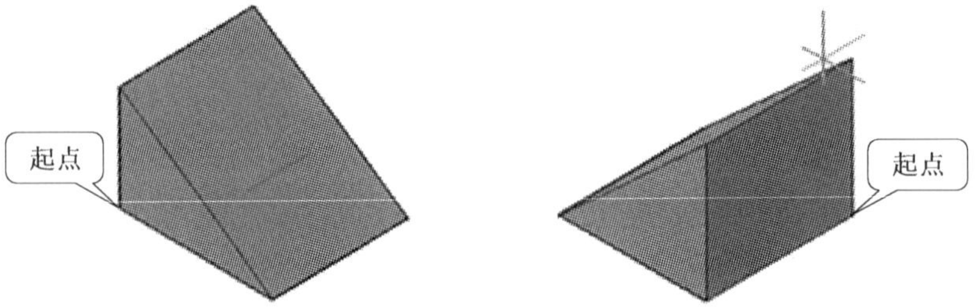

图 13.6　楔形体图例

上机练习 5　圆 锥 体

启用“圆锥体”有三种方法。

启用“圆锥体”命令后,命令行提示:

命令:_ cone

指定底面的中心点或［三点(3P)/两点(2P)/相切、相切、半径(T)/椭圆(E)］:

指定底面半径或［直径(D)］<544.0148>:

指定高度或［两点(2P)/轴端点(A)/顶面半径(T)］<1284.3066>:

其中的参数:

【椭圆(E)】:将圆锥体底面设置为椭圆形状。

【中心点】:定义圆锥体底面的中心点。

【半径】:定义圆锥体底面的半径。

【直径(D)】:定义圆锥体底面的直径。

【高度】:定义圆锥体的高度。

【顶面半径(T)】:选择该选项后,将创建圆锥台,即没有顶点,顶面是一个平面。

上机练习 6　绘制圆锥体

分别绘制一个直径为 80、高为 80 的圆锥体,绘制一个以长轴为 80、短轴为 40 的椭圆底面,高为 80 的圆锥体。

操作步骤如下:

选择→“视图”→“三维视图”→“东南等轴测”,进入绘图区域。

命令:_ cone

指定底面的中心点或［三点(3P)/两点(2P)/相切、相切、半径(T)/椭圆(E)］:

指定底面半径或［直径(D)］<528.3222>:40

指定高度或［两点(2P)/轴端点(A)/顶面半径(T)］<1334.4456>

结果显示如图 13.7(a)所示。

命令:_ cone

指定底面的中心点或［三点(3P)/两点(2P)/相切、相切、半径(T)/椭圆(E)］:

指定第一个轴的端点或［中心(C)］:

指定第一个轴的其他端点:<正交 开> 80

指定第二个轴的端点:40

指定高度或［两点(2P)/轴端点(A)/顶面半径(T)］<80.0000>:

结果显示如图 13.7(b)所示。

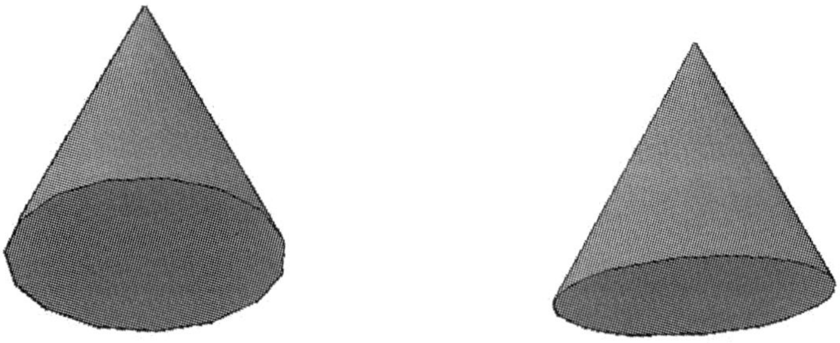

(a) 圆锥体　　(b) 底面为椭圆

图 13.7　圆锥体图例

上机练习 7　绘制一个直径为 120 的球体

操作步骤如下：

选择→“视图”→“三维视图”→“东南等轴测”，进入绘图区域。

命令：_ sphere

指定中心点或［三点(3P)/两点(2P)/相切、相切、半径(T)］：

指定半径或［直径(D)］<60>：

球体创建完成后，效果如图 13.8 所示。

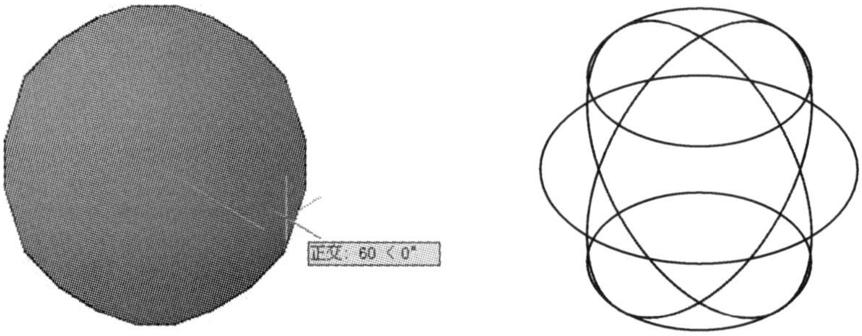

(a)　　(b)

图 13.8　球体图例

上机练习 8　圆 柱 体

绘制直径为 200、高度为 100 的圆柱。

操作步骤如下：

选择→“视图”→“三维视图”→“东南等轴测”，进入绘图区域。

命令：_ cylinder

指定底面的中心点或［三点(3P)/两点(2P)/相切、相切、半径(T)/椭圆(E)］：

指定底面半径或［直径(D)］<77>:100

指定高度或［两点(2P)/轴端点(A)］<82>:100

结果显示如图 13.9(b)、13.9(c)所示。

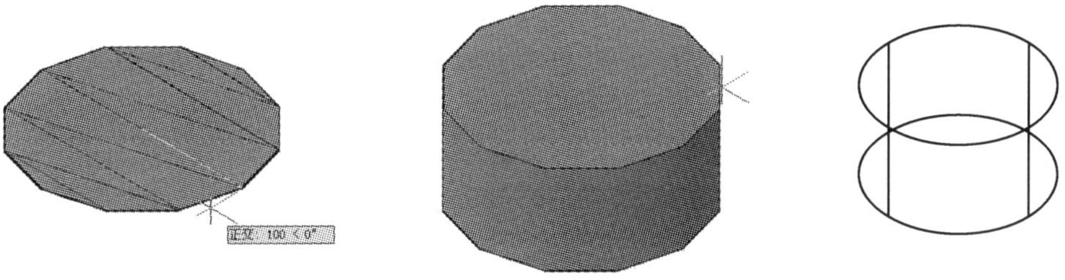

(a)　　(b)　　(c)

图 13.9　绘制圆柱体图例

上机练习 9　圆 环 体

启用“圆环体”有三种方法。

绘制一个半径为 100、圆管半径为 20 的圆环体。

操作步骤如下：

选择→“视图”→“三维视图”→“东南等轴测”，进入绘图区域。

命令:_ torus

指定中心点或［三点(3P)/两点(2P)/相切、相切、半径(T)］:

指定半径或［直径(D)］<100>:100

指定圆管半径或［两点(2P)/直径(D)］:20

结果显示如图 13.10 所示。

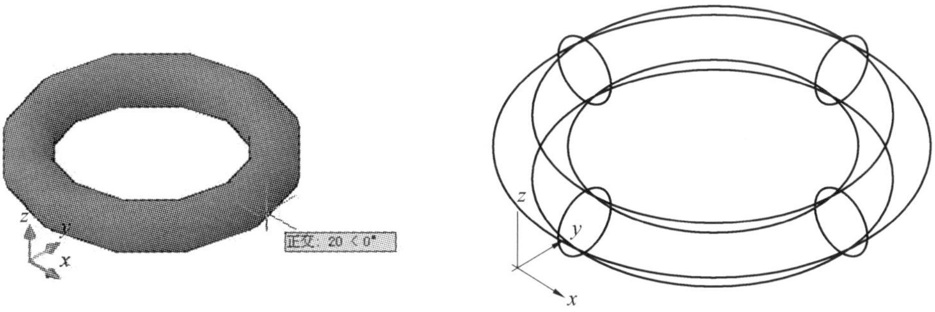

(a)　　(b)

图 13.10　圆环体图例

上机练习 10　绘制棱锥体

绘制如图 13.11 所示,棱锥底面内接圆半径为 200,高为 150 的六棱锥。

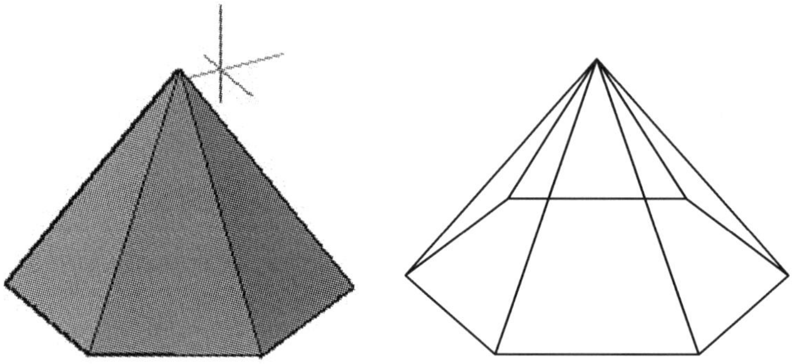

图 13.11　棱锥图例

操作步骤如下:

选择→"视图"→"三维视图"→"东南等轴测",进入绘图区域。

命令:_ pyramid

4 个侧面　外切

指定底面的中心点或[边(E)/侧面(S)]:S

输入侧面数 <4>:6

指定底面的中心点或[边(E)/侧面(S)]:

指定底面半径或[内接(I)]<187>:200

指定高度或[两点(2P)/轴端点(A)/顶面半径(T)]150:

结果如图 13.11 所示。

上机练习 11　平面视图命令

在图 13.12(a)的斜面上画圆:

指定 UCS 的原点或[面(F)/命名(NA)/对象(OB)/上一个(P)/视图(V)/世界(W)/X/Y/Z/Z 轴(ZA)]<世界>:

指定 X 轴上的点或 <接受>:

指定 XY 平面上的点或 <接受>:↙

结果如图 13.12(b)所示。

命令:plan

输入选项[当前 UCS(C)/UCS(U)/世界(W)]<当前 UCS>:↙

结果如图 13.12(c)所示。

命令:_ circle

指定圆的圆心或［三点(3P)/两点(2P)/相切、相切、半径(T)］:

指定圆的半径或［直径(D)］<1.5000>:1 ↙

结果如图 13.12(d)所示。

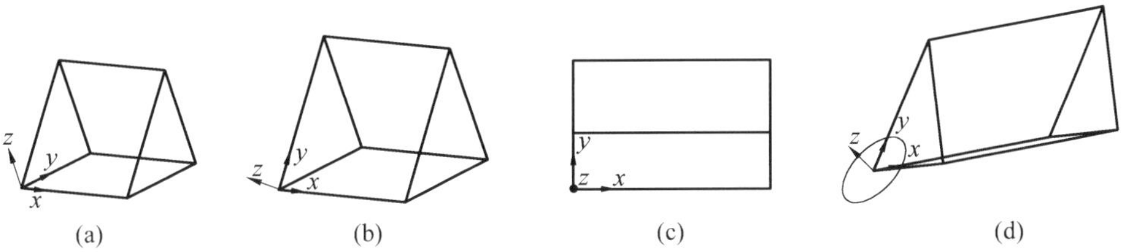

图 13.12　平面视图示例

上机练习 12　绘制表面模型

拉伸曲面,如图 13.13 所示。

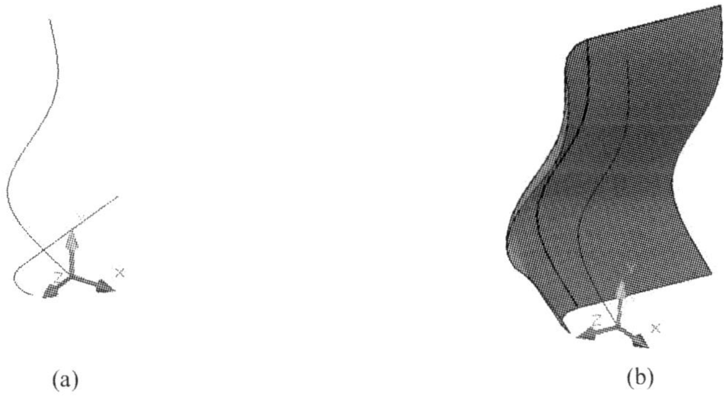

图 13.13　拉伸曲面示例

操作步骤如下:

指定圆弧的圆心:0,0

指定圆弧的端点或［角度(A)/弦长(L)］:_ A

指定包含角:A

需要有效的数值角度或第二点。

指定包含角:-90

命令:_ line

指定第一点:

指定下一点或［放弃(U)］:<正交 开> 20

命令:pedit　(将圆弧与直线合并成一条曲线)

选择多段线或［多条(M)］:M

选择对象:找到 2 个

选择对象:

是否将直线和圆弧转换为多段线? [是(Y)/否(N)]? <Y> y

输入选项 [闭合(C)/打开(O)/合并(J)/宽度(W)/拟合(F)/样条曲线(S)/非曲线化(D)/线型生成(L)/放弃(U)]:J

合并类型 = 延伸

输入模糊距离或 [合并类型(J)] <0.0000>:

多段线已增加 1 条线段

指定 UCS 的原点或 [面(F)/命名(NA)/对象(OB)/上一个(P)/视图(V)/世界(W)/X/Y/Z/Z 轴(ZA)] <世界>:_ x (旋转坐标系,为了画拉伸轨迹线)

指定绕 X 轴的旋转角度 <90>:

命令:_ spline

指定第一个点或 [对象(O)]:0,0

命令:_ extrude

当前线框密度:ISOLINES=4

选择要拉伸的对象:找到 1 个

选择要拉伸的对象:

指定拉伸的高度或 [方向(D)/路径(P)/倾斜角(T)] <5.5026>:P

上机练习 13　扫掠创建曲面

利用图 13.14 中的曲线,扫掠创建曲面操作步骤如下:

命令:_ sweep

选择要扫掠的对象:找到 1 个 (选择圆弧曲线)

选择要扫掠的对象:

选择扫掠路径或 [对齐(A)/基点(B)/比例(S)/扭曲(T)]:S (比例因子)

输入比例因子或 [参照(R)] <1.0000>:3

选择扫掠路径或 [对齐(A)/基点(B)/比例(S)/扭曲(T)]: (选择扫掠路径)

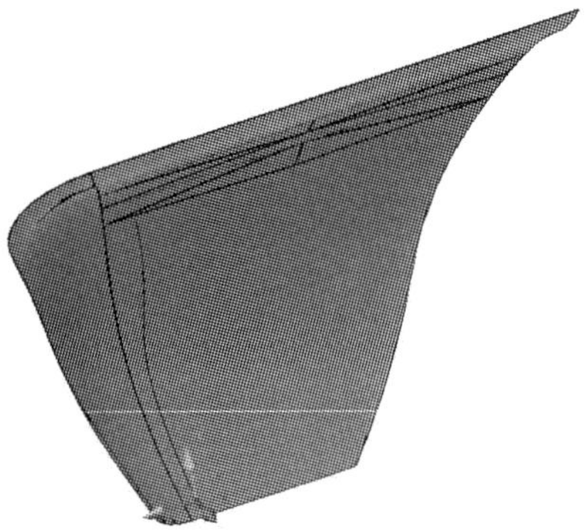

图 13.14　扫掠曲面示例

上机练习 14　通过放样创建曲面

通过放样创建曲面操作步骤如下：

通过移动用户坐标系，在三个相互平行的平面内建立如图 13.15(a)所示的曲线，并且把每个平面内的曲线通过 pedit 命令合并成一条曲线。

命令：_ loft

按放样次序选择横截面：找到 1 个

按放样次序选择横截面：找到 1 个，总计 2 个

按放样次序选择横截面：找到 1 个，总计 3 个

按放样次序选择横截面：

输入选项［导向(G)/路径(P)/仅横截面(C)］<仅横截面>：

得到如图 13.15(b)所示的曲面。

(a)　　(b)

图 13.15　放样曲面示例

上机练习 15　通过旋转创建曲面

通过旋转创建曲面，建立图 13.16(a)所示的曲线操作步骤如下：

命令：_ revolve

选择要旋转的对象：指定对角点：找到 10 个　(选择要旋转的对象)

选择要旋转的对象：

指定轴起点或根据以下选项之一定义轴［对象(O)/X/Y/Z］<对象>：　(选择旋转轴)

指定轴端点：

指定旋转角度或［起点角度(ST)］<360>：　(旋转角度)

结果如图 13.16(b)所示。

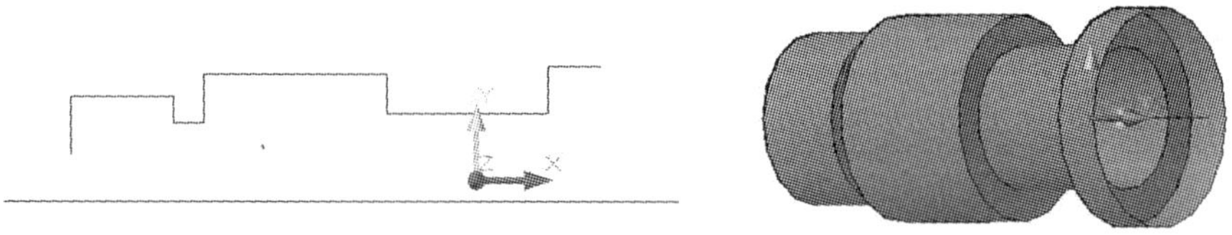

(a)　　(b)

图 13.16　旋转曲面示例

上机练习 16　绘制实体模型

1. 绘制底部轮廓

绘制如图 13.17(a)所示底部轮廓。

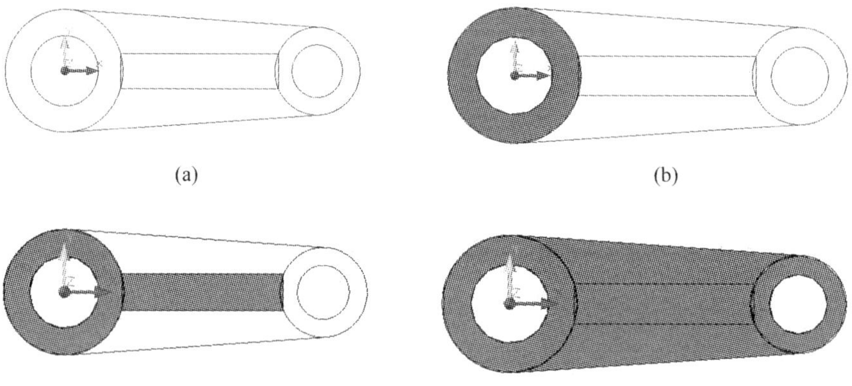

(a)　　(b)

(c)　　(d)

图 13.17　绘制底部轮廓

2. 生成面域

对于每个需要拉伸的三维结构部分生成面域，中间需要用到面域的并集、差集。拉伸内部为空的圆柱体，可以预先生成其地面形状的面域，如图 13.17(b)所示。最终结果如图 13.17(d)所示。

3. 拉伸两圆柱体

命令:_ extrude

当前线框密度:ISOLINES=4

选择要拉伸的对象:找到 1 个

选择要拉伸的对象:

指定拉伸的高度或［方向(D)/路径(P)/倾斜角(T)］<10.0000>:40

命令:_ extrude

当前线框密度:ISOLINES=4

选择要拉伸的对象:找到 1 个

选择要拉伸的对象:

指定拉伸的高度或［方向(D)/路径(P)/倾斜角(T)］<40.0000>:20

4. 拉伸板筋

命令:_ extrude

当前线框密度:ISOLINES=4

选择要拉伸的对象:找到 1 个　(选中板筋地面面域)

选择要拉伸的对象:

指定拉伸的高度或［方向(D)/路径(P)/倾斜角(T)］<20.0000>:35　(拉伸高度 35)

结果如图 13.18(b)所示。

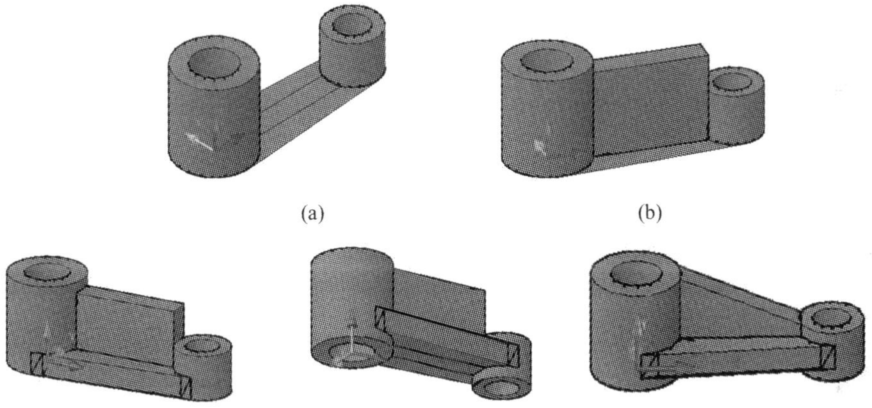

(a)　(b)　(c)　(d)　(e)

图 13.18　拉伸模型

5. 拉伸板筋两侧实体

命令:_ extrude

当前线框密度:ISOLINES=4

选择要拉伸的对象:找到 1 个

选择要拉伸的对象:找到 1 个,总计 2 个

选择要拉伸的对象:

指定拉伸的高度或［方向(D)/路径(P)/倾斜角(T)］<35.0000>:10

［命令:'_ 3dorbit］

按 Esc 或回车键退出。

结果如图 13.18(c)所示。

6. 板筋及两侧实体平移

命令:_ move

选择对象:找到 1 个
选择对象:找到 1 个,总计 2 个
选择对象:找到 1 个,总计 3 个
选择对象:
指定基点或［位移(D)］<位移>:0,0,0
指定第二个点或 <使用第一个点作为位移>:0,0,5
结果如图 13.18(d)所示。

7. 板筋倒角

板筋倒角如图 13.18(e)所示。

8. 整个三维图形并集

上机练习 17　支座模型

用 AutoCAD 创建如图 13.19 所示的支座模型。

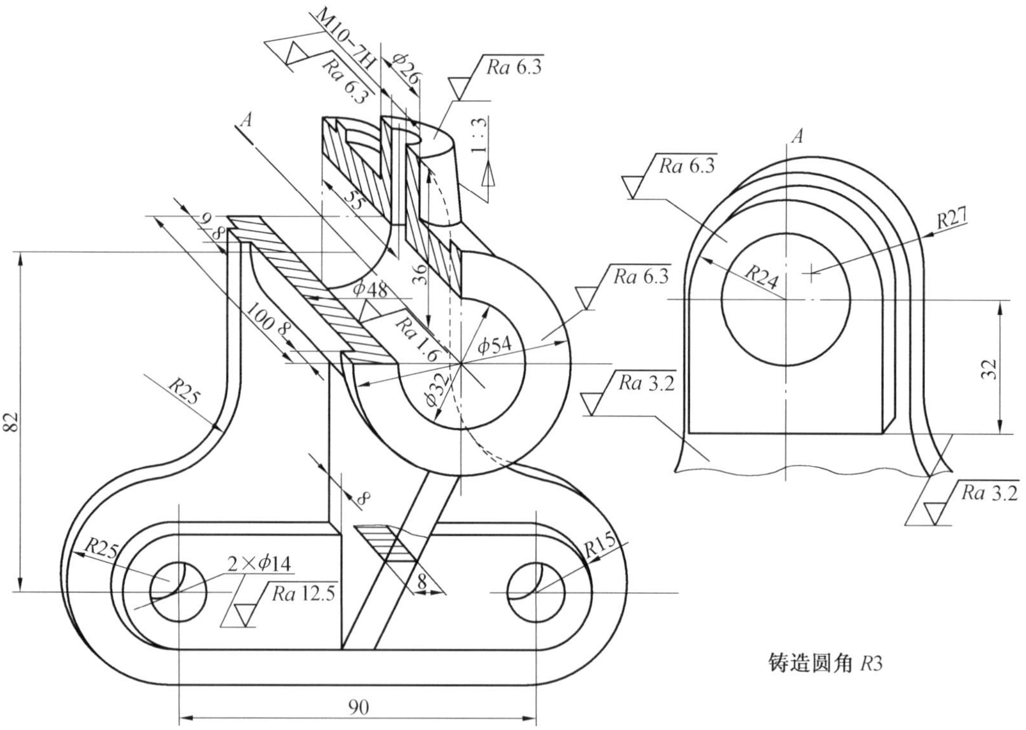

图 13.19　支座

1. 建立绘图环境

绘图极限:使用"绘图极限"命令,设置绘图范围为 A4 的图幅(297 mm×210 mm)。
命令:limits

创建图层:创建“点画线”和“实体”两个图层。

命令:layer

①点画线层　线型:Center(无线型,点击加载(L)…);颜色:红色;线宽:0.2

②实体层　线型:实线;颜色:蓝色;线宽:0.5

2. 底板造型

选择主视图方向。

拾取菜单“视图”→“三维视图”→“主视”。

3. 绘制点画线

将点画线设为当前层,利用“直线-line”“偏移-offset”命令,按给定的尺寸在适当的位置画出如图 13.19 所示的点画线。

第 14 章　三维编辑

上机练习 1　三维阵列

1. 创建三维矩形阵列

修改菜单下的阵列命令只是在 *X* 轴和 *Y* 轴方向创建对象的复制品。三维阵列可以在 *X* 轴、*Y* 轴和 *Z* 轴三个方向上创建对象的复制品。在命令行中会提示指定列数(*X* 轴方向)、行数(*Y* 轴方向)和层数(*Z* 轴方向),如图 14.1 所示。

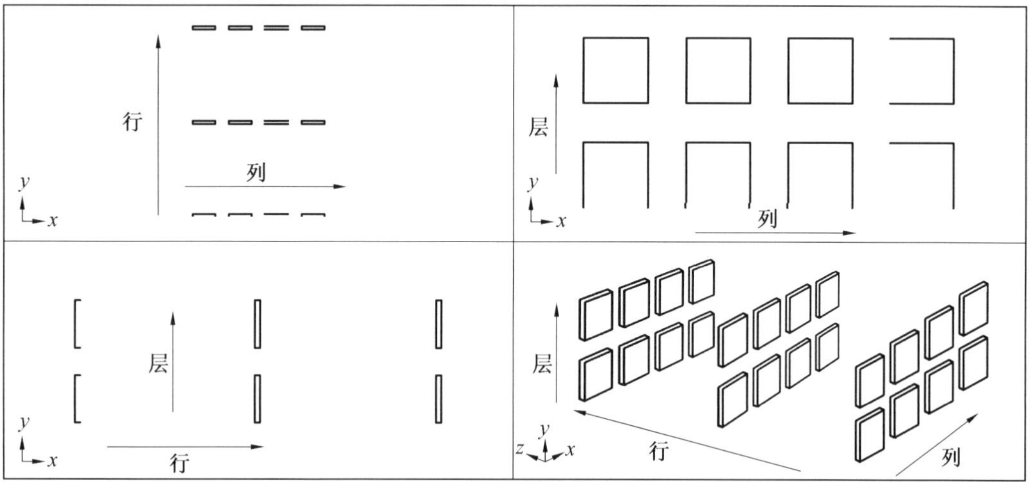

图 14.1　三维矩形阵列

2. 创建三维空间中的环形阵列

三维环形阵列是选中对象围绕着一条指定的轴进行环形阵列复制,而二维环形阵列是围绕着指定的一点进行阵列复制。这就是两者的区别。

上机练习 2　三维镜像与三维旋转

二维镜像命令是指定一个轴,在轴的另一侧创建镜像对象。三维镜像命令是指定一个平面,在这个平面的另一侧创建镜像对象。通常要指定 3 个点来确定平面的位置。选择菜单命令“修改”→“三维操作”→“三维镜像”,单击要镜像的对象。命令行提示:

指定镜像平面的第一个点(三点)或[对象(O)/上一个(L)/Z 轴(Z)/视图(V)/XY 平面(XY)/YZ 平面(YZ)/ZX 平面(ZX)/三点(3)]<三点>

指定 *ABC* 三点以定义镜像平面 3 点的位置。命令行提示：

是否删除源对象？［是(Y)/否(N)］

<否>，按回车键，保留原始对象，如图 14.2 所示。

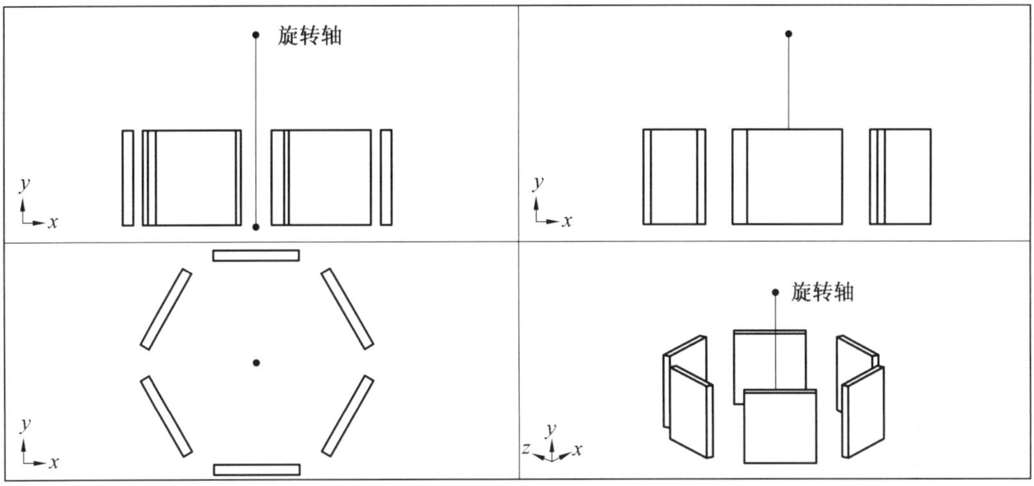

图 14.2　三维环形阵列

二维旋转只是将选择的对象根据指定的一个基点在平面上进行旋转。而三维旋转命令可以根据两点、对象、*X* 轴、*Y* 轴、*Z* 轴，或者当前视图的 *Z* 方向确定一根旋转轴，使指定的对象围绕这根轴线旋转一定的角度，如图 14.3 所示。三维旋转命令使对象的旋转范围从一个平面扩展到整个三维空间，具有更大的自由度。

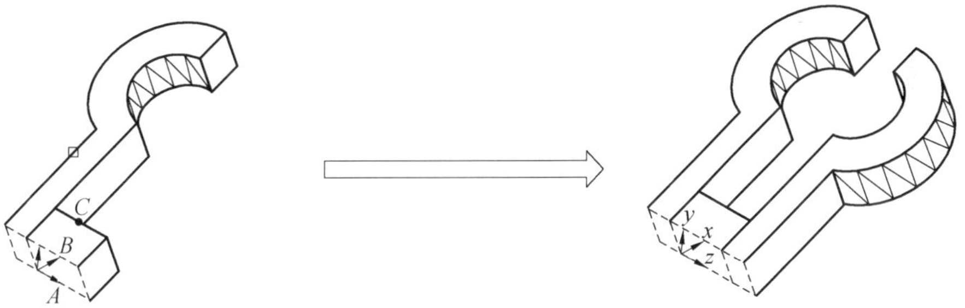

图 14.3　三维空间中旋转对象

(1)创建一个长方体，选择菜单命令“修改”→“三维操作”→“三维旋转”。

(2)命令行提示“选择对象”，单击长方体，按回车键。

(3)命令行提示“指定基点”，此时视图中显示了附着在光标上的旋转夹点工具。

(4)捕捉并单击长方体上的一个端点，将该点作为基点，旋转夹点工具移至基点位置，如图 14.4 所示。

(5)命令行提示“拾取旋转轴”，将光标悬停在旋转夹点工具上的轴控制柄上，直到旋转 *Z* 轴变为黄色，此时会显示出一条蓝色线，单击黄色的旋转 *Z* 轴作为旋转轴。

(6)命令行提示“指定角的起点或键入角度”，输入“30”，按回车键。

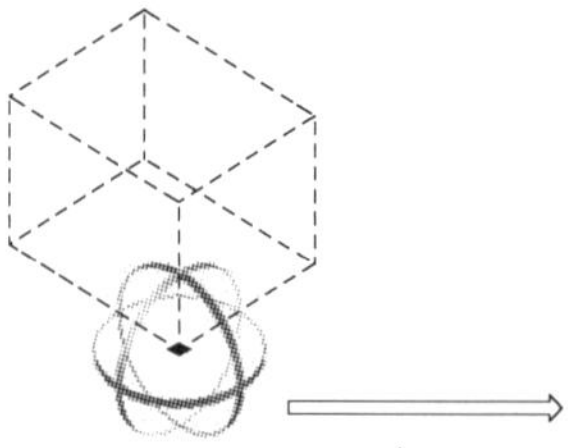

图 14.4　三维空间中旋转夹点

上机练习 3　对　齐

对齐命令可以通过移动、旋转或倾斜对象来使一个对象与另一个对象对齐。使用对齐命令的目的就是将某个对象上的一个点与目标对象的一个点对齐，这样可以迅速地将其移至指定的位置，而不必考虑移动多少距离以及旋转的方向、角度等，如图 14.5 所示。

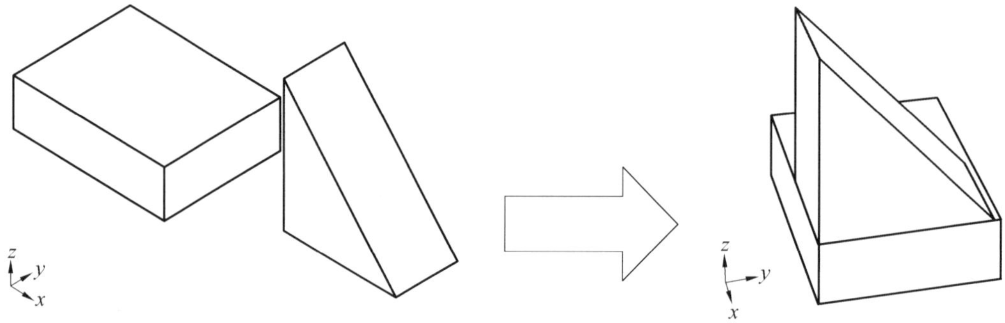

图 14.5　三维空间移动

上机练习 4　布尔操作

1. 差集

实体之间的差集运算就是从一个实体中减去另一个实体与其相交的部分。

创建实体，选择菜单命令“修改”→“实体编辑”→“差集”，命令行提示“选择要从中减去的实体或面域……选择对象”，单击圆角矩形实体和大的圆柱体，按回车键。

命令行提示“选择要减去的实体或面域……选择对象”，在视图中单击其他的圆柱体，按回车键。此时从选择实体中挖出了圆柱与其重叠的部分，如图 14.6 所示。

2. 并集

当需要将两个或多个实体合并为一个实体时，可以使用布尔并集运算命令。

(1)绘制两个长方体和两个楔体。如图 14.7 所示。

(2)选择菜单命令“视图”→“视觉样式”→“二维线框”，选择菜单命令“修改”→“移动”，单击长方体，按回车键，捕捉并单击另一个长方体的端点，即可将长方体移动位置。

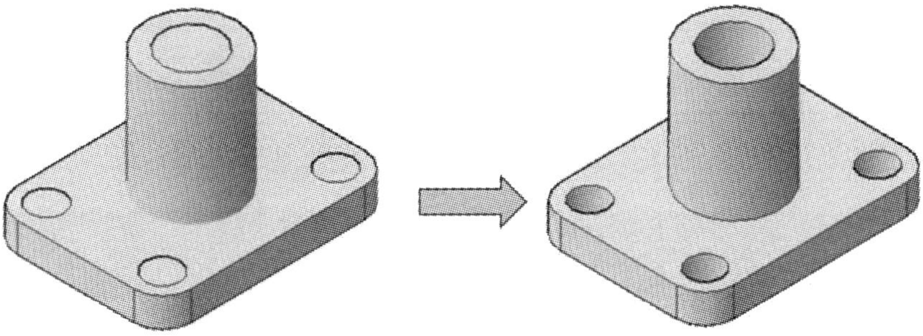

图 14.6　布尔操作差集

(3)用同样的方法移动楔体。

(4)选择菜单命令“修改”→“实体编辑”→“并集”,命令行提示“选择对象”,单击楔体和长方体,按回车键。此时选择的多个实体合并为一个实体。

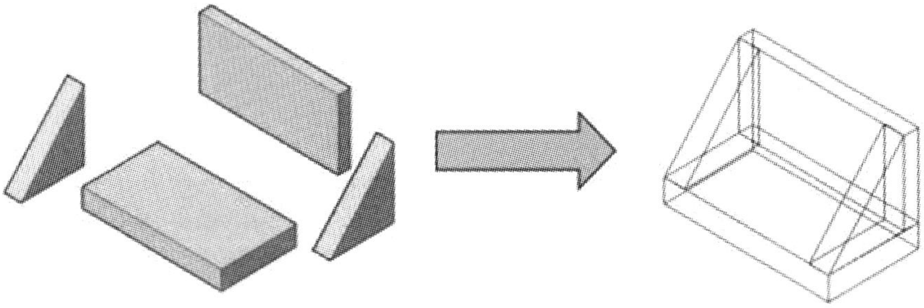

图 14.7　布尔操作并集

3. 交集

实体的交集运算就是将两个或多个实体重叠的公共部分保留下来,删除其他部分。

(1)绘制 3 个圆柱体,如图 14.8 所示。

(2)选择菜单命令“修改”→“实体编辑”→“交集”,命令行提示“选择对象”,单击 3 个圆柱体,按回车键。此时选择的 3 个圆柱体相交的部分被保留下来,其他未相交部分被删除。

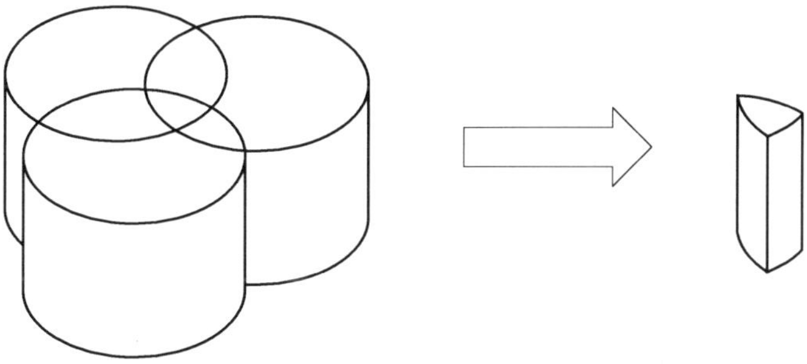

图 14.8　布尔操作交集

4. 干涉检查

AutoCAD 提供了干涉检查和交集两个命令，它们都可以得到三维实体相交或重叠的区域模型。区别在于，交集命令是将实体相交或重叠的公共部分保留下来，删除其他部分；干涉检查命令不改变原来的实体模型，并将其保留下来，而且将其公共部分创建为一个新模型。

(1)绘制如图 14.9 所示图形(可以使用其他图形代替)。

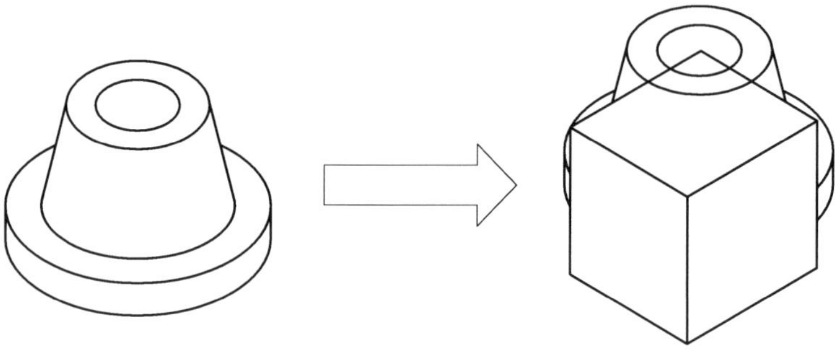

图 14.9　干涉检查

(2)选择“绘图”→“建模”→“长方体”命令，捕捉并单击实体的底面圆心，拖动鼠标单击绘制长方体底面，单击之后向上移动鼠标，捕捉并单击实体顶面圆心，创建一个长方体。

(3)选择“修改”→“三维操作”→“干涉检查”命令，命令行提示“选择第一组对象或[嵌套选择(N)/设置(S)]”，单击长方体和三维实体，按回车键，命令行提示“选择第二组对象或[嵌套选择(N)/检查第一组(K)] <检查>”，按回车键，打开对话框，取消“关闭时删除已创建的干涉对象”，此时视图中会用红色显示干涉对象，线框显示其他实体。

(4)对干涉对象满意之后，单击“关闭”按钮，创建干涉对象，如图 14.10 所示。

图 14.10　干涉对象

(5)选择“修改”→“实体编辑”→“差集”命令，单击三维实体，按回车键，再单击长方体，按回车键，如图 14.11 所示。此时移动干涉实体就可以看到剖切面。

(6)选择菜单命令“修改”→“移动”，移动干涉实体，如图 14.12 所示。

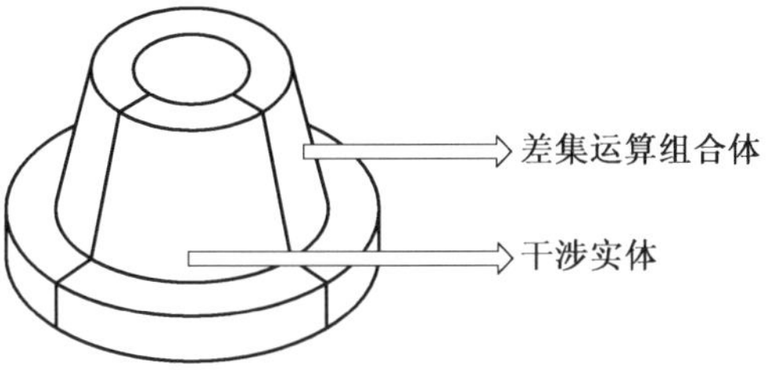

图 14.11　显示干涉剖切面

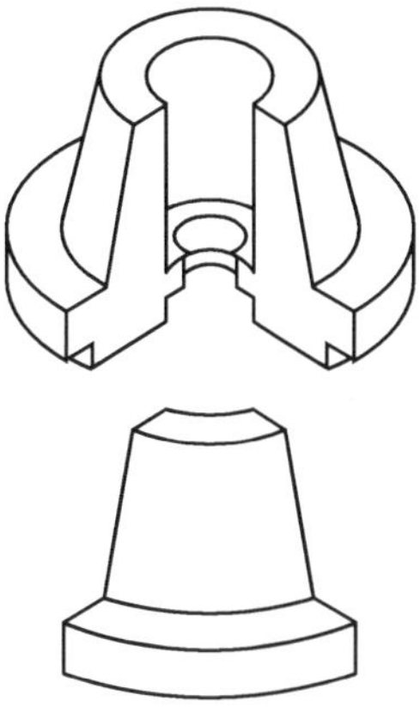

图 14.12　移动干涉剖切面

上机练习 5　创建倒角、圆角

倒角和圆角命令可以应用于二维图形和三维实体的边,达到创建倒角和圆角效果。

(1)绘制如图 14.13 所示图形(可以使用其他图形代替)。

(2)选择菜单命令"修改"→"圆角",单击组合体边线 *AB*,按回车键。命令行提示"当前设置:模式= 修剪,半径= 0.0000 选择第一个对象或[放弃(U)/多段线(P)/半径(R)/修剪(T)/多个(M)]"。

(3)命令行提示"输入圆角半径<0.0000>",输入 5,按回车键。

(4)命令行提示"选择边或[链(C)/半径(R)]",依次单击边线 CD、EF,按回车键,已选定的 3 条边产生圆角效果。

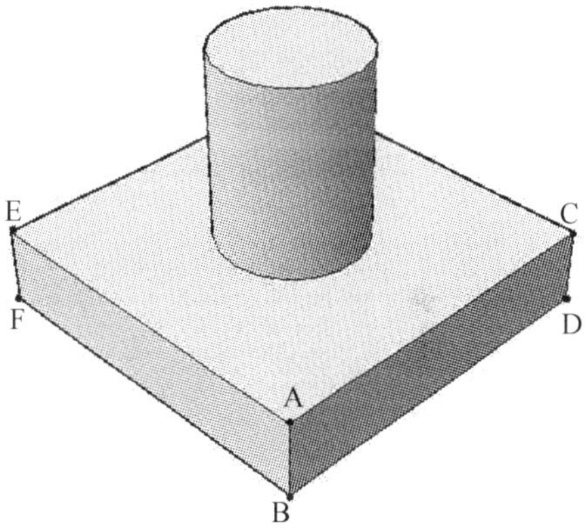

图 14.13　选择倒角边

(5)选择菜单命令"修改"→"圆角",单击组合体圆柱底面圆周线,按回车键。

(6)命令行提示"输入圆角半径<5.0000>",按回车键。再单击圆柱顶面圆周线,按回车键,已选定的 2 条边产生圆角效果,如图 14.14 所示。

(7)选择菜单命令"编辑"→"放弃",取消圆柱的圆角效果。

(8)选择菜单命令"修改"→"倒角",命令行提示"("修剪"模式) 当前倒角距离 1 = 0.000 0,距离 2 = 0.000 0 选择第一条直线或[放弃(U)/多段线(P)/距离(D)/角度(A)/修剪(T)/方式(E)/多个(M)]",单击组合体圆柱的顶面圆周线。

(9)命令行提示"输入曲面选择选项[下一个(N)/当前(OK)] <当前(OK)>",按回车键。命令行提示"指定基面的倒角距离",输入 5,按回车键。命令行提示"指定其他曲面的倒角距离<5.0000>",按回车键。

(10)命令行提示“选择边或[环(L)]”,单击圆柱的顶面和底面圆周线,按回车键,创建倒角效果,如图 14.15 所示。

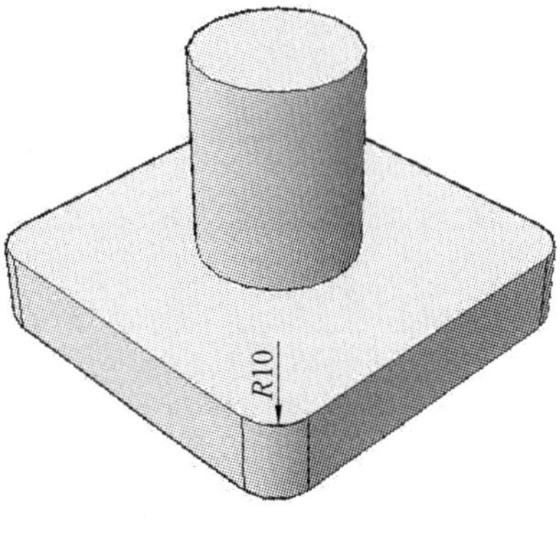

图 14.14　倒角值

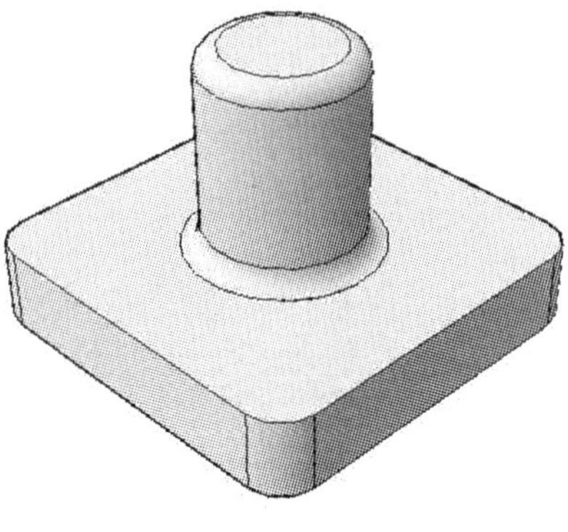

图 14.15　倒角效果

上机练习 6　创建实体综合练习

创建如图 14.16 所示的三维组合实体,并标注出三维尺寸。

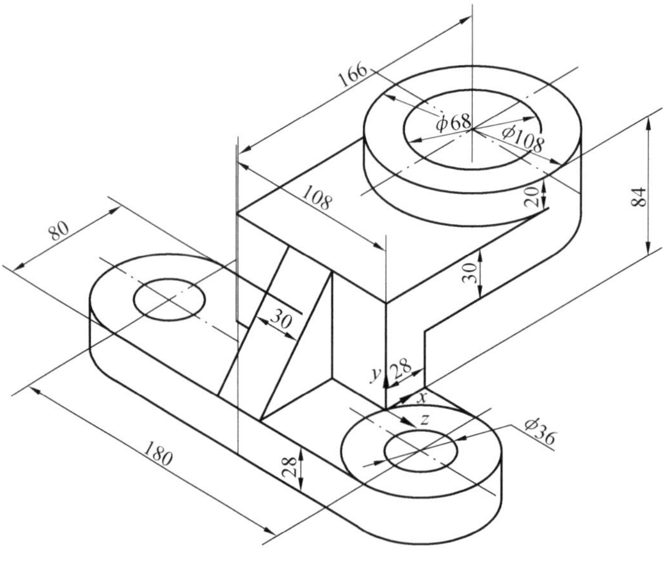

图 14.16　三维结构图

上机练习 7　实体渲染

使用“视图”→“视觉样式”命令中的子命令为对象应用视觉样式时,并不能执行产生亮显、移动光源或添加光源的操作。要更全面地控制光源,必须使用渲染,可以使用“视图”→“渲染”菜单中的子命令或“渲染”工具栏实现。

①在渲染窗口中快速渲染对象；

②设置光源；

③设置渲染材质；

④设置贴图；

⑤渲染环境；

⑥高级渲染设置。

1. 在渲染窗口中快速渲染对象

在 AutoCAD 2008 中，选择“视图”→“渲染”→“渲染”命令，可以在打开的渲染窗口中快速渲染当前视口中的图形，如图 14.17 所示。

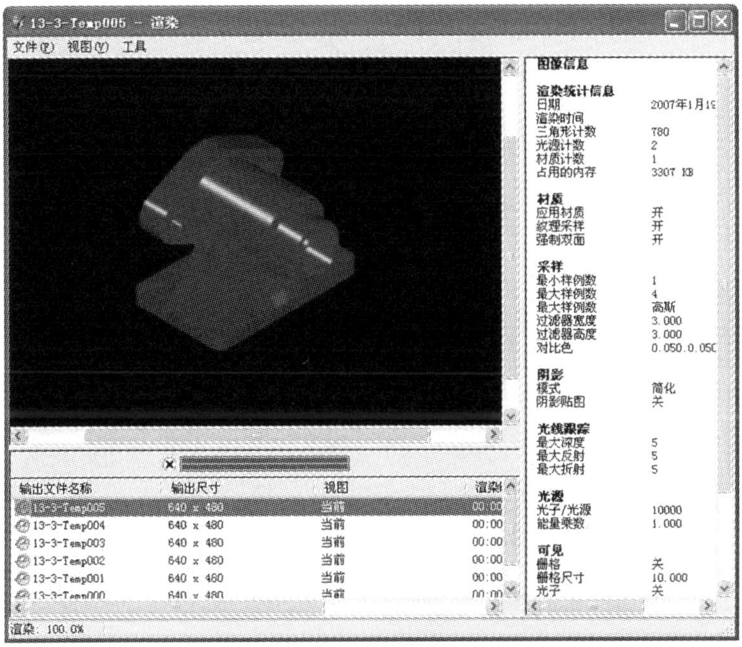

图 14.17　三维对象选择

2. 设置光源

在 AutoCAD 2008 中，选择“视图”→“渲染”→“光源”菜单中的子命令，可以创建和管理光源。

①创建光源；

②查看光源列表；

③设置地理位置。

3. 设置渲染材质

在渲染对象时，使用材质可以增强模型的真实感。在 AutoCAD 2008 中，选择“视图”→“渲染”→“材质”命令，打开“材质”选项板，可以为对象选择并附加材质。

4. 设置贴图

在渲染图形时，可以将材质映射到对象上，称为贴图。选择“视图”→“渲染”→“贴图”菜单的子命令，可以创建平面贴图、长方体贴图、柱面贴图和球面贴图。

5. 渲染环境

选择“视图”→“渲染”→“渲染环境”命令，可在渲染对象时，对对象进行雾化处理，此时将打开“渲染环境”对话框，如图 14.18 所示。在“启用雾化”下拉列表框中选择“开”选项后，可以利用该对话框来设置使用雾化背景、颜色、雾化的近距离、远距离、近处雾化百分率及远处雾化百分率等雾化格式。

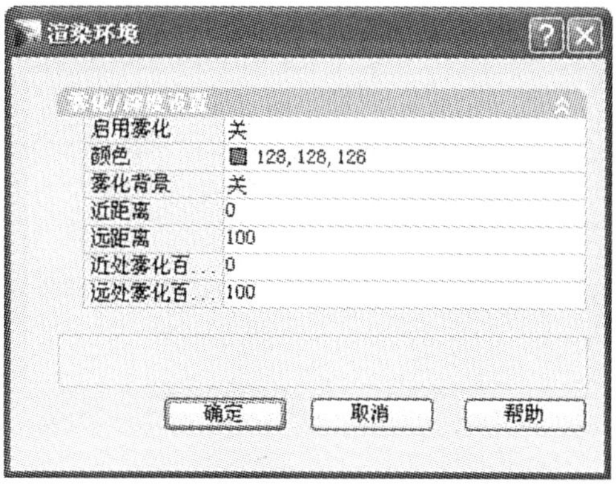

图 14.18　渲染环境设置

6. 高级渲染设置

在 AutoCAD 2008 中，选择“视图”→“渲染”→“高级渲染设置”命令，打开“高级渲染设置”选项板，可以设置渲染高级选项，如图 14.19 所示。

图 14.19　渲染高级设置

第 15 章　图形的输入/输出及 Internet 连接

上机练习 1　导入、导出图形

AutoCAD 2008 这款软件默认保存的文件格式为 dwg 格式。但是作为一款专业的设计软件,它还提供了其他的输出格式,以方便其他软件的导入。

下面学习怎样用 AutoCAD 2008 输出其他的文件格式。

1. 点击菜单栏中的“文件”按钮,再点击其中的“另存为”,弹出一个名为“图形另存为”的对话框,如图 15.1 所示。或者点击菜单栏中的“文件”按钮,再点击其中的“输出”,弹出一个名为“输出数据”的对话框,如图 15.2 所示。

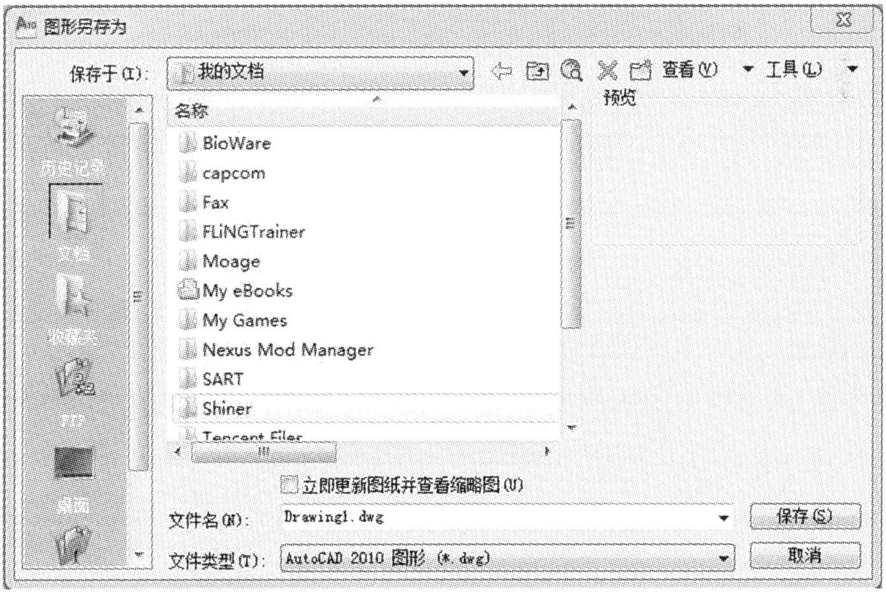

图 15.1　“图形另存为”对话框

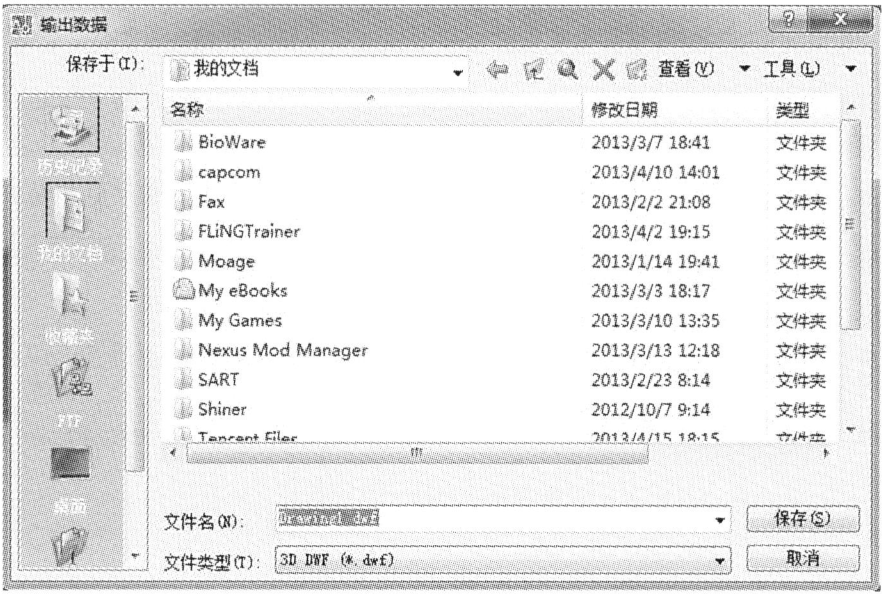

图 15.2　“输出数据”对话框

2. 在“文件类型”的下拉菜单中可以选择想要输出的文件类型。(“另存为”输出的是旧版本的 CAD 文件,可以用旧版本的 CAD 打开用高版本绘制的文件。而“输出”输出的是其他软件可以打开的文件格式)。在“文件名”一栏中可以改文件名。

3. 单击“保存”按钮进行保存,完成文件输出。

上机练习 2　打印图形

1. 点击“文件”按钮,再点击“打印”,弹出打印对话框,如图 15.3 所示。

这时出现的对话框不是完全的,点击对话框右下角的“>”按钮,打开完整的对话框。

2. 在“打印机”→“绘图机”窗口中的名称里选择计算机安装的打印机的名称,并且图纸尺寸选择为你所要打印的图纸的尺寸。

3. 在“打印范围”里选择“显示”。有特殊要求时,可以选择其中的“窗口”,框选你所要打印的部分来进行打印。打印偏移为居中。

4. 打印样式表若为“none”那么打印出来的是黑白的,一般选择的打印样式为“acad.ctb”,如图 15.4 所示。

5. 图形方向一般选择为“横向”,最后点击“确定”按钮,完成设置,进行打印。

图 15.3　打印对话框设置

图 15.4　完整的打印对话框以及打印样式表

参考文献

[1] 王爱民,史国生,吴海滨. 中文版 AutoCAD 2002 高级应用技巧[M]. 北京:清华大学出版社,2001.

[2] 童秉枢,李学志,吴志军,等. 机械 CAD 技术基础[M]. 2 版. 北京:清华大学出版社,2003.

[3] 王琳,陈雪江,肖新华. AutoCAD 2008 机械图形设计[M]. 北京:清华大学出版社,2007.

[4] 薛焱,王新平. 中文版 AutoCAD 2008 基础教程[M]. 北京:清华大学出版社,2007.

[5] 王宪生. AutoCAD 中文版实训教程[M]. 北京:清华大学出版社,2007.

[6] 余贵英,郭纪林. AutoCAD 2008 基础教程[M]. 大连:大连理工大学出版社,2008.

[7] 杨月英,张琳. AutoCAD 2008 中文版机械绘图(含上机指导)[M]. 北京:机械工业出版社,2008.

[8] 张丽荣,刘晓东. 机械 CAD 上机指导教程[M]. 北京:化学工业出版社,2011.

[9] 杨老记,梁海利. 工程制图实用教程——AutoCAD 2008(中文版)[M]. 北京:机械工业出版社,2011.

[10] 王珠灵. AutoCAD 2008 机械制图实用教程[M]. 北京:机械工业出版社,2012.

[11] 崔洪斌,陈曹维. 实践教程(2008 版)[M]. 北京:高等教育出版社,2008.